MLP 機械学習プロフェッショナルシリーズ

深層学習による自然言語処理

Natural Language Processing by Deep Learning

坪井祐太
海野裕也
鈴木 潤

講談社

■ 編者
杉山　将　博士（工学）
理化学研究所 革新知能統合研究センター センター長
東京大学大学院新領域創成科学研究科 教授

■ シリーズの刊行にあたって

インターネットや多種多様なセンサーから，大量のデータを容易に入手できる「ビッグデータ」の時代がやって来ました．現在，ビッグデータから新たな価値を創造するための取り組みが世界的に行われており，日本でも産学官が連携した研究開発体制が構築されつつあります．

ビッグデータの解析には，データの背後に潜む規則や知識を見つけ出す「機械学習」とよばれる知的データ処理技術が重要な働きをします．機械学習の技術は，近年のコンピュータの飛躍的な性能向上と相まって，目覚ましい速さで発展しています．そして，最先端の機械学習技術は，音声，画像，自然言語，ロボットなどの工学分野で大きな成功を収めるとともに，生物学，脳科学，医学，天文学などの基礎科学分野でも不可欠になりつつあります．

しかし，機械学習の最先端のアルゴリズムは，統計学，確率論，最適化理論，アルゴリズム論などの高度な数学を駆使して設計されているため，初学者が習得するのは極めて困難です．また，機械学習技術の応用分野は非常に多様なため，これらを俯瞰的な視点から学ぶことも難しいのが現状です．

本シリーズでは，これからデータサイエンス分野で研究を行おうとしている大学生・大学院生，および，機械学習技術を基礎科学や産業に応用しようとしている大学院生・研究者・技術者を主な対象として，ビッグデータ時代を牽引している若手・中堅の現役研究者が，発展著しい機械学習技術の数学的な基礎理論，実用的なアルゴリズム，さらには，それらの活用法を，入門的な内容から最先端の研究成果までわかりやすく解説します．

本シリーズが，読者の皆さんのデータサイエンスに対するより一層の興味を掻き立てるとともに，ビッグデータ時代を渡り歩いていくための技術獲得の一助となることを願います．

2014 年 11 月

「機械学習プロフェッショナルシリーズ」編者

杉山 将

まえがき

近年，深層学習が大きな注目を集めています．既存の機械学習手法が要求する特徴抽出はそれ自体に調整すべき要素を含んでおり，個々の特徴抽出器を独立，または段階的に調整することが必ずしも全体として最適ではないことが課題でした．深層学習が注目されている理由の1つとして，応用タスクに合わせた表現学習が可能になり，既存の特徴抽出を置き換えるに至ったことがあります．また，ソフトウェア工学的な視点でも，多くの依存関係のある特徴抽出システムを管理することは容易ではなく，深層学習によって認識システムが大幅に簡素になる利点もあります．

伝統的な自然言語処理では形態素解析・構文解析などの基盤解析技術を特徴抽出として応用タスクで使用してきました．言語学的な知見により設計された正解付きテキスト（コーパス）を訓練データとして基盤解析器は機械学習によって構築されています．しかし，いくつかの基盤解析に問題を分解することで，言語現象全体が理解できるとした還元主義的手法には限界がありました．基盤解析技術は広く応用できるように一般性をもつように設計されていますが，個々の応用タスクに特化した解析のために，調整が必要になることが課題でした．この課題に対し，解析器を個々に調整することなく応用に合わせた特徴抽出ができる深層学習が自然言語処理でも適用され始めています．また，これまで基盤解析技術を利用して特徴抽出を設計するのが難しいと考えられていた応用タスクを解く糸口になることも期待できます．

本書では，既存の特徴抽出を置き換える破壊的技術という点を強調するために，一般的な自然言語処理の書物と異なり，あえて基盤解析技術の詳細な紹介は省いています．また，基盤解析も機械学習を用いて構成されており，各解析器に深層学習を取り入れた興味深い研究もたくさんありますが，本書では自然言語処理の応用に焦点を当てて深層学習の利用方法を紹介します．

なお，本書は深層学習がうまく適用できた応用を紹介しているため，深層学習が万能であるように受け取られる方もいらっしゃるかもしれませんが，現在活発に行われている研究はその技術的な限界を探る旅であるともいえます．ニューラルネットは過去にもブームが2回あったといわれており，今回のブームは大量のデータと計算資源の発展も相まって，これまでの技術的な課題を次々と解決し実応用も広がっています．発展期にある研究は期待が過度に膨らむ傾向にありますが，その限界を考える冷静さも大切です．本書が技術の本質と限界を理解していただく一助になれば幸いです．

本書の構成と執筆分担は以下のとおりです．1 章では，伝統的な自然言語処理の課題と深層学習が活用されるようになった背景を説明します（担当：坪井）．続く 3 つの章は技術的な基盤を解説することを目的としています．2 章では，深層学習の基礎となる機械学習と自然言語処理でよく使われるニューラルネットの構造を解説します（担当：坪井）．また，3 章では応用で特に重要と考える言語生成のための深層学習技術を導入し（担当：鈴木・海野・坪井），4 章では言語処理に応用される中で発展した技術を説明します（担当：海野・鈴木）．次の 5 章では，前の章までに説明した深層学習技術によって大きく発展を遂げた機械翻訳（担当：鈴木）・文書要約（担当：鈴木）・対話（担当：坪井）・質問応答（担当：海野）という応用を取り上げます．最後の 2 つの章では，実際に深層学習を適用するにあたって役に立つ，やや詳細な技術を紹介します．6 章では，性能を上げるための機械学習技術と技術を選ぶ指針を説明します（担当：坪井）．また 7 章では，実際に深層学習ライブラリを開発した経験に基づき，実装のための詳細を解説します（担当：海野）．

最後に，本書の執筆にあたってお世話になった皆様に感謝いたします．講談社サイエンティフィクの横山真吾氏には，さまざまなご支援をいただきました．本シリーズの編者である杉山将先生および査読者である渡辺太郎氏，工藤拓氏，岡﨑直観氏，菊池悠太氏，小林颯介氏，小田悠介氏，高瀬翔氏，橋本和真氏，大内啓樹氏には草稿を読んでいただきました．また，得居誠也氏，倉田岳人氏，梶野洸氏にも本書の内容についてご助言をいただきました．研究・開発の第一線で活躍する皆様からいただいたご助言は大変貴重でした．

2017 年 1 月　　　　著者を代表して　坪井祐太

サポートページ：https://sites.google.com/view/mlpdeeplearning4nlp

目次

本書で用いる記号

他の論文の記法をそのまま引用する場合や，分野の慣例に従う場合は基本ルールに従わない場合もあります．

記号の基本ルール:

- スカラー（ハイパーパラメータ，定数に相当する値）
  斜体，大文字のアルファベット　例：H, Z
- スカラー（変数，パラメータ）
  斜体，小文字のアルファベット　例：a, b
- 集合
  Calligraphy，大文字のアルファベット　例：$\mathcal{V}, \mathcal{X}$
- ベクトル（基本的に列ベクトル）
  斜体，太字，小文字のアルファベット　例：$\boldsymbol{x}, \boldsymbol{h}$
- 行列
  斜体，太字，大文字のアルファベット　例：$\boldsymbol{X}, \boldsymbol{Y}$
- 関数
  小文字もしくは大文字の立体アルファベットもしくはギリシャ文字
  例：$\mathrm{f}(\cdot), \Gamma(\cdot), \sigma(\cdot)$

演算子の基本ルール:

- 集合の要素数：集合の絶対値　例：$|\mathcal{V}|$
- ベクトルの内積：·　例：$\boldsymbol{x} \cdot \boldsymbol{y} = a$
  （$\boldsymbol{x}$ も $\boldsymbol{y}$ も同じ次元の列ベクトルを仮定）
- 行列（ベクトル含む）の要素の掛け算：$\odot$　例：$\boldsymbol{x} \odot \boldsymbol{y} = \boldsymbol{a}$
- 行列（ベクトル含む）の積：演算子なし　例：$\boldsymbol{XY} = \boldsymbol{Z}$
- 行列（ベクトル含む）の転置（対角線で行列成分を折り返すこと）：$\top$
  例：$\boldsymbol{X}^\top, \left(\boldsymbol{X}_{i,j}^{(\ell)}\right)^\top$

- 行列（ベクトル含む）の列方向（横方向）連結：$[\cdot;\cdot]$ または $(\cdot)_{a=b}^{c}$
  例：$[\boldsymbol{X};\boldsymbol{Y}]=\boldsymbol{Z}$，ただし，$\boldsymbol{X}\in\mathbb{R}^{A\times B}$，$\boldsymbol{Y}\in\mathbb{R}^{A\times C}$，$\boldsymbol{Z}\in\mathbb{R}^{A\times(B+C)}$
  あるいは可変長（or 多数）の場合：$(\boldsymbol{X}_i)_{i=1}^{I}=\boldsymbol{Z}$
- 行列（ベクトル含む）の行方向（縦方向）連結：$[\cdot]$ または $\texttt{concat}(\cdot)$
  例：$\begin{bmatrix}\boldsymbol{X}\\ \boldsymbol{Y}\end{bmatrix}=\boldsymbol{Z}$，ただし，$\boldsymbol{X}\in\mathbb{R}^{A\times C}$，$\boldsymbol{Y}\in\mathbb{R}^{B\times C}$，$\boldsymbol{Z}\in\mathbb{R}^{(A+B)\times C}$
  あるいは可変長（or 多数）の場合：$\texttt{concat}\big((\boldsymbol{X}_i)_{i=1}^{I}\big)=\begin{bmatrix}\boldsymbol{X}_1\\ \vdots\\ \boldsymbol{X}_I\end{bmatrix}$

添え字（上付き，下付き記号）の基本ルール:

- 配列の添え字，ループカウンタなど
  斜体，小文字アルファベット（変数扱い）　例：$x_t, t\in\{1,\ldots,T\}$
- 変数のラベル付け
  　上付き，立体，括弧付き　例：$\boldsymbol{h}^{(\mathrm{t})},\boldsymbol{y}^{(\mathrm{BOS})}$
  （累乗（冪）と区別するために基本括弧をつける）
- 列ベクトルのリストの行列表記
  例：$\boldsymbol{X}=(\boldsymbol{x}_1,\ldots,\boldsymbol{x}_j,\ldots,\boldsymbol{x}_N)=(\boldsymbol{x}_j)_{j=1}^{N}$
- 行列と行列の要素の関係
  下付き，小文字アルファベット（定数の場合は大文字アルファベット）
  例：$\boldsymbol{X}$ の (i,j) 要素 $\rightarrow x_{i,j}$
  あるいは $\boldsymbol{X}=(\boldsymbol{x}_1,\ldots,\boldsymbol{x}_j,\ldots,\boldsymbol{x}_N), \boldsymbol{x}_j=(x_{1,j},\ldots,x_{i,j},\ldots,x_{M,j})^\top$
- （列）ベクトルとベクトルの要素の関係
  斜体，小文字アルファベット
  例：$\boldsymbol{x}=\begin{pmatrix}x_1\\ \vdots\\ x_i\\ \vdots\\ x_M\end{pmatrix}=(x_1,\ldots,x_i,\ldots,x_M)^\top$

図の基本ルール:

図の要素の基本ルールを**図 1** に示します．1 重線のノードは変数または変数ベクトルを示し，2 重線のノードは関数を示します．矢印は変数や関数の依存関係を示します．なお，矢印が始点の変数を決めると終点の変数が決まる関数を表し，その関数が微分可能な場合は実線で，微分不可能な場合は破線で書きます．

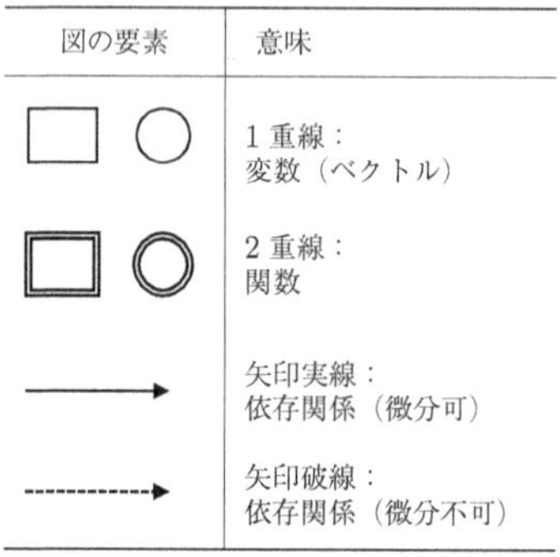

図 1　図の基本ルール．

Chapter 1

自然言語処理のアプローチ

本章では，これまでの自然言語処理を簡単に紹介し，深層学習に何が期待されているかを述べます．また，テキストデータの特徴と他分野との類似性も説明します．

1.1 伝統的な自然言語処理

主に人間がコミュニケーションなどに用いている言葉を対象とする処理を**自然言語処理** (natural language processing; NLP) と呼んでいます．また，最近その垣根は小さくなっていますが，音声言語ではなくテキストとして書かれた言語が主な対象です．

文書分類 (document categorization)・**機械翻訳** (machine translation)・**文書要約** (text summarization)・**質問応答** (question answering)・**対話** (dialog) などが自然言語処理技術の典型的な応用タスクです．伝統的な自然言語処理ではこれらの応用タスクを解くために，書かれた内容を理解するための言語解析を部分問題に分解して整理しました．そして分解された言語解析の部分問題を汎用に解く方法を模索してきました．つまり，多くの応用に共通に使える，または個々の応用に依存しない共通の処理を定義し，それぞれを解くことを目指してきたということです．

部分問題としての言語解析タスクには，例えば次のようなものがあります．

品詞タグ付け (part-of-speech tagging)
単語に名詞・動詞などの文法的な役割分類（品詞）を付与する処理
単語分割 (word segmentation)
日本語など単語に分けられていないテキストを単語列に分割する処理
語義曖昧性解消 (word sense disambiguation)
複数の語義をもつ単語の語義を特定する処理
固有表現抽出 (named entity extraction)
人名・地名・日付などを抽出する処理
構文解析 (syntactic parsing)
文法に基づく文の木構造を構築する処理
述語項構造認識 (predicate-argument recognition)
述語を中心とした意味構造を抽出する処理

先人の多大な努力により問題定義や理解が進み，共通に使える部分問題のベンチマークデータなども整備されるようになりました．また問題がしっかり定義されたことで手法を比較する基盤ができ，個々のタスクを解くための手法も洗練されていきました．深層学習を含む機械学習技術を用いることでベンチマークデータに対する解析性能は年々向上を見せています．

一方で，伝統的な自然言語処理には部分問題へ分割されたことによって引き起こされた課題があります．それは，部分問題へ最適化された各言語解析が実際には複雑な依存関係をもっており，応用に向けて全体を最適化するのが困難となっている点です．言い換えると，実際の応用に向けて言語解析技術を使いこなすには部分問題のすべてをよく理解して全体を調整する必要があり，そのこと自身が自然言語処理が広く利用されることへの障害になっている可能性があります．

最初に，汎用的に作られた言語解析の解析結果を使いこなすには各部分問題定義を深く知っている必要があります．例えば，単語分割１つとっても，「深層学習」は「深層」「学習」の２単語からなるのか「深層学習」の１単語からなるのか，「学習する」は名詞「学習」と動詞「する」の２単語か（サ変）動詞「学習する」の１単語からなるのかなど，既存の言語解析器の問題定義次第と思われる例が多くあります．そのため，既存の言語解析器を使うには解析結果の特性をよく理解したうえで利用する必要があります.

さらに, 機械学習で作られた言語解析器は学習時に与えられた訓練データに依存しています. 訓練データ（例えば, 新聞記事）と違う種類のテキスト（例えば, 医療文献）を解析すると大幅に解析精度が低下するため, 適用先のテキストデータを使って再学習する**分野適応** (domain adaptation) が必要になります [74]. しかし, 個々の言語解析器を応用したい分野のデータに適応するためには訓練または評価に適応先の解析器用の正解付きデータを用意する必要があり, そのためにはより深い部分問題定義への理解が必要でした.

そのうえ, 部分問題に最適化された各言語解析も, 応用時には解析結果が次の解析器の入力になるパイプライン処理となっているため, 1 つの解析結果が別の解析結果に依存して動きます. 応用の障害となる解析誤りを直したいというような場合には, 関連する部分問題の定義を理解している必要もあります. 解析結果が応用に十分ではない場合には, 後処理を行ったり, 応用に合わせて問題定義を変えて新しい言語解析器を構成する必要がありますが, そのためにも言語解析パイプライン全体の挙動を理解している必要があります. 部分問題やその相互依存関係への深い理解を必要としていることが, 自然言語処理を応用する側にとっては大きな障壁となっているといえるでしょう.

結局, 複雑化した言語解析結果を人手で扱うことには限界があるため, 応用側でも機械学習を用いて自動的に言語解析結果を取捨選択することがよく行われています. しかし, 言語解析パイプラインの出口のところだけを最適化しているに過ぎないため, パイプライン全体を応用に向けて最適化できていない課題は残ります. また, どの言語解析器を組み合わせるかは, やはり試行錯誤が行われているのが現状です.

1.2 深層学習への期待

深層学習 (deep learning) とは多層ニューラルネットの学習のことです. 伝統的な自然言語処理における部分問題に対して深層学習を適用しその解析性能を向上させたという研究報告もたくさんあります. 例えば, 文献[31] は複数の部分問題（品詞タグ付け, 句構造チャンキング, 固有表現抽出, 意味ラベル付与）に共通のニューラルネットを適用し, すべてのタスクで当時の最高性能にかなり接近した性能が得られることを示しました．しかし，これまでの言語解析技術を用いずに，応用タスクを直接的に解いた研究結果がより大きな注目を集めています．部分問題への深い知識が不要なうえに応用タスクに対して全体最適化された手法であるため，前節にあげた工学的な課題に対する解となりうる手法だからではないでしょうか．

注目を集めている手法は，既存の言語解析器パイプラインは使用せずに，入力に対して直接ニューラルネットで適切な出力を推定します．このニューラルネットを学習するには入力と出力の対応した訓練データが必要になりますが，実は部分問題に対する訓練データに比べて大量のデータが利用可能な応用が多くあります．人間が恣意的に設計した部分問題は，自然に生み出されるテキストデータに正解として付与されていることはほとんどありません．そのため訓練データは人工的に作成する必要があり，大規模なものでも数万文レベルに留まります．訓練データとして作られたテキストデータの分野も新聞記事などに限られているのが現状で，また言語ごとにも作成する必要があります．一方，機械翻訳などの訓練に使われるデータは，人間の知的活動の結果として自然に生み出されたものですので，現在でも数 10 万から数 100 万文規模のデータが利用可能です．このような大規模な訓練データを使用して学習されたニューラルネットは，伝統的な言語解析器を絶妙に組み合わせて構築された手法と同程度または上回る性能を示しました．**図 1.1** に

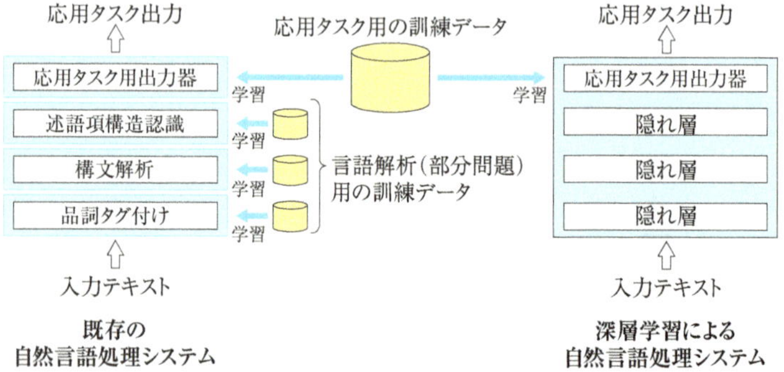

図 1.1 部分問題ごとに解析器を学習する既存の自然言語処理システムと，応用タスク用の訓練データだけで全体を学習する深層学習による自然言語処理システムとの対比（隠れ層はニューラルネットの内部表現）．

既存の自然言語処理システムと深層学習による自然言語処理システムとの違いを示します．既存の自然言語処理システムでは個々の解析器用の訓練データを使って応用タスクとは独立に学習（最適化）されます．一方，深層学習による自然言語処理システムでは応用タスク用の出力器だけでなく，ニューラルネットの内部表現（隠れ層）までが応用タスク用の訓練データを使って学習されます．内部表現まで一緒に学習するのは容易ではありませんが，並列計算資源を活用して応用タスク用の大規模な訓練データを使うことで，複雑なニューラルネットを学習することが可能になってきました．

特に，これまでは部分問題をどのように組み合わせてよいかわからないような問題において，活用が期待されています．画像に対してその説明文を生成するようなタスクや身体性をもつロボットとの会話など複数の入出力を扱うマルチモーダルな応用タスクでは，画像・音声などの連続的な入力と離散的なテキストとの複雑な組み合わせを考える必要があるため，単純に入出力の対を訓練データに使って学習できる手法が有効であると考えられています．

一方，深層学習を使うことの欠点として「ブラックボックス」化する課題*1があります．特に，自然言語処理の解析器の結果は記号であり人間にも解釈しやすいものであるため，中間処理である解析器を解釈が難しい隠れ層で置き換えることに抵抗がある研究者も多くいます．しかし，自然言語処理が広く使われるようになると，自然言語処理システムを自然言語処理の専門家以外が扱うことが多くなりますが，解析器の出力を理解するのは一般の技術者や利用者には容易ではありません．さらに，解析器の誤りの理由を分析し修正する作業は，言語解析器パイプライン全体への副作用も考慮しながら行う必要があります．例えば，ある単語を単語分割のための辞書に追加したことによって他の単語の分割がどのように変わるのか，また後続の構文解析などの処理にどのような影響があるのかを確認する必要があります．辞書に単語を加える修正だけであっても副作用がないことを保証するのは，専門家以外にとって難易度が高いのが現状です．そのため，ある修正による個々の言語解析器への影響を管理することは諦めて，応用タスクの出力への影響だけを確認することが現実的な状況もあります．つまり，一般の人にとってはニューラルネットも既存の自然言語処理システムも「ブラックボックス」で

*1 つまり内部状態の解釈ができず，また修正することも容易ではないということ．

あることに違いはないといえるのではないでしょうか．

1.3　テキストデータの特徴

自然言語処理システムでは「単語」を処理の単位（**トークン**）とし，「文」を１つの記号列としてまとめて処理することが一般的です．抽象的な定義としては，文は１つのまとまった内容をもち，表記上ピリオドや句点などで終わる完結した単位です．単語は文を構成する要素の中で文法的または意味的に最小の単位です．構成要素である単語の異なり（**語彙**）数は有限ですが，文として可能なものの数は無限です．また，文より短い２単語以上の文法的または意味的な集まりを**句** (phrase) と呼び，句の単位で処理を行うこともあります．

しかし，文・単語・句への分割する手続きを簡単に実装できるほどには，その定義は自明ではありません．さきに日本語の単語の例を示しましたが，空白で単語が区切られているとされている英語であっても，例えば "20-year-old" を１単語とするか３単語とするかなど，単語の定義が自明でない例は多くあります．また同様に，文もピリオドで区切ることができない例や，例えば "私は「彼が探している」といった" のように文が埋め込まれている場合など例外的な事象を包含した定義は自明ではありません．そのため自然言語処理システムでは恣意的な定義に基づき発見的な方法で前処理としてテキストデータを文・単語・句に分割しているのが現状です．これらの文・単語・句への分割処理を解説することは本書の目的ではありませんので，文献[98]などを参照してください．何れにせよ，有限の離散集合である語彙集合中の元を本書では単語と呼び，１つ以上の単語列を文と呼ます．

コンピュータ上でのテキストデータの特徴は，このように人間が恣意的に定義した記号列で，画像や音声のように物理的な現象に基づくものではない点です．例えば，文字も離散値で「A」「B」「C」は文字コード上では隣り合っていますが，「A」は「C」より「B」のほうが意味的に近いというようなことはいえません．さらに１文字以上の文字列で構成される単語にも同様のことがいえます．つまり，自然言語処理では離散記号を扱う必要があるというのが特徴の１つです．

また，可変長であることもテキストの特徴です．テキストデータは文字列の長さがさまざまで，固定長に整形することも自明ではありません（短く要約すること自身がタスクの１つです）．そのため，テキストを入出力とする自然言語処理では可変長のデータを扱う必要性があります．

まとめると，自然言語処理では可変長の記号列を扱うことが特徴といえるでしょう．

1.4 他分野への広がり

テキストは可変長の記号列であることが特徴と述べましたが，同様なデータは他にも存在します．例えば流通業などでは商品は商品 ID に対応づけて記号として扱われることが多く，その購買履歴などはテキストと同様に可変長の記号列となります．また医療における検査や投薬の履歴も可変長の記号列で表現できます．このように，人の知的な活動においては記号列を扱うことが多く，それらのタスクのモデル化には自然言語処理で培われた技術が活用できる可能性があります．例えば，文献[32] では，動画推薦システムにおいて動画の埋め込みベクトルを作る際に，単語の埋め込みベクトルを作る技術（詳しくは 3.3 節）を応用しています．具体的には，ある単語の特徴が周囲の単語によって決まる分布仮説 [44,61] と同様に，各ユーザの動画閲覧履歴を動画 ID 列で表現し，ある動画 ID をユーザが同時期に見た他の動画 ID 群で特徴付けることで各動画 ID の分散表現を獲得しています．また，観測値を可変長の記号列として抽象的に表現することができる研究分野にも適用されています．例えば，3.2 節で紹介する言語モデルや 3.4 節で紹介する系列変換モデルを用いて，記号列として表現された分子構造の生成モデルや変換モデルを学習し創薬につなげる試みがあります [48,128]．このように自然言語処理で発展した深層学習技術が可変長の記号列を扱う必要のある他分野でも貢献することが期待できます．

Chapter 2

ニューラルネットの基礎

本章ではニューラルネットワークの基礎を説明します．本書では，短く「ニューラルネット」と呼びます．最初に機械学習とは何かを説明したあとで，ニューラルネットの特色である誤差逆伝播法を紹介します．最後に広く使われているニューラルネットの構造を紹介します．

2.1 教師あり学習

深層学習は機械学習という研究分野の中で，特に何層にもなる**ニューラルネット** (neural networks) を関数近似に使う手法のことです．ニューラルネットはあくまでもデータから関数を学習するためのモデルで，何を学習する（近似する）か，つまり問題設定が前提となります．そこで典型的な問題設定である**教師あり学習** (supervised learning) を説明します．

2.1.1 教師あり学習の定義

教師あり学習では**訓練データ** (training data) が与えられていることが前提です．訓練データは入力とその入力に対して予測したい対象が付与された正解事例の集合で，教師あり学習では訓練データを使って所望の予測モデルを学習します．

以下では教師あり学習を形式的に定義します．その定義域を $\mathcal{X}$ とする入力変数（説明変数）ベクトルを $\boldsymbol{x} \in \mathcal{X}$，定義域を $\mathcal{Y}$ とする出力変数（目的変数）を $y \in \mathcal{Y}$ とします．ある $\boldsymbol{x}$ が与えられたときに y を予測するモデルを学習することを目的とします．例えば文脈が与えられたときに次の単語を当てるタスクでは，$\boldsymbol{x}$ が文脈にこれまで出てきた単語を表すベクトル，y が次の単語を表す離散変数となり，次の単語の予測モデルを学習することを目的とします．

定義 2.1（教師あり学習）

$|\mathcal{D}|$ 個の訓練事例を $\mathcal{D} = \{(\boldsymbol{x}^{(\mathrm{n})}, y^{(\mathrm{n})})\}_{n=1}^{|\mathcal{D}|}$ としたとき，訓練データでの誤差（以下の目的関数）を最小化するモデルパラメータ $\boldsymbol{\theta}$ の値を求める手続きを教師あり学習と呼びます．

$$L(\boldsymbol{\theta}) = \frac{1}{|\mathcal{D}|} \sum_{n=1}^{|\mathcal{D}|} \ell_{\boldsymbol{\theta}} \left(\boldsymbol{x}^{(\mathrm{n})}, y^{(\mathrm{n})} \right) \tag{2.1}$$

なお，$\ell_{\boldsymbol{\theta}}(\boldsymbol{x}, y) \geq 0$ は個々の事例に対して定義する**損失関数** (loss function) です（2.1.2 節参照）．

つまり，学習とは最適化アルゴリズムを使ってある関数を最小化するパラメータ値を求める最適化問題と捉えることもできます．

2.1.2 損失関数

さきに述べた損失関数自身も設計要素です．自然言語処理では出力は単語のように離散集合 $\mathcal{Y} = \{1, \ldots, |\mathcal{Y}|\}$ であることが多く，分類問題として定式化できるため，分類問題に対する典型的な損失関数である，交差エントロピー損失関数とヒンジ損失関数を以下で紹介します．

交差エントロピー損失 (cross-entropy loss) 関数

$$\ell_{\boldsymbol{\theta}}^{\text{cross-entropy}} \left(\boldsymbol{x}^{(\mathrm{n})}, y^{(\mathrm{n})} \right) = -\log \frac{\exp\left(f_{\boldsymbol{\theta}}(\boldsymbol{x}^{(\mathrm{n})}, y^{(\mathrm{n})}) \right)}{\sum_{\tilde{y} \in \mathcal{Y}} \exp\left(f_{\boldsymbol{\theta}}(\boldsymbol{x}^{(\mathrm{n})}, \tilde{y}) \right)} \tag{2.2}$$

（多クラス）**ヒンジ損失** (multiclass hinge loss) 関数 [33]

$$\ell_{\boldsymbol{\theta}}^{\mathrm{hinge}}\left(\boldsymbol{x}^{(\mathrm{n})}, y^{(\mathrm{n})}\right) = \max\left(0, 1 - f_{\boldsymbol{\theta}}(\boldsymbol{x}^{(\mathrm{n})}, y^{(\mathrm{n})}) + \max_{\tilde{y} \in \mathcal{Y} \setminus \{y^{(\mathrm{n})}\}} f_{\boldsymbol{\theta}}(\boldsymbol{x}^{(\mathrm{n})}, \tilde{y})\right) \tag{2.3}$$

ただし，$\mathcal{Y} \setminus \{y^{(\mathrm{n})}\}$ は $y^{(\mathrm{n})}$ を $\mathcal{Y}$ から除いた集合を示します．

式中の $f_{\boldsymbol{\theta}}(\boldsymbol{x}, y)$ はパラメータ $\boldsymbol{\theta}$ で表現されるスコア関数で，スコア関数の値がもっとも大きくなる $\hat{y} = \mathrm{argmax}_y\, f_{\boldsymbol{\theta}}(\boldsymbol{x}^{(\mathrm{n})}, y)$ を予測として使用することを想定しています．つまり学習済みのスコア関数 $f_{\boldsymbol{\theta}}(\boldsymbol{x}, y)$ を予測モデルとして使い，本書では特にスコア関数はニューラルネットを想定します．

交差エントロピー損失関数を用いて $f_{\boldsymbol{\theta}}(\boldsymbol{x}, y)$ を線形モデルとしたときは多項ロジスティック回帰と呼ばれます．交差エントロピー損失関数は以下の条件付き確率モデルを想定して，その負の対数尤度を表していると考えることもできます．

$$P_{\boldsymbol{\theta}}\left(y|\boldsymbol{x}\right) = \frac{\exp\left(f_{\boldsymbol{\theta}}(\boldsymbol{x}, y)\right)}{\sum_{\tilde{y} \in \mathcal{Y}} \exp\left(f_{\boldsymbol{\theta}}(\boldsymbol{x}, \tilde{y})\right)} \tag{2.4}$$

交差エントロピー損失と呼ばれる所以は，式 (2.1) と，真の分布 $P^*\left(y|\boldsymbol{x}\right)$ とモデル $P_{\boldsymbol{\theta}}\left(y|\boldsymbol{x}\right)$ との距離を表す交差エントロピー $\int P^*\left(\boldsymbol{x}\right) P^*\left(y|\boldsymbol{x}\right) - \log P_{\boldsymbol{\theta}}\left(y|\boldsymbol{x}\right) \mathrm{d}\boldsymbol{x}\mathrm{d}y$ を訓練データで経験近似をしていることに相当するためです．$|\mathcal{Y}|$ 次元の実数ベクトル $\boldsymbol{o}$ を和が 1 になる (0,1) の $|\mathcal{Y}|$ 次元の実数ベクトルに変換する以下の関数を**ソフトマックス**（softmax）**関数**と呼びます．

$$\mathtt{softmax}\left(\boldsymbol{o}\right)_y = \frac{\exp\left(o_y\right)}{\sum_{\tilde{y} \in \mathcal{Y}} \exp\left(o_y\right)} \tag{2.5}$$

$o_y = f_{\boldsymbol{\theta}}(\boldsymbol{x}, y)$ とすると，式 (2.4) はソフトマックス関数を使って $P_{\boldsymbol{\theta}}\left(y|\boldsymbol{x}\right) = \mathtt{softmax}\left(\boldsymbol{o}\right)_y$ と書くことができます．

また，ヒンジ損失関数を用いて学習するアルゴリズムを**サポートベクトルマシン** (support vector machines) と呼ぶこともあります．ヒンジ損失では正解 $y^{(\mathrm{n})}$ とその正解を除いた中でもっともスコアが大きい $\tilde{y}$ だけを使って損失を定義しており，外れ値に対して頑健であることが知られています．

参考 **2.1** 天下り式に損失関数を定義しましたが，どちらの損失関数も間違っていたときに 1，合っていたときに 0 を返す **0-1 損失関数**

の上界となっています．つまり，予測した y を $\hat{y}$ と書くと，0-1 損失関数 $l^{0\text{-}1} = [\hat{y} = y^{(n)}]$ と交差エントロピー損失・ヒンジ損失は $l^{0\text{-}1}(\boldsymbol{x}, y) \leq l^{\text{softmax}}(\boldsymbol{x}, y)$ および $l^{0\text{-}1}(\boldsymbol{x}, y) \leq l^{\text{hinge}}(\boldsymbol{x}, y)$ という関係になっています．直感的には 0-1 損失関数の和は訓練データに対する予測を間違えた数であるので，交差エントロピー損失・ヒンジ損失を小さくすることで間違えた数を小さくすることができます．同時に，0-1 損失は異なる y の値の間で $f_{\boldsymbol{\theta}}(\boldsymbol{x}, y)$ の値が少し変わるだけで $\hat{y}$ が変わることがあり，損失も大きく変わってしまう可能性があるのに対して，交差エントロピー損失・ヒンジ損失は $f_{\boldsymbol{\theta}}(\boldsymbol{x}, y)$ の値に対してなめらかに値が変化するので最適化がしやすい特徴をもち，0-1 損失の**代理損失** (surrogate loss) としてよく使われます．

2.1.3 教師あり学習に用いるデータ

すでに正解が与えられている事例に対して正解を予測をする必要はありませんので，訓練データに対してだけ正しく予測できても利点がありません．式 (2.1) は以下の損失の期待値を訓練データで近似（経験近似）したものに過ぎません．

$$\int P(\boldsymbol{x}, y)\, \ell_{\boldsymbol{\theta}}(\boldsymbol{x}, y)\, \mathrm{d}\boldsymbol{x}\mathrm{d}y \tag{2.6}$$

データの分布 $P(\boldsymbol{x}, y)$ がわかっており．積分が計算できるという仮定は現実的ではないため，実際には式 (2.1) の最小化で定義した最適化問題を解くだけで所望の予測モデルが得られることは少なく，限られた数の訓練データに含まれる事例の偏りを考慮する必要があります．限られた数の訓練データを扱うときの工夫は 6 章で述べますが，訓練データに最適化できればよいわけではない点が最適化問題と教師あり学習との大きな違いです．訓練データ以外にも通用する予測モデルを得ることが目的とすると，訓練データだけを使って学習結果を評価することは目的に合致しません．そのため，一般的な手順としては学習に使った訓練データとは別の正解事例の集合である**評価データ** (test data) と**開発データ** (development data; validation data) も用意します．どちらも訓練データ以外のデータに対する予測性能を評価するために使いますが，評価データは学習の最後に評価するために使用する正解事例集合，開発データは学習の過程で使う正解事例集合を指します．

2.2 順伝播型ニューラルネット

前節で導入した予測モデルとして利用可能なスコア関数 $f_{\boldsymbol{\theta}}(\boldsymbol{x}, y)$ として，もっとも簡単なネットワーク構造をもつ**順伝播型ニューラルネット** (feedforward neural networks; FFNN) を説明します．

2.2.1 行列とベクトルのかけ算

数学的な準備としてニューラルネットの計算の基礎となる行列とベクトルのかけ算を復習します．行列演算に慣れている読者は読み飛ばしてください．

例えば，2 行 3 列の行列 $\boldsymbol{W}$ を考えます．

$$\boldsymbol{W} = \begin{pmatrix} 1 & 2 & 3 \\ 4 & 5 & 6 \end{pmatrix} \tag{2.7}$$

この行列の要素数は 6 で，一般には N 行 M 列の行列の要素の数は $N \times M$ です．この行列 $\boldsymbol{W}$ に右から要素数 3 のベクトル $\boldsymbol{h} = \begin{pmatrix} 0.1 & 0.2 & 0.3 \end{pmatrix}^\top$ をかけた結果は次のようになります．

$$\begin{aligned} \boldsymbol{W}\boldsymbol{h} &= \begin{pmatrix} 1 & 2 & 3 \\ 4 & 5 & 6 \end{pmatrix} \begin{pmatrix} 0.1 \\ 0.2 \\ 0.3 \end{pmatrix} \\ &= \begin{pmatrix} 1 \times 0.1 + 2 \times 0.2 + 3 \times 0.3 \\ 4 \times 0.1 + 5 \times 0.2 + 6 \times 0.3 \end{pmatrix} = \begin{pmatrix} 1.4 \\ 3.2 \end{pmatrix} \end{aligned} \tag{2.8}$$

この行列とベクトルのかけ算の結果は要素数 2 のベクトルで，一般には N 行 M 列の行列に要素数 M のベクトルをかけると結果は要素数 N のベクトルになります．

2.2.2 モデル

順伝播型ニューラルネットは，基本的には入力ベクトルに対してパラメータ行列をかけて非線形変換を行うことを何回か繰り返し，最後に出力候補 y

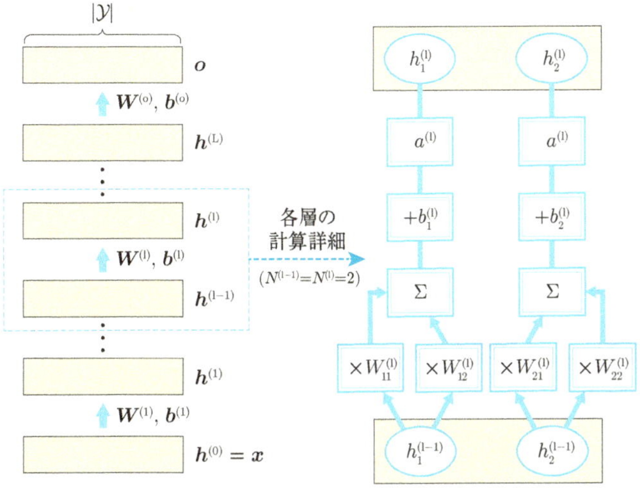

図 2.1 L 層の順伝播型ニューラルネット．1 重線ノードは変数（ベクトル），2 重線ノードは関数．

に対するスコアを出力します．

以下では，変換を L 回繰り返すニューラルネットを想定します（**図 2.1**）．l 回目の変換結果の出力ベクトル $\boldsymbol{h}^{(l)} \in \mathcal{R}^{N^{(l)}}$ を**隠れ状態ベクトル** (hidden state vector) と呼びます．なお，データから直接観察できる「入力ベクトル」に対して，モデルなしには観測できない背後にある状態であるため「隠れ状態ベクトル」と呼びます．

計算の順番としては最後になる**出力層** (output layer) と呼ばれる出力候補 y に対するスコアの計算は出力用の $|\mathcal{Y}| \times N^{(L)}$ のパラメータ行列 $\boldsymbol{W}^{(o)}$ と $|\mathcal{Y}|$ のバイアスパラメータベクトル $\boldsymbol{b}^{(o)}$ を使って，以下のように書きます．

$$\boldsymbol{o} = \boldsymbol{W}^{(o)}\boldsymbol{h}^{(L)} + \boldsymbol{b}^{(o)} \tag{2.9}$$

ここで，$\boldsymbol{h}^{(L)}$ は一番最後の L 番目の隠れ状態ベクトルです．$\boldsymbol{o}$ は y 番目の要素が y に対応したスコア関数の出力 $f(\boldsymbol{x}, y) = o_y$ を表す要素数 $|\mathcal{Y}|$ のベクトルです．

次に，各 $\{l | 1 \leq l \leq L\}$ 層の隠れ状態ベクトル $\boldsymbol{h}^{(l)}$ の計算は以下のように行います．

$$\boldsymbol{h}^{(l)} = a^{(l)}(\boldsymbol{W}^{(l)}\boldsymbol{h}^{(l-1)} + \boldsymbol{b}^{(l)}) \tag{2.10}$$

ここで，$\boldsymbol{W}^{(l)}$ は $N^{(l)} \times N^{(l-1)}$ のパラメータ行列，$\boldsymbol{b}^{(l)}$ は $N^{(l)}$ のバイアスパラメータベクトルです．また，$a^{(l)}$ は後述する活性化関数です．この演算では，要素数 $N^{(l-1)}$ の隠れ状態ベクトルを要素数 $N^{(l)}$ の隠れ状態ベクトルに変換します．なお，$l = 0$ のときの隠れ状態ベクトルは $\boldsymbol{h}^0 = \boldsymbol{x}$，つまり入力を使うものとします．

$$\boldsymbol{h}^{(1)} = a^{(1)}(\boldsymbol{W}^{(1)}\boldsymbol{x} + \boldsymbol{b}^{(1)}) \tag{2.11}$$

また，入力次元を列数にもつパラメータ行列 $\boldsymbol{W}^{(1)}$ は $N^{(1)} \times |\mathcal{X}|$ の行列になります．入力を受け取り，計算をするため，$\boldsymbol{h}^{(1)}$ を計算する層を**入力層** (input layer) と呼びます．順伝播型ニューラルネットで学習する必要のあるパラメータは $\boldsymbol{\theta} = \{\boldsymbol{W}^{(1)}, \boldsymbol{b}^{(1)}, \ldots, \boldsymbol{W}^{(\mathrm{L})}, \boldsymbol{b}^{(\mathrm{L})}, \boldsymbol{W}^{(\mathrm{o})}, \boldsymbol{b}^{(\mathrm{o})}\}$ になります．

ニューラルネットは表現力が高いモデルであるとして知られていますが，上記の隠れ状態ベクトルへの変換がその表現力の秘訣です．ニューラルネットの入力層では，入力ベクトル $\boldsymbol{x}$ を $N^{(1)}$ 個の要素をもつ隠れ状態ベクトルに変換します．簡単のため活性化関数を線形だと考えると，隠れ状態ベクトルの各要素は入力ベクトルをパラメータで表現された超平面に射影した値です．別の言い方をすると，隠れ状態ベクトルの各次元が入力空間を 2 つに分割する超平面に相当しており，ベクトル全体では複数の超平面で分割された領域を表現することができます (図 2.2)．最大で $\sum_{i=0}^{N^{(0)}} \binom{N^{(1)}}{i}$ の領域が表現でき [164]，隠れ状態ベクトルの次元が増えると区切れる領域も増えていくため，隠れ状態の数が多いほうが入力データを細かく表現することができます．また，2 層目以降ではこの分割された領域をまた再分割することに相当するため，層を深くしても表現力が高まります．後述する ReLU 関数が活性化関数の場合，領域数の下限は層の数 L に対して $\left(\prod_{l=1}^{L-1} \left\lfloor \frac{N^{(l)}}{N^{(0)}} \right\rfloor^{N^{(0)}}\right) \sum_{i=0}^{N^{(0)}} \binom{N^{(\mathrm{L})}}{i}$ となります [111]．このように入力データを細かく分類することができることから，深いニューラルネットは表現力が高いといわれています．

参考 2.2 深層学習（ディープラーニング）を紹介していると，「何層あったらディープなんですか？」という質問をよく聞かれます．背景には「深いほうが性能がよい」という期待があるのだと思いますの

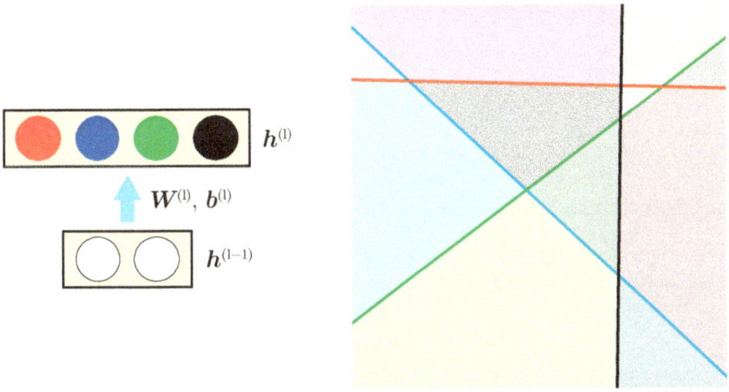

図 2.2 4 つの隠れ状態に相当する直線によって分割された領域の例.

が,「現時点で 1000 層のニューラルネットもありますが, 深いほうがよいというわけではなくタスク次第です」と答えることにしています. 2.5.2 節で説明するように, 深くなると学習が難しくなるのは確かで, 技術的には深いニューラルネットが学習できることはすごいことですが, 6.2.1 節でも述べるように深いほうがタスク性能がよいというのは仮説でしかありませんし, 適切な深さはタスクや訓練データの量・質ごとに異なるはずです. そもそも "深層学習認定協会" のようなものがあるわけでもなく, 1 層として数える単位も明確に決まっているわけではありません. 式 (2.10) の行列演算と活性化関数の適用を 1 層と数えることもありますが, 非線形な活性化関数を介さない場合もあるのでパラメータ行列の数を層数として数えることもあります.

2.3 活性化関数

前節の**活性化関数** (activation function)a にはさまざまな非線形関数が適用されていますが, 代表的な物を 3 つ挙げます.

シグモイド (sigmoid) 関数

$$\texttt{sigmoid}(x) = \frac{1}{1+\exp(-x)} \in (0,1) \tag{2.12}$$

ソフトマックスはシグモイド関数を多項分布に拡張したものです．

ハイパボリックタンジェント（hyperbolic tangent; **双曲線正接**）関数

$$\texttt{tanh}(x) = \frac{\exp(x)-\exp(-x)}{\exp(x)+\exp(-x)} \in (-1,1) \tag{2.13}$$

ReLU（rectified linear unit; ランプ関数）**関数** [113]

$$\texttt{relu}(x) = \max(0,x) \in [0,\infty) \tag{2.14}$$

後述する勾配法と組み合わせるために活性化関数は微分可能な関数から選ばれることが多いですが，活性化関数とタスクとの性能への関係は明確になっておらず，実験的な結果に基づき選ばれています．しかし，深いニューラルネットを有効活用するには非線形な活性化関数は欠かせません．

その必要性を理解するために，例えば，非線形な活性化関数を挟まない 2 層の行列積を含む順伝播型ニューラルネット $\boldsymbol{W}^{(l+1)}\boldsymbol{W}^{(l)}\boldsymbol{h}^{(l-1)}$ を考えてみます．行列積の結合法則を思い出すと，以下のように 2 つのパラメータ行列のかけ算 $\boldsymbol{W}^{(l+1)}\boldsymbol{W}^{(l)}$ を先にしても結果は変わらないことがわかります．

$$\boldsymbol{W}^{(l+1)}\left(\boldsymbol{W}^{(l)}\boldsymbol{h}^{(l-1)}\right) = \left(\boldsymbol{W}^{(l+1)}\boldsymbol{W}^{(l)}\right)\boldsymbol{h}^{(l-1)} \tag{2.15}$$

さらに，2 つのパラメータ行列をあらかじめかけた行列 $\hat{\boldsymbol{W}} = \left(\boldsymbol{W}^{(l+1)}\boldsymbol{W}^{(l)}\right)$ を定義すると，1 層のニューラルネットを構成することもできます．

$$\hat{\boldsymbol{W}}\boldsymbol{h}^{(l-1)} \tag{2.16}$$

つまり，非線形な活性化関数を挟まない多層の順伝播型ニューラルネットは，まったく等価な 1 層の順伝播型ニューラルネットがあることになります．よって，深いネットワーク構造を有効活用するには線形変換の後に非線形な活性化関数を適用する必要があるといえます．

2.4 勾配法

2.4.1 勾配法による関数最小化

2.1 節で，学習が目的関数 (2.1) の最小化をすることであることを示しました．関数の最小化には最適化アルゴリズムが適用できますが，ニューラルネットは最適化が難しいことが知られています．そのため最適化アルゴリズムにはさまざまなものが試されてきましたが，2017 年 1 月時点では**勾配法** (gradient method) がもっともよく使われています．勾配法はパラメータの調整が難しく使いづらい点があるのですが，調整がうまくいくと洗練されたアルゴリズムよりもよい性能を示すことがよくあります．またアルゴリズムが簡素なためメモリ使用量が少ないなどの利点があり，大規模な訓練データを使って深層学習するのに適しています．

勾配法はパラメータ $\boldsymbol{\theta}$ のある値に対して目的関数を線形直線で近似して逐次的にパラメータを更新します．具体的には**学習率** (learning rate) を η とすると，ステップ k におけるパラメータは目的関数の偏微分 $\partial L(\boldsymbol{\theta})$ を使って次式によって更新します．

$$\boldsymbol{\theta}^{(\mathrm{k}+1)} = \boldsymbol{\theta}^{(\mathrm{k})} - \eta \partial L(\boldsymbol{\theta}^{(\mathrm{k})}) \tag{2.17}$$

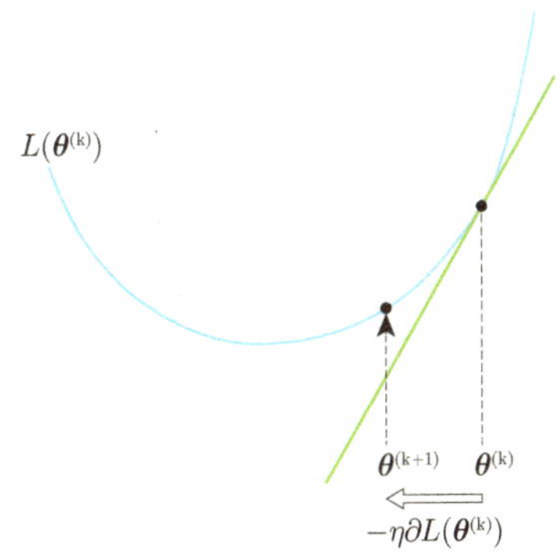

図 2.3 勾配法による最急降下方向への更新例．

関数の微分の定義に変えると，目的関数の偏微分はパラメータ $\boldsymbol{\theta}$ のある変数を微小に動かしたときの損失関数の変化を表しています．勾配法は，$\boldsymbol{\theta}^{(k)}$ の周辺でもっとも目的関数が減る方向（最急降下方向）に η 分パラメータを動かしていることになります（図 2.3）．ただし，最急降下方向は局所的な性質なので現在のパラメータから大きく離れたところでは目的関数が減るとは限りません．η が大きすぎると目的関数の値は減らずに逆に増えてしまうこともあり，前述したように η の調整は容易ではありません．6.3 節では学習率をある程度自動的に決定する手法も扱いますが，深層学習を用いた研究においては η を適切に調整した単純な勾配法が使われることも珍しくありません．

2.4.2 ミニバッチ化による確率的勾配法

勾配法では目的関数の偏微分を用いてパラメータの更新を行うことを示しましたが，式 (2.1) は個々の事例の損失関数の和で定義されているので，その偏微分も個々の事例の損失関数の偏微分の和に分解することができます．

$$\partial L(\boldsymbol{\theta})^{\mathrm{batch}} = \frac{1}{|\mathcal{D}|}\sum_{n=1}^{|\mathcal{D}|} \partial \ell_{\boldsymbol{\theta}}(\boldsymbol{x}^{(\mathrm{n})}, y^{(\mathrm{n})}) \tag{2.18}$$

1 回の更新に全事例を使う方法を**バッチ法**と呼びます．この計算はすべての事例に関して偏微分の計算を行いますが，大規模データを処理する場合は 1 回の評価に時間がかかりすぎる問題があります．また，2.4 節で述べたように最急降下方向は局所的な性質なので 1 回 1 回を正確に計算するよりは雑に速く計算することで，同じ時間内にパラメータを更新できる回数を増やしたほうが結果的に早くよい解に到達できる可能性も高まります．

そこで訓練事例すべてを使わずにランダムに選んだ事例で近似した目的関数の偏微分を使って勾配法を実行する**確率的勾配法**がよく使われます．一番極端な方法は，1 事例分の損失関数の偏微分で代替する方法です．

$$\partial L(\boldsymbol{\theta})^{\mathrm{online}} = \partial \ell_{\boldsymbol{\theta}}(\boldsymbol{x}^{(\mathrm{n})}, y^{(\mathrm{n})}) \tag{2.19}$$

ここで，$i \in \{1, \ldots, |\mathcal{D}|\}$ はランダムに選んだ事例の番号です．各事例ごとにパラメータを更新するので**オンライン学習** (online learning) と呼ばれます．

計算は 1 事例分の偏微分だけを計算するので全事例を使う式 (2.18) の $\frac{1}{|\mathcal{D}|}$

で計算できパラメータ更新回数は多くできますが，1 事例だけから計算した偏微分は不正確で事例ごとにバラついた値になります．確率的勾配法は偏微分の分散が大きいと停留点への収束が遅いことが知られています（文献[123]定理 1）．また，近年の計算資源は高い並列度をもつものが増えてきていますが，1 事例分の偏微分だけでは並列計算資源を活かしきれません．そこで，バッチ法とオンライン法の折衷案として複数の事例を使って偏微分計算を行う**ミニバッチ法**が使われています．

$$\partial L(\boldsymbol{\theta})^{\text{mini-batch}} = \frac{1}{|\mathcal{B}|}\sum_{m=1}^{|\mathcal{B}|} \partial \ell_{\boldsymbol{\theta}}(\boldsymbol{x}^{(\mathcal{B}[\mathrm{m}])}, y^{(\mathcal{B}[\mathrm{m}])}) \tag{2.20}$$

ここで，$\mathcal{B} \subset \{1, 2, \ldots, |\mathcal{D}|\}$ は無作為に選んだ全事例の部分集合の番号集合です．一般的に $\mathcal{B}$ の大きさは固定値を使い計算資源の並列度とメモリ容量に合わせて調整する必要があります．なお，ミニバッチ法では $|\mathcal{B}|$ をバッチサイズと呼び，同じデータ数を学習する場合でもバッチサイズによってその更新回数は異なるため，訓練データ全体のデータ数 $|\mathcal{D}|$ に相当する更新回数 $|\mathcal{D}|/|\mathcal{B}|$ を 1 単位として 1 **エポック** (epoch) と呼ぶこともあります．

2.5 誤差逆伝播法

2.5.1 ニューラルネットの微分

誤差逆伝播法 (back propagation; backprop; BP）は勾配法を使うためにニューラルネットの目的関数の偏微分を計算するためのアルゴリズムです．誤差逆伝播法は古くから知られた方法で，ニューラルネットのツールやライブラリでは実装されています．また，汎用なアルゴリズム微分ツールを用いることでも同等の計算手順を自動的に得ることができます．したがって，誤差逆伝播法を自分で実装する必要性はそれほど高くありません．しかし，誤差逆伝播法を理解することで，ニューラルネットの学習の難しさを理解することができます．

ニューラルネットを合成関数と捉えると，その微分は合成関数の微分をすればよいことを以下で説明します．しかも，微分の連鎖律，つまり合成関数の微分はそれぞれの関数微分の積であることを使うと，どんなに階層の深いニューラルネットであっても機械的に微分を求めることができることを示します．簡単なニューラルネットの例として，1 変数を引数にとる 2 つの関数 $f^{(1)}(x) = wx = h^{(1)}$ と $f^{(2)}(h) = \max(0, h) = h^{(2)}$ の合成関数を考えます．

$$f^{(2)}\left(f^{(1)}(x)\right) = \max(0, wx) \tag{2.21}$$

ここで，$w \in \mathcal{R}$ は学習する 1 変数パラメータ，$x \in \mathcal{R}$ は入力です．なお，通常のニューラルネットではパラメータは行列，入力はベクトルですが，簡単のためここではスカラーとしています．

連鎖律を使うと合成関数の微分は導関数の積で表せることを使って，式 (2.21) の微分を示します．まず，$f^{(2)}(h) = \max(0, h)$ の微分 *1 は以下のとおりです．

$$\frac{\partial f^{(2)}(h)}{\partial h} = \begin{cases} 0 & \text{if } h \leq 0 \\ 1 & \text{else} \end{cases} \tag{2.22}$$

また，$f^{(1)}(x) = wx$ の微分は次のように w になります．

$$\frac{\partial f^{(1)}(x)}{\partial x} = w \tag{2.23}$$

最後に，入力 x で合成関数 $f^{(2)}\left(f^{(1)}(x)\right)$ を微分すると，上記 2 つの導関数の積として以下のように書けます．

$$\frac{\partial f^{(2)}\left(f^{(1)}(x)\right)}{\partial x} = \frac{\partial f^{(2)}\left(h^{(1)}\right)}{\partial f^{(1)}(x)} \frac{\partial f^{(1)}(x)}{\partial x} = \begin{cases} 0 & \text{if } f^{(1)}(x) \leq 0 \\ w & \text{else} \end{cases} \tag{2.24}$$

$\frac{\partial f^{(1)}(x)}{\partial w} = x$ であることに注意して，今度はパラメータ w で $f^{(2)}\left(f^{(1)}(x)\right)$ を微分すると，同じように書けます．

$$\frac{\partial f^{(2)}\left(f^{(1)}(x)\right)}{\partial w} = \frac{\partial f^{(2)}\left(h^{(1)}\right)}{\partial f^{(1)}(x)} \frac{\partial f^{(1)}(x)}{\partial w} = \begin{cases} 0 & \text{if } f^{(1)}(x) \leq 0 \\ x & \text{else} \end{cases} \tag{2.25}$$

もし，$f^{(3)}$ をさらに合成した関数 $f^{(3)}\left(f^{(2)}\left(f^{(1)}(x)\right)\right)$ であっても，同様に導関数の積で機械的に微分することができます．

---

*1 正確には $h = 0$ で傾きが 1 つに定まらないので劣微分と呼ぶべきですが，議論に支障がないので簡単のため微分と呼びます．

$$\frac{\partial f^{(3)}\left(f^{(2)}\left(f^{(1)}(x)\right)\right)}{\partial x}=\frac{\partial f^{(3)}\left(h^{(2)}\right)}{\partial f^{(2)}\left(h^{(1)}\right)}\frac{\partial f^{(2)}\left(h^{(1)}\right)}{\partial f^{(1)}\left(x\right)}\frac{\partial f^{(1)}\left(x\right)}{\partial x} \tag{2.26}$$

また，2 つの関数 $f^{(1)}(x)$ と $f^{(2)}(x)$ の和を引数にとるニューラルネット $f^{(3)}\left(f^{(1)}(x)+f^{(2)}(x)\right)$ であっても，以下のように微分を導出することができます．

$$\begin{aligned}\frac{\partial f^{(3)}\left(f^{(1)}(x)+f^{(2)}(x)\right)}{\partial x}&=\frac{\partial f^{(3)}\left(h^{(1)}+h^{(2)}\right)}{\partial\left(f^{(1)}\left(x\right)+f^{(2)}\left(x\right)\right)}\\&\times\left(\frac{\partial\left(f^{(1)}\left(x\right)+f^{(2)}\left(x\right)\right)}{\partial f^{(1)}\left(x\right)}\frac{\partial f^{(1)}\left(x\right)}{\partial x}+\frac{\partial\left(f^{(1)}\left(x\right)+f^{(2)}\left(x\right)\right)}{f^{(2)}\left(x\right)}\frac{\partial f^{(2)}\left(x\right)}{\partial x}\right)\\&=\frac{\partial f^{(3)}\left(h^{(1)}+h^{(2)}\right)}{\partial\left(f^{(1)}\left(x\right)+f^{(2)}\left(x\right)\right)}\left(\frac{\partial f^{(1)}\left(x\right)}{\partial x}+\frac{\partial f^{(2)}\left(x\right)}{\partial x}\right)\end{aligned} \tag{2.27}$$

この例は図 2.4 下のように，入力をサブネットワーク $f^{(1)}$ と $f^{(2)}$ に入力して個別に $h^{(1)}$, $h^{(2)}$ を評価し，その結果を足して後続に伝えるような複雑なニューラルネットですが，連鎖律に従って微分が導出できています．これらの例では手計算で導出しましたが，もっと複雑なニューラルネットであっても機械的に微分が導けることが想像できるのではないでしょうか．

最初に述べたように，現代ではこれらの合成関数の微分の導出を手計算でする必要はありません．アルゴリズム微分（または自動微分）[55] は連鎖律を使って自動的に合成関数の微分を計算するより一般的な手法です．**図 2.4** のようにノードを変数とし合成関数の評価をグラフ表現したものを**計算グラフ**と呼びます．合成関数を評価する際には矢印の方向に順に評価していくこ

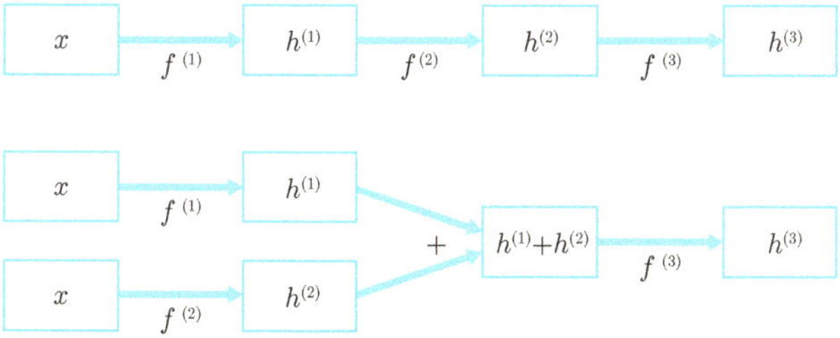

図 2.4 計算グラフの例.

とを表しており，誤差逆伝播法はこの計算グラフを矢印とは逆方向に微分を計算していくことに相当します．そのため，リバースモードの自動微分と呼ばれることもあります．一般には，この計算グラフが巡回路をもたない有向非巡回グラフであれば，微分を自動的に計算することができます．

2.5.2 深いニューラルネットの難しさ

本節では上述の合成関数の微分の計算方法が誤差逆伝播法と呼ばれる所以と，何層にもなるニューラルネットの学習がなぜ難しいのかを解説します．

勾配法を適用するためにはニューラルネットの目的関数のパラメータによる偏微分を計算する必要がありました．合成関数としての目的関数の一番外側の関数（図 2.4 の $f^{(3)}$）は式 (2.2) や式 (2.3) のような誤差関数です．損失関数の引数をスコア関数 $f_{\boldsymbol{\theta}}$ として次のように定義し直します．

$$l\left(f_{\boldsymbol{\theta}}\left(\boldsymbol{x}, y\right)\right) \tag{2.28}$$

この損失関数を 2.5.1 節と同様に連鎖律を用いて微分すると以下のようになります．

$$\frac{\partial \ell\left(f_{\boldsymbol{\theta}}\left(\boldsymbol{x}, y\right)\right)}{\partial \boldsymbol{\theta}} = \frac{\partial \ell\left(f_{\boldsymbol{\theta}}\left(\boldsymbol{x}, y\right)\right)}{\partial f_{\boldsymbol{\theta}}\left(\boldsymbol{x}, y\right)} \frac{f_{\boldsymbol{\theta}}\left(\boldsymbol{x}, y\right)}{\partial \boldsymbol{\theta}} \tag{2.29}$$

ニューラルネットの目的関数をパラメータ $\boldsymbol{\theta}$ で微分するには，スコア関数 f の微分と誤差（損失）の微分の積を計算すればよいことになります．

例として式 (2.29) のスコア関数 f として 1 層だけ隠れ層をもつ次のニューラルネットを考えます．

$$f(x, y) = f^{(\mathrm{o})}\left(f^{(1)}(x), y\right) = \boldsymbol{w}_y^{(\mathrm{o})} w^{(1)} x \tag{2.30}$$

ここで，$f^{(1)}(x) = w^{(1)} x = h^{(1)}$ はパラメータ $w^{(1)}$ をかけてスカラーを出力する関数，$f^{(\mathrm{o})}(h, y) = w_y^{(\mathrm{o})} h = o_y$ はラベル y のスコアを計算する関数です．

損失関数を合わせて，$l\left(f^{(\mathrm{o})}\left(f^{(1)}(x, y)\right)\right)$ を目的関数とすると，$f^{(1)}$ のパラメータ $w^{(1)}$ による微分は以下のように書けます．

$$\frac{\partial \ell\left(f^{(\mathrm{o})}\left(f^{(1)}(x), y\right)\right)}{\partial w^{(1)}} = \frac{\partial \ell\left(f^{(\mathrm{o})}\left(f^{(1)}(x), y\right)\right)}{\partial f^{(\mathrm{o})}\left(f^{(1)}(x), y\right)} \frac{\partial f^{(\mathrm{o})}\left(f^{(1)}(x), y\right)}{\partial f^{(1)}(x)} \frac{\partial f^{(1)}(x)}{\partial w^{(1)}}$$

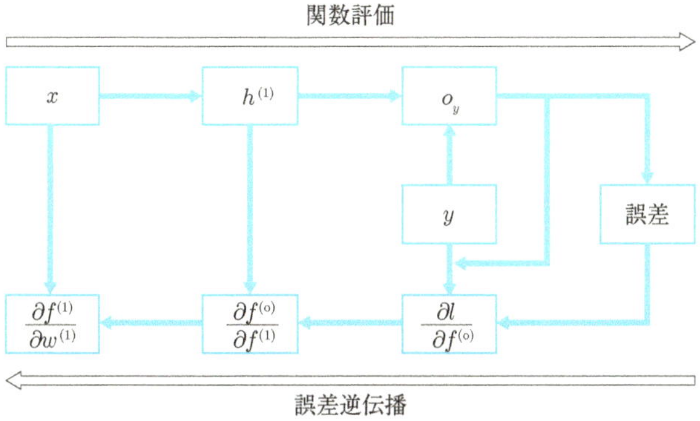

図 2.5 誤差逆伝播の例.

$$= \frac{\partial \ell\left(o_y\right)}{\partial o_y} w_y^{(\mathrm{o})} x \tag{2.31}$$

つまり，あるスコア関数の値における損失関数の微分 $\frac{\partial \ell(o_y)}{\partial o_y}$ と，あるラベルに対するパラメータ $w_y^{(\mathrm{o})}$ と入力 x の積で表現されます．**図 2.5** の計算グラフが示すように，関数評価とは逆方向に誤差（損失関数の入力による微分）がかけられていくことになります．誤差が関数評価とは逆方向に伝達されることになるので誤差逆伝播と呼ばれるようになりました．

最後に，誤差逆伝播法から深いニューラルネットの学習がなぜ難しいのかを理解してみたいと思います．先の例の隠れ層だけを増やした例を考えます．$f^{(1)}$ と同様に，パラメータ w をもつ $f^{(2)}(h) = w^{(2)}h = h^{(2)}$ と $f^{(3)}(h) = w^{(3)}h = h^{(3)}$ を考えます．

$$f(x, y) = f^{(\mathrm{o})}\left(f^{(3)}\left(f^{(2)}\left(f^{(1)}(x)\right)\right), y\right) = w_y^{(\mathrm{o})} w^{(3)} w^{(2)} w^{(1)} x \tag{2.32}$$

隠れ層を 2 つ増やした目的関数を一番最初の隠れ層を出力する関数のパラメータ $w^{(1)}$ による微分は以下のようになります．

$$\frac{\partial \ell\left(f^{(\mathrm{o})}\left(f^{(3)}\left(f^{(2)}\left(f^{(1)}(x)\right)\right), y\right)\right)}{\partial w^{(1)}}$$
$$= \frac{\partial \ell\left(f^{(\mathrm{o})}\left(f^{(3)}\left(f^{(2)}\left(f^{(1)}(x)\right)\right), y\right)\right)}{\partial f^{(\mathrm{o})}\left(f^{(3)}\left(f^{(2)}\left(f^{(1)}(x),\right), y\right)\right)} \frac{\partial f^{(\mathrm{o})}\left(f^{(3)}\left(f^{(2)}\left(f^{(1)}(x)\right), y\right)\right)}{\partial f^{(3)}\left(f^{(2)}\left(f^{(1)}(x)\right)\right)}$$

$$\times \frac{\partial f^{(3)}\left(f^{(2)}\left(f^{(1)}(x)\right)\right)}{\partial f^{(2)}\left(f^{(1)}(x)\right)} \frac{\partial f^{(2)}\left(f^{(1)}(x)\right)}{\partial f^{(1)}(x)} \frac{\partial f^{(1)}(x)}{\partial w}$$

$$= \frac{\partial \ell\left(o_y\right)}{\partial o_y} w_y^{(\mathrm{o})} w^{(3)} w^{(2)} x \tag{2.33}$$

式 (2.31) と似ていますが，$\frac{\partial f^{(1)}(h)}{\partial h} = w^{(1)}$ ですのでパラメータ $w^{(3)}, w^{(2)}$ が微分係数に追加されている点だけが異なります．パラメータは学習中にどのような値をとるかわかりません．例えば，パラメータが比較的大きく $w_y^{(\mathrm{o})} = w^{(3)} = w^{(2)} = 100$ の場合は，上記の微分の値は $\frac{\partial \ell(o_y)}{\partial o_y} \times 100^3 \times x$ と非常に大きな値になり，損失に対して非常に感度が高い状態となります．この状態を**勾配爆発** (exploding gradients)[13] と呼び，オーバーフローが起こりやすいなど計算機での計算が不安定な状態になります．一方，パラメータが比較的小さく，例えば $w_y^{(\mathrm{o})} = w^{(3)} = w^{(2)} = 0.01$ の場合は上記の微分の値は $\frac{\partial \ell(o_y)}{\partial o_y} \times 0.01^3 \times x$ と非常に小さな値になり，損失に対して非常に感度が低い状態になります．この状態を**勾配消失** (vanishing gradients)[13] と呼び，損失の値が非常に小さい値としてしか伝わらないため先の勾配法を使って更新する場合には $f^{(1)}$ のパラメータがなかなか更新されない，つまり学習が進まない問題が発生します．

上記では，隠れ層を 2 つ増やしただけでもパラメータが大きくなる・小さくなるという条件で学習が非常に難しくなる例を示しましたが，当然隠れ層をもっと増やすことでより困難が増えます．深層学習が広く使われるようになった背景には，これらの課題を克服するようなネットワーク構造が発明されたことも一因で，それらの手法の有効性は誤差逆伝播の仕組みで説明ができます．6 章でも，これらの深いニューラルネットの学習における問題を回避する方法も紹介しますが，以下で簡単に深いニューラルネットにおける勾配消失を解消する方法を 1 つ紹介します [64]．

先の例の $f^{(1)}$ の簡単な拡張 $f^{(1+)}(h) = f^{(1)}(h) + h$，つまり関数 $f^{(1)}$ の出力と入力 h そのものとの和を出力とする関数を構成要素として考えます．さきほど $w^{(1)}$ の絶対値が小さいときに勾配消失が起きることを示しましたが，この新しい関数の微分は以下のように $f^{(1)}(h)$ の微分に 1 を足したものになり必ず微分係数が 1 以上となります．

$$\frac{\partial f^{(1+)}(h)}{\partial h} = \frac{\partial f^{(1)}(h)}{\partial h} + \frac{\partial h}{\partial h} = w^{(1)} + 1 \tag{2.34}$$

この関数で先と同様の 3 つの隠れ層をもつニューラルネットでスコア関数を構成する例を考えます．

$$f(x,y) = f^{(\mathrm{o})}\left(f^{(3+)}\left(f^{(2+)}\left(f^{(1+)}(x)\right)\right), y\right) \tag{2.35}$$

すると，目的関数の $w^{(1)}$ による微分は結果だけを示すと次のようになります．

$$\frac{\partial \ell\left(f^{(\mathrm{o})}\left(f^{(3+)}\left(f^{(2+)}\left(f^{(1+)}(x)\right)\right), y\right)\right)}{\partial w^{(1)}} = \frac{\partial \ell\left(o_y\right)}{\partial o_y} w_y^{(\mathrm{o})}\left(w^{(3)}+1\right)\left(w^{(2)}+1\right)x \tag{2.36}$$

$w^{(3)}$ と $w^{(2)}$ の絶対値が小さかったとしても $w^{(1)}+1$ は 1 に近い値になりますから $f^{(1+)}(h)$ に置き換えることで誤差が伝達されやすくなることがわかります．一方で，この方法では $w^{(3)}$ と $w^{(2)}$ の絶対値が大きいと起きる勾配爆発は防げないこともわかります．このように誤差逆伝播法を通じて手法の利点や限界も明らかになります．この手法での誤差伝播を計算グラフで示したものが**図 2.6** で，入力そのものを加える計算が計算グラフ上ではショートカット（近道）を作っていることに相当することがわかります．この非常に簡単な手法は ResNet と呼ばれる手法の基盤となっており，画像認識においては千層以上のニューラルネットの学習を可能にしています [64]．

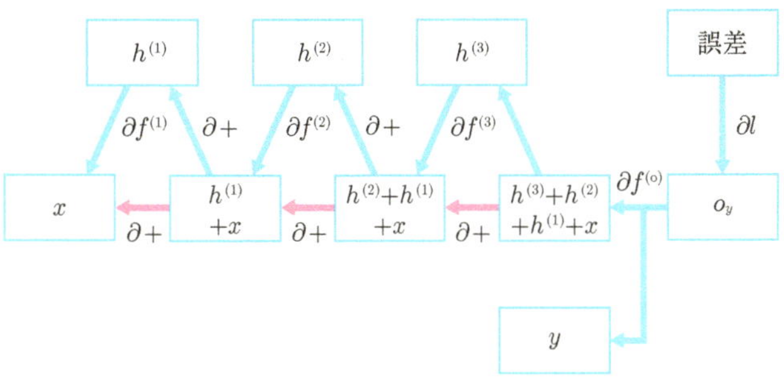

図 2.6 ショートカット（赤線）により勾配消失を防ぐ例．

2.6 再帰ニューラルネット

2.6.1 モデル

再帰ニューラルネット (recurrent neural networks; RNN) は，可変長の入力列を扱うことに優れたネットワーク構造です．RNN は前の時刻の隠れ状態ベクトルと現時刻の入力ベクトル（または下層の隠れ状態ベクトル）を使って，現在の隠れ状態ベクトルを更新します．こうすることで，任意の長さの入力履歴を考慮した出力を得ることができるようになります．状態変数の数を十分大きくとれば原理的には前の入力すべてを RNN によって記憶したうえで予測をすることができます．また，パラメータを時刻非依存とすることで，任意の長さの入力列を同じ RNN で扱うことができます．単語などを各時刻の入力と思うとテキストは可変長の入力列となりますので，同じモデルで任意の長さの入力列を扱える RNN はテキスト処理に向いているモデルといえます．

RNN は長さ T の入力ベクトル列 $\boldsymbol{X} = (\boldsymbol{x}_1, \boldsymbol{x}_2, \ldots, \boldsymbol{x}_{T_{\boldsymbol{X}}})$ が与えられたときに，l 層目の隠れ状態ベクトルを次のように再帰的に更新します．

$$\boldsymbol{h}_t^{(l)} = a^{(l)} \left(\boldsymbol{W}^{(l)} \begin{bmatrix} \boldsymbol{h}_t^{(l-1)} \\ \boldsymbol{h}_{t-1}^{(l)} \end{bmatrix} + \boldsymbol{b}^{(l)} \right) \tag{2.37}$$

順伝播型ニューラルネットでは $l-1$ 層目の隠れ状態ベクトルだけをパラメータ行列で線形変換しましたが，RNN では時刻 t の $l-1$ 層目の隠れ状態ベクトルと時刻 $t-1$ の l 層目の隠れ状態ベクトルを線形変換します．そのためパラメータ行列 $\boldsymbol{W}^{(l)}$ の要素数は $\left(N^{(l)} + N^{(l-1)}\right) \times N^{(l)}$ となります．なお，最初の隠れ状態ベクトル $\boldsymbol{h}_0^{(l)}$ は仮の隠れ状態ベクトルで，パラメータですが零ベクトルなどの定数が使われることが多いです．

時刻 t での予測に使うスコア関数は，$\boldsymbol{h}_t^{(L)}$ を使って順伝播型ニューラルネットと同様に計算するのが基本です．

$$f(\boldsymbol{x}, y) = o_{t,y} \tag{2.38}$$

$$\boldsymbol{o}_t = \boldsymbol{W}^{(o)} \boldsymbol{h}_t^{(L)} + \boldsymbol{b}^{(o)} \tag{2.39}$$

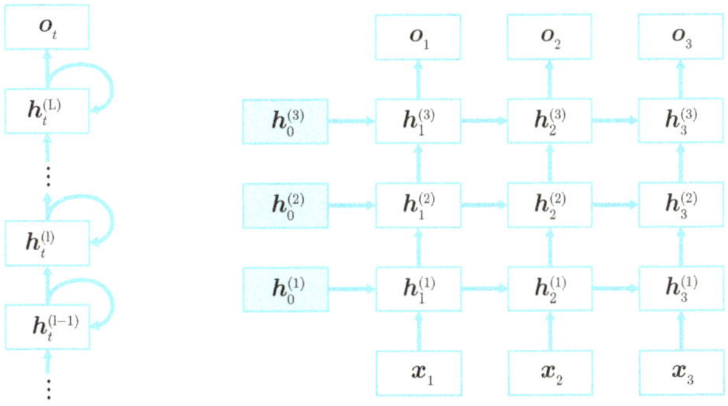

図 2.7 再帰ニューラルネット．

図 2.7(a) に L 層 RNN を示します．

上述したのはよく使われているエルマン (Elman) 型 RNN[39] ですが，$\boldsymbol{h}_{t-1}^{(l)}$ を出力の $\mathtt{softmax}(\boldsymbol{o}_{t-1})$ で置き換えた形をジョーダン (Jordan) 型 RNN[76] と呼びます．また，上記では各時刻に何らかの予測を行うことを仮定していますが，最後の $\boldsymbol{h}_{T_{\boldsymbol{x}}}$ には入力列全体を考慮した情報が表現されていることが期待されますので，文書分類のように入力列全体に対して 1 つの y を予測をする問題の場合には最後の $\boldsymbol{o}_{T_{\boldsymbol{x}}}$ を使って予測することもできます．この例のほかに出力層を順伝播型ニューラルネットに接続することもあります．

RNN は時間方向も階層と捉えると時間方向に深いモデルとなっていること，時刻 t によらず共通のパラメータを使っていることに特徴があります．図 2.7(b) は 3 層の RNN を長さ 3 の列に対して展開した例で，時間方向にも深い階層になっていることがわかります．なお，$t = 0$ の網かけの隠れ状態ベクトルは仮の隠れ状態ベクトルです．また，前の時刻の隠れ状態ベクトルと現時刻の入力だけで現在の隠れ状態ベクトルを推定できることを仮定しています．この仮定が合っていれば，$\boldsymbol{h}_t$ には 1〜t の可変長入力を記憶していることが期待できます．RNN での誤差逆伝播法は，時刻 T から時刻 1 に遡って誤差を伝播することになるので**時間方向誤差逆伝播** (back-propagation through time; BPTT) と呼ばれることがありますが，連鎖律を用いた合成関数の微分として捉えると入力長によって計算グラフの大きさが変わる以外は違いがありません．

2.6.2 双方向再帰ニューラルネット

RNN は $t = 1$ から時間が進む前向きに走査するだけでなく，$t = T_{\boldsymbol{X}}$ から $t = 1$ に時間を遡る後向きに入力列を走査するモデルも考えることができます．さらに 2 つの走査の向きを組み合わせた**双方向再帰ニューラルネット**（bi-directional recurrent neural networks; 双方向 RNN）もよく用いられます．双方向 RNN の利点は入力列全体の情報を各時刻で考慮できることです．

双方向 RNN では前向き走査の隠れ状態ベクトル $\overrightarrow{\boldsymbol{h}}$ と後向き走査の隠れ状態ベクトル $\overleftarrow{\boldsymbol{h}}$ の両方を計算します（図 2.8）．

$$\overrightarrow{\boldsymbol{h}}_t^{(1)} = a^{(1)}\left(\overrightarrow{\boldsymbol{W}}^{(1)}\begin{bmatrix}\overrightarrow{\boldsymbol{h}}_t^{(l-1)}\\ \overleftarrow{\boldsymbol{h}}_t^{(l-1)}\\ \overrightarrow{\boldsymbol{h}}_{t-1}^{(1)}\end{bmatrix} + \overrightarrow{\boldsymbol{b}}^{(1)}\right) \tag{2.40}$$

$$\overleftarrow{\boldsymbol{h}}_t^{(1)} = a^{(1)}\left(\overleftarrow{\boldsymbol{W}}^{(1)}\begin{bmatrix}\overrightarrow{\boldsymbol{h}}_t^{(l-1)}\\ \overleftarrow{\boldsymbol{h}}_t^{(l-1)}\\ \overleftarrow{\boldsymbol{h}}_{t+1}^{(1)}\end{bmatrix} + \overleftarrow{\boldsymbol{b}}^{(1)}\right) \tag{2.41}$$

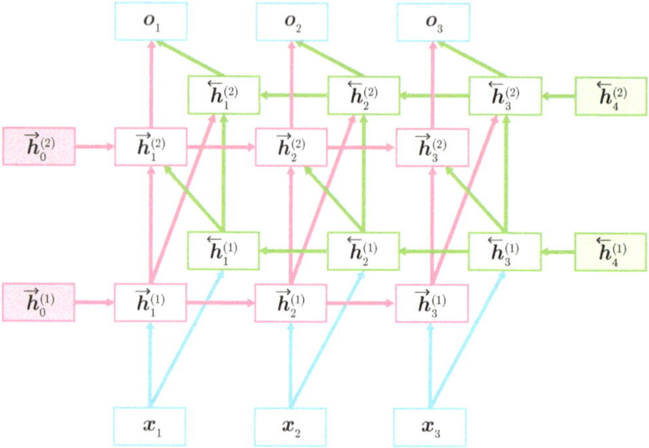

図 2.8 長さ 3 の列に対して展開した双方向再帰ニューラルネットの例．

ここで，$\overrightarrow{\boldsymbol{W}}^{(l)}, \overrightarrow{\boldsymbol{b}}^{(l)}$ は前向き用の，$\overleftarrow{\boldsymbol{W}}^{(l)}, \overleftarrow{\boldsymbol{b}}^{(l)}$ は後向き用のパラメータ行列・バイアスパラメータベクトルです．$\overrightarrow{\boldsymbol{h}}_t^{(l)}$ の計算には $\overrightarrow{\boldsymbol{h}}_{t-1}^{(l)}$ が必要になりますので前向きに，$\overleftarrow{\boldsymbol{h}}_t^{(l)}$ の計算には $\overleftarrow{\boldsymbol{h}}_{t+1}^{(l)}$ が必要になりますので後向きに更新します．走査の向きからわかるように，$\overrightarrow{\boldsymbol{h}}_t$ は時刻 $1,\ldots,t$ の情報を，$\overleftarrow{\boldsymbol{h}}_t$ は時刻 $t,\ldots,T_{\boldsymbol{X}}$ の情報を集約していることが期待されます．ただし，$1,\ldots,l-1$ までの層の計算をあらかじめしておけば，$\overrightarrow{\boldsymbol{h}}_t^{(l)}$ と $\overleftarrow{\boldsymbol{h}}_t^{(l)}$ の更新時に下の層の隠れ状態ベクトルは両方向の $\overrightarrow{\boldsymbol{h}}_t^{(l-1)}$ と $\overleftarrow{\boldsymbol{h}}_t^{(l-1)}$ を使うことができます．

また，時刻 t でのスコア関数の計算に使う $\boldsymbol{o}_t$ は前向き隠れ状態ベクトル $\overrightarrow{\boldsymbol{h}}_t^{(L)}$ と後向き隠れ状態ベクトル $\overleftarrow{\boldsymbol{h}}_t^{(L)}$ の両方を使って計算します．

$$\boldsymbol{o}_t = \boldsymbol{W}^{(o)} \begin{bmatrix} \overrightarrow{\boldsymbol{h}}_t^{(L)} \\ \overleftarrow{\boldsymbol{h}}_t^{(L)} \end{bmatrix} + \boldsymbol{b}^{(o)} \tag{2.42}$$

両方向の隠れ状態ベクトルを使うことで，時刻 t での予測に入力列全体の情報を活かすことができます．

なお，単方向の RNN は前向きの走査だけなので，時刻 t の予測には時刻 t までの入力列 $(\boldsymbol{x}_1, \boldsymbol{x}_2, \ldots, \boldsymbol{x}_t)$ だけが仮定されていました．一方，後向きの更新には $T_{\boldsymbol{X}}$ から t までの入力列が必要ですので，双方向 RNN 適用の重要な前提は入力列全体 $(\boldsymbol{x}_1, \boldsymbol{x}_2, \ldots, T_{\boldsymbol{X}})$ が与えられている必要があります．

また，上記では各層で両方向の隠れ状態ベクトルを計算に取り入れていますが，両方向を考慮する方法はさまざまです．例えば，前向き走査の隠れ状態ベクトル $\overrightarrow{\boldsymbol{h}}_t^{(l)}$ の計算には後向き走査の隠れ状態ベクトル $\overleftarrow{\boldsymbol{h}}_t^{(l-1)}$ は使わず，後向き走査の隠れ状態ベクトル $\overleftarrow{\boldsymbol{h}}_t^{(l)}$ の計算には前向き走査の隠れ状態ベクトル $\overrightarrow{\boldsymbol{h}}_t^{(l)}$ は使わない形態の双方向 RNN も一般的です（図 2.9）．

$$\overrightarrow{\boldsymbol{h}}_t^{(l)} = a^{(l)} \left(\overrightarrow{\boldsymbol{W}}^{(l)} \begin{bmatrix} \overrightarrow{\boldsymbol{h}}_t^{(l-1)} \\ \overrightarrow{\boldsymbol{h}}_{t-1}^{(l)} \end{bmatrix} + \overrightarrow{\boldsymbol{b}}^{(l)} \right) \tag{2.43}$$

$$\overleftarrow{\boldsymbol{h}}_t^{(l)} = a^{(l)} \left(\overleftarrow{\boldsymbol{W}}^{(l)} \begin{bmatrix} \overleftarrow{\boldsymbol{h}}_t^{(l-1)} \\ \overleftarrow{\boldsymbol{h}}_{t+1}^{(l)} \end{bmatrix} + \overleftarrow{\boldsymbol{b}}^{(l)} \right) \tag{2.44}$$

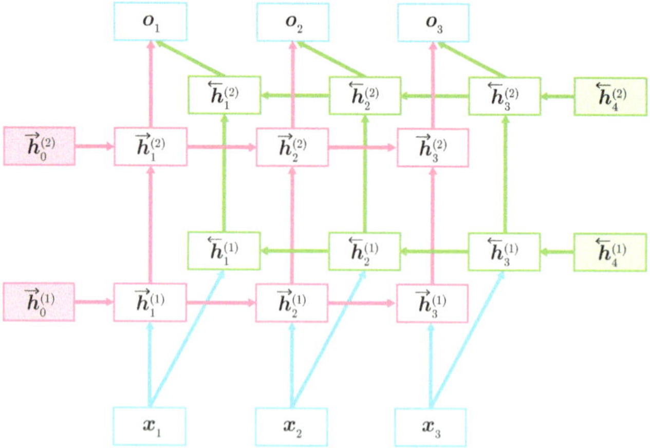

図 2.9 出力層で前向き・後向き走査を統合する双方向再帰ニューラルネットの例.

この方法でも出力層では式 (2.42) のように前向き走査の隠れ状態ベクトル $\overrightarrow{\boldsymbol{h}}_t^{(\mathrm{L})}$ と後向き走査の隠れ状態ベクトル $\overleftarrow{\boldsymbol{h}}_t^{(\mathrm{L})}$ を使うことで双方向の走査結果を考慮していることになります.

参考 2.3 RNN の勾配爆発や勾配消失の問題をパラメータ行列の固有値を使って議論することがあります [13,119]. $N \times N$ のパラメータ行列の**固有値分解** (eigen decomposition) は以下のように書けます.

$$\boldsymbol{W} = \boldsymbol{Q}\boldsymbol{\Lambda}\boldsymbol{Q}^{-1} \tag{2.45}$$

ここで, $\boldsymbol{Q}$ は各列が固有ベクトルを示す $N \times N$ の行列, $\boldsymbol{\Lambda}$ は対角要素が固有値である $N \times N$ の対角行列です. パラメータ行列を固有ベクトルと固有値に分解し, $\boldsymbol{Q}^{-1}\boldsymbol{Q}$ は単位行列であることに注意すると, パラメータ行列の 2 乗は $\boldsymbol{\Lambda}$ の 2 乗と $\boldsymbol{Q}$ で簡単に書けます.

$$\boldsymbol{W}^2 = \left(\boldsymbol{Q}\boldsymbol{\Lambda}\boldsymbol{Q}^{-1}\right)\left(\boldsymbol{Q}\boldsymbol{\Lambda}\boldsymbol{Q}^{-1}\right) = \boldsymbol{Q}\boldsymbol{\Lambda}\boldsymbol{\Lambda}\boldsymbol{Q}^{-1} \tag{2.46}$$

同様にパラメータ行列の t 乗は, 以下のように $\boldsymbol{\Lambda}$ の t 乗で表現できることが固有値分解することの利点です.

$$\boldsymbol{W}^t = \boldsymbol{Q}\boldsymbol{\Lambda}^t\boldsymbol{Q}^{-1} \tag{2.47}$$

次に固有値との関係の直感的な理解のために，非線形活性化関数を使わず時刻 $t-1$ の隠れ状態ベクトルにパラメータ行列をかけて，t の隠れ状態ベクトルに変換する RNN

$$\boldsymbol{h}_t = \boldsymbol{W}\boldsymbol{h}_{t-1} \tag{2.48}$$

を考えます．RNN では各時刻で同じパラメータ行列 $\boldsymbol{W}$ を使うため，再帰的な計算を展開すると以下のように $\boldsymbol{W}$ の t 乗と $\boldsymbol{h}_0$ で時刻 t の隠れ状態ベクトルを表現することができます．

$$\boldsymbol{h}_t = \boldsymbol{W}\boldsymbol{h}_{t-1} = \boldsymbol{W}\boldsymbol{W}\boldsymbol{h}_{t-2} = \cdots = \boldsymbol{W}^t\boldsymbol{h}_0 \tag{2.49}$$

パラメータ行列の t 乗 $\boldsymbol{W}^t$ を式 (2.47) を使って書き換えると，時刻 t の i 番目の状態変数の要素は固有値 Λ_{ii} の t 乗に比例することがわかります．

$$\boldsymbol{h}_t = \boldsymbol{Q}\boldsymbol{\Lambda}^t\boldsymbol{Q}^{-1}\boldsymbol{h}_0 \tag{2.50}$$

つまり，t が大きい場合，長い入力系列では固有値の値に状態変数の値が大きく影響されることになります．固有値が 1 より大きいと状態変数の値は指数的に大きくなり，固有値が 1 より小さいと状態変数の値は指数的に小さくなります．2.5.2 節に示したように勾配の値は状態変数の値に比例するため，結果的に固有値が 1 より大きい場合に勾配爆発，固有値が 1 より小さい場合に勾配消失が発生しやすくなります．

このように，パラメータ行列の固有値を通して RNN の学習で勾配爆発や勾配消失が起きる条件を調べることができます．ここでは単純な RNN の場合を使って説明しましたが，文献[119] では非線形活性化関数を使った場合の勾配爆発・勾配消失が起きる条件を議論しています．

補足 2.4 式 (2.37) のように，一般的には，RNN への入力信号は 2 種類（入力と前時刻の状態）であることを仮定して語られる場合が多いです．一方，式 (2.41) で述べたように，入力が 3 種類に以上に増えても基本的に同じ定式化と計算処理で対処できるます．この考えを拡張していけば，事実上入力されるベクトルの種類はいくつでも同じ定義と計算方式で対応できます．ここでのポイントは，処理の前に入力ベクトルを結合している点です．また，必要であれば処理後に分割すればよいという点になります．

一方，例えば文献[26] では，入力の種類数を増やしたことによって，RNN の計算式そのものを拡張したように説明されています．実際は，もともとの定義で計算できるので，こういった説明は（わかりやすさの観点を除けば）不要といえます．

2.7 ゲート付再帰ニューラルネット

RNN は時間方向に深いニューラルネットとなっているため，時間的に離れている時刻に発生した誤差を伝搬させるのは勾配消失の影響で困難です．そのため，文頭と文末の単語の関係のように長期間の依存関係を表現するためのパラメータを学習するのが難しい，つまり**長期記憶** (long-term memory) が苦手で直近の依存関係（**短期記憶** (short-term memory)）だけを学習してしまう傾向があります．本節で紹介する手法は，ゲートを導入することで長期記憶と短期記憶のバランスも学習することができます．

2.7.1 ゲート

2.5.2 節でショートカットを加えた関数 $\boldsymbol{h}^{(l)} = f^{(l)}(\boldsymbol{h}^{(l-1)}) + \boldsymbol{h}^{(l-1)}$ によって誤差が伝播しやすくなる例を紹介しましたが，ゲート付ショートカットはそのショートカットを一般化します．先のショートカットは非線形変換 $f^{(l)}(\boldsymbol{h})$ と元の隠れ状態ベクトル $\boldsymbol{h}$ との単純な和となっていますが，これを重み付き和に拡張します．

$$\boldsymbol{h}^{(l)} = \boldsymbol{g}^{(\mathrm{f})} \odot f^{(l)}(\boldsymbol{h}^{(l-1)}) + \boldsymbol{g}^{(\mathrm{h})} \odot \boldsymbol{h}^{(l-1)} \tag{2.51}$$

ここで，$\odot$ は要素ごとの積です．$\boldsymbol{g}^{(\mathrm{f})}, \boldsymbol{g}^{(\mathrm{h})}$ がそれぞれの重みでゲートと呼ばれます．先のショートカットでは $\boldsymbol{g}^{(\mathrm{f})} = \boldsymbol{g}^{(\mathrm{h})} = 1$ の重み付き和になっているので，ゲート付ショートカットでは任意の重みに一般化したことになります．また，ゲートのベクトル $\boldsymbol{g}$ も入力 $\boldsymbol{h}$ の値によって柔軟に変わるように学習可能な関数で設計します．

$$\boldsymbol{g}(\boldsymbol{h}) = a^{(\mathrm{g})}(\boldsymbol{W}^{(\mathrm{g})}\boldsymbol{h} + \boldsymbol{b}^{(\mathrm{g})}) \tag{2.52}$$

ここで，$\boldsymbol{W}^{(\mathrm{g})}, \boldsymbol{b}^{(\mathrm{g})}$ はパラメータで，$a^{(\mathrm{g})}$ はゲート用の活性化関数で通常シグモイド関数やハイパボリックタンジェント関数が用いられます．

本節で紹介する**ゲート付再帰ニューラルネット**（ゲート付 RNN）は時間方向の隠れ状態の計算にゲート付ショートカットを使った RNN です．まず，時間方向のショートカットを使うことで長期の情報を集約することができることを示します．例えば，1 つ前の時刻の隠れ状態ベクトル $\boldsymbol{h}_{t-1}$ へのショートカットをもった RNN を考えます．

$$\boldsymbol{h}_t = f(\boldsymbol{h}_{t-1}) + \boldsymbol{h}_{t-1} \tag{2.53}$$

1 時刻前まで展開すると $\boldsymbol{h}_t = f(\boldsymbol{h}_{t-1}) + f(\boldsymbol{h}_{t-2}) + \boldsymbol{h}_{t-2}$ というように再帰的な定義になっているので，再帰的な評価を展開すると時刻 t の隠れ状態ベクトルは 1〜$t-1$ の関数 f による変換の和になっていることがわかります．

$$\boldsymbol{h}_t = \sum_{i=1}^{\mathrm{t}} f(\boldsymbol{h}_{i-1}) \tag{2.54}$$

このことからショートカットを加えることで，隠れ状態ベクトルは長期の状態を和で集約した情報を表しているといえます．

次に，先の例のショートカットを簡単なゲート付に拡張します．時刻 t のゲート出力のベクトルを $\boldsymbol{g}_t$ として，次のように隠れ状態ベクトルを更新するとします．

$$\boldsymbol{h}_t = f(\boldsymbol{h}_{t-1}) + \boldsymbol{g}_t \odot \boldsymbol{h}_{t-1} \tag{2.55}$$

1 時刻前まで展開すると $\boldsymbol{h}_t = f(\boldsymbol{h}_{t-1}) + \boldsymbol{g}_t \odot f(\boldsymbol{h}_{t-2}) + \boldsymbol{g}_t \odot \boldsymbol{g}_{t-1} \odot \boldsymbol{h}_{t-2}$ となります．ショートカットのときと同様に式 (2.54) を展開すると以下のようになります．

$$\boldsymbol{h}_t = f(\boldsymbol{h}_{t-1}) + \sum_{i=1}^{t-1} \left(\bigodot_{j=i}^{\mathrm{t}} \boldsymbol{g}_j \right) f(\boldsymbol{h}_{i-1}) \tag{2.56}$$

さきほどのショートカットの例との違いは，関数 f の出力の重み付き和になっている点です．$f(\boldsymbol{h}_{i-1})$ への重みを $\boldsymbol{G}(i) = \bigodot_{j=i}^{\mathrm{t}} \boldsymbol{g}_j$ と書くことにします．シグモイド関数を使ってゲートの値が $(0, 1)$ の範囲をとるようにすると，過去に遡るほど重みは減少する，つまり $\boldsymbol{G}(i-1) \leq \boldsymbol{G}(i)$ となり，時刻 t の隠れ状態ベクトル $\boldsymbol{h}_t$ への寄与は過去に遡るほど減少することになります．つまり，ゲートを加えることによって過去を忘却することができるようになりました．さらにゲートも学習することによって忘却の度合いを学習し，長期記憶と短期記憶の調整をすることが期待できます．

また，ショートカット同様，誤差逆伝播において誤差が過去に直接伝播するようになります．簡単のため時刻 t の損失関数を，ラベル y や出力関数などを省略し $\boldsymbol{h}_t$ を入力として，$l(\boldsymbol{h}_t)$ と書くことにします．すると，損失関数のパラメータ $\boldsymbol{\theta}$ による微分は時刻 t の誤差 $\partial l(\boldsymbol{h}_t)$ が過去のすべての時刻に対して直接かけられた形式になり，勾配消失が避けられます．

$$\frac{\partial l(\boldsymbol{h}_t)}{\partial \boldsymbol{h}_t} \frac{\partial \boldsymbol{h}_t}{\partial \boldsymbol{\theta}} = \frac{\partial l(\boldsymbol{h}_t)}{\partial \boldsymbol{h}_t} \frac{\partial f(\boldsymbol{h}_{t-1})}{\partial \boldsymbol{\theta}} + \sum_{i=1}^{t-1} \frac{\partial l(\boldsymbol{h}_t)}{\partial \boldsymbol{h}_t} \left(\bigodot_{j=i}^{\mathrm{t}} \boldsymbol{g}_j \right) \frac{\partial f(\boldsymbol{h}_{i-1})}{\partial \boldsymbol{\theta}} \tag{2.57}$$

また，ゲートが忘却の度合いを調節しているといいましたが，誤差逆伝播の観点では誤差が伝達される度合いをゲートが調整しているともいえます．

上記では隠れ状態ベクトルだけを入力とし，ゲートも 1 つだけの簡素なゲート付 RNN を考えましたが，過去の情報を集約するための別の隠れ状態ベクトルを用意し，それをゲートで調整するなど，より複雑な構造も用いられます．以降では，ゲート付 RNN の代表的なものを紹介しますが，どれも長期記憶と短期記憶をバランスをとることを主眼としています．また，ここで紹介するもの以外にもさまざまな形式が考えられます．さまざまな形のゲート付再帰ニューラルネットを実験的に検証した代表的な研究には文献[77] があります．また，時間方向だけでなく縦方向にもショートカットやゲートを適用することも一般的になってきています．

2.7.2 長短期記憶 (LSTM)

長短期記憶 (long short-term memory; LSTM)[67] はもっとも代表的なゲート付再帰ニューラルネットです．LSTM では入力 (input) ゲート $\boldsymbol{i}$，忘却 (forget) ゲート $\boldsymbol{f}$，出力 (output) ゲート $\boldsymbol{o}$ の 3 つのゲートを使用します．また，長期の情報を保持するセル (cell) と呼ばれる別の隠れ状態ベクトル $\boldsymbol{c}$ を使用し，上の層や出力層で使用する $\boldsymbol{h}$ と区別して管理します．

LSTM には数々の種類が存在しますが，ここでは文献[52] で提案されたモデルを紹介します（図 2.10）．

$$\begin{bmatrix} \bar{\boldsymbol{h}}_t^{(1)} \\ \boldsymbol{i}_t^{(1)} \\ \boldsymbol{f}_t^{(1)} \\ \boldsymbol{o}_t^{(1)} \end{bmatrix} = \begin{bmatrix} \mathtt{tanh} \\ \mathtt{sigmoid} \\ \mathtt{sigmoid} \\ \mathtt{sigmoid} \end{bmatrix} \left(\begin{bmatrix} \boldsymbol{W}_{\bar{h}}^{(1)} \\ \boldsymbol{W}_i^{(1)} \\ \boldsymbol{W}_f^{(1)} \\ \boldsymbol{W}_o^{(1)} \end{bmatrix} \begin{bmatrix} \boldsymbol{h}_t^{(1-1)} \\ \boldsymbol{h}_{t-1}^{(1)} \end{bmatrix} + \begin{bmatrix} \boldsymbol{b}_{\bar{h}}^{(1)} \\ \boldsymbol{b}_i^{(1)} \\ \boldsymbol{b}_f^{(1)} \\ \boldsymbol{b}_o^{(1)} \end{bmatrix} \right) \tag{2.58}$$

$$\boldsymbol{c}_t^{(1)} = \boldsymbol{i}_t^{(1)} \odot \bar{\boldsymbol{h}}_t^{(1)} + \boldsymbol{f}_t^{(1)} \odot \boldsymbol{c}_{t-1}^{(1)} \tag{2.59}$$

$$\boldsymbol{h}_t^{(1)} = \boldsymbol{o}_t^{(1)} \odot \mathtt{tanh}\left(\boldsymbol{c}_t^{(1)}\right) \tag{2.60}$$

$\bar{\boldsymbol{h}}_t$ が 2.6 節の RNN の隠れ状態ベクトルに相当し，入力ゲート $\boldsymbol{i}$ でその値を調整した値を長期の情報を集約したセル $\boldsymbol{c}$ の更新分とします．さらに忘却ゲート $\boldsymbol{f}$ で過去のセルの値を減少します．つまり，入力ゲートと忘却ゲートで短期と長期の情報のバランスを調整してセルの値を更新しているといえるでしょう．最後に更新されたセルの値を出力ゲートで調整した値で最終的な隠れ状態ベクトルを決定します．

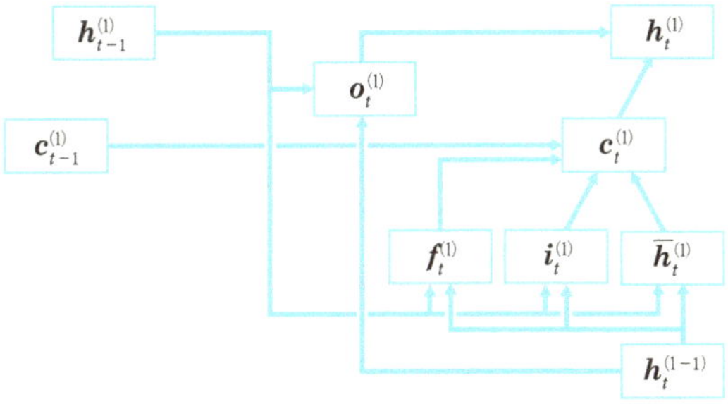

図 2.10 長短期記憶 (LSTM).

2.7.3 ゲート付回帰ユニット (GRU)

ゲート付回帰ユニット (gated recurrent unit; GRU)[25] は，LSTM のようにセルを使わず長期の情報を隠れ状態ベクトル $\boldsymbol{h}$ に集約します（**図 2.11**）．また，LSTM より少ない 2 つのゲート $(\boldsymbol{r}, \boldsymbol{z})$ だけを使って忘却と状態の更新を操作します．

$$\begin{bmatrix} \boldsymbol{r}_t^{(l)} \\ \boldsymbol{z}_t^{(l)} \end{bmatrix} = \texttt{sigmoid}\left(\begin{bmatrix} \boldsymbol{W}_r^{(l)} \\ \boldsymbol{W}_z^{(l)} \end{bmatrix} \begin{bmatrix} \boldsymbol{h}_t^{(l-1)} \\ \boldsymbol{h}_{t-1}^{(l)} \end{bmatrix} + \begin{bmatrix} \boldsymbol{b}_r^{(l)} \\ \boldsymbol{b}_z^{(l)} \end{bmatrix} \right) \tag{2.61}$$

$$\tilde{\boldsymbol{h}}_t^{(l)} = \texttt{tanh}\left(\begin{bmatrix} \boldsymbol{h}_t^{(l-1)} \\ \boldsymbol{r}_t^{(l)} \odot \boldsymbol{h}_{t-1}^{(l)} \end{bmatrix} \right) \tag{2.62}$$

$$\boldsymbol{h}_t^{(l)} = \left(1 - \boldsymbol{z}_t^{(l)}\right) \odot \tilde{\boldsymbol{h}}_t^{(l)} + \boldsymbol{z}_t^{(l)} \odot \boldsymbol{h}_{t-1}^{(l)} \tag{2.63}$$

再設定 (reset) ゲート $\boldsymbol{r}_t$ を使って 1 時刻前の隠れ状態ベクトルを減衰させてから，更新分 $\tilde{\boldsymbol{h}}_t$ を計算します．**更新** (update) ゲート $\boldsymbol{z}$ を使って 1 時刻前の隠れ状態ベクトルからの更新率を調整します．

RNN としての性能はタスクごとのばらつきはありますが，LSTM と GRU のどちらかが優れているということはいまのところ知られていません [77]．一方，GRU は LSTM よりゲートが少なくセルも必要ないため，状態変数の数が同じであれば LSTM より少ない計算量・使用空間量で済みます．

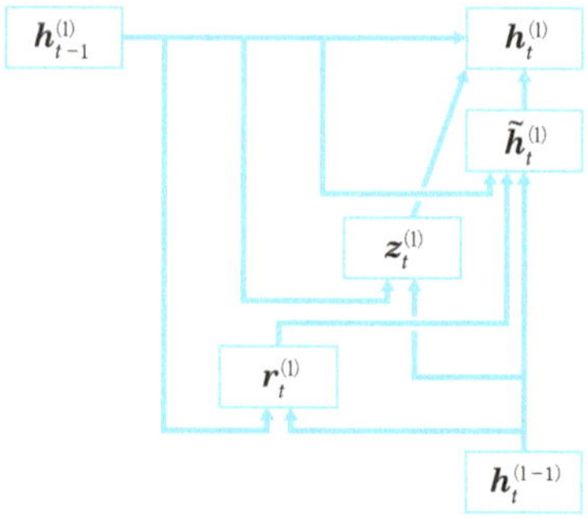

図 2.11 ゲート付回帰ユニット (GRU).

2.8 木構造再帰ニューラルネット

木構造再帰ニューラルネット (recursive neural networks; Tree-RNN)[120] は系列構造をした再帰ニューラルネットを木構造に拡張したものです．なお，木構造再帰ニューラルネットも再帰ニューラルネットも頭文字で省略するとRNNとなりますが，混乱を避けるために本書ではRNNは再帰ニューラルネットの省略形として使用し，木構造再帰ニューラルネットを文献[142]にならいTree-RNNと省略することにします．

木構造再帰ニューラルネットでは分岐数を固定した木構造を使用します．ここでは説明のため二分木を仮定します．隠れ状態ベクトル $\boldsymbol{h}_{\mathrm{P}}$ の左の子と右の子を $\boldsymbol{h}_{\mathrm{L}}, \boldsymbol{h}_{\mathrm{R}}$ とすると，$\boldsymbol{h}_{\mathrm{P}}$ は次のように計算されます（図 2.12(a)）．

$$\boldsymbol{h}_{\mathrm{P}} = a\left(\boldsymbol{W}\begin{bmatrix}\boldsymbol{h}_{\mathrm{L}}\\ \boldsymbol{h}_{\mathrm{R}}\end{bmatrix} + \boldsymbol{b}\right) \tag{2.64}$$

この演算は木構造の葉ノードからルートノードに向かって順番に実施されます．この操作により木構造の各隠れ状態ベクトルはその子孫である要素の情報を集約していると考えることができます．また，図 2.12(b) のように，l 層の隠れ状態ベクトルを計算する際に $l-1$ の隠れ状態ベクトルも引数とすることで木構造とは垂直方向に層を重ねることもできます[71]．

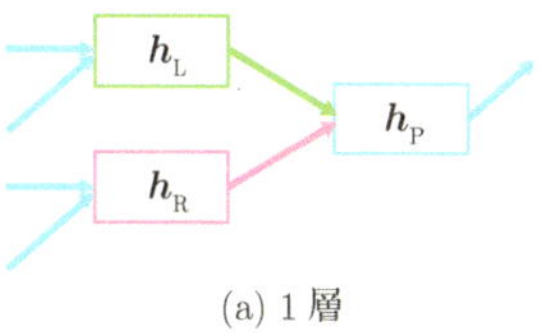

(a) 1 層

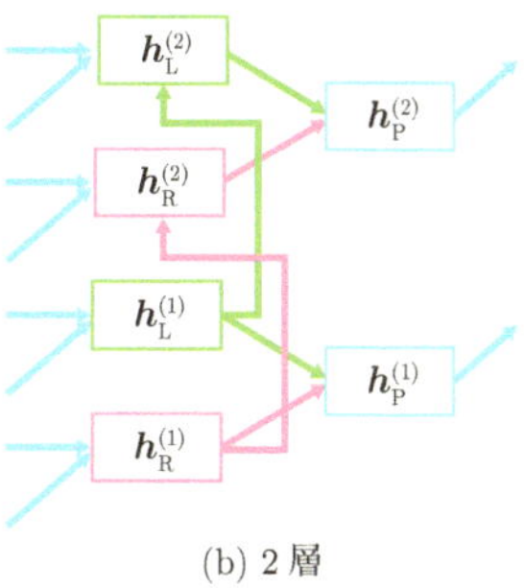

(b) 2 層

図 2.12 木構造再帰ニューラルネット．

$$
\boldsymbol{h}_{\mathrm{P}}^{(l)} = a\left(\boldsymbol{W}^{(l)}\begin{bmatrix}\boldsymbol{h}_{\mathrm{L}}^{(l)}\\ \boldsymbol{h}_{\mathrm{R}}^{(l)}\\ \boldsymbol{h}_{\mathrm{P}}^{(l-1)}\end{bmatrix} + \boldsymbol{b}^{(l)}\right) \tag{2.65}
$$

木構造再帰ニューラルネットは要素数 T の計算グラフであっても分岐することによってその深さは $\log_2(T)$ で済むため，再帰ニューラルネットに比べて長距離の要素間関係を表現しやすいと期待できます．

木構造再帰ニューラルネットでは，木構造はあらかじめ定義されていることを仮定しています．自然言語処理では文を文法木構造に変換する構文解析を使って，文に対して木構造を定義して利用することが一般的です [133]．木構造再帰ニューラルネットを使うことで入力文全体だけでなく構文的に意味のある単位の固定長のベクトル表現を得ることができます [134]．ただし，入力に対する構文木は基盤技術である構文解析器を用いて予測したものを利用しますが，自然言語の構文解析自身も自明なタスクではなく解析誤りは発生します．さらに，構文木が応用にとって最適かどうかもわかっていません．例えば，既存の構文解析器の代わりに，応用タスクの損失関数を使って構文解析器まで学習すると，タスクの性能が上がることが報告されています [160]．木構造再帰ニューラルネットの大きな研究課題は最適な木構造を得る方法です．

2.9 畳み込みニューラルネット

畳み込みニューラルネット (convolutional neural networks; CNN) は入力領域内の場所の不変性を仮定して学習することができ，特に画像処理において成功を収めている手法です．画像では 2 次元構造が使われることが一般的ですが，テキストは 1 次元の記号列であるため，以下では 1 次元に絞って説明します．

CNN では畳み込み操作によって時刻 t の特徴を窓幅 C の局所的な特徴で表現します．畳み込み操作は周辺の隠れ状態ベクトルの重み付き和で時刻 t の特徴を表していると解釈することもできます．

$$\boldsymbol{z}_t^{(l)} = \boldsymbol{W}^{(l)} \begin{bmatrix} \boldsymbol{h}_{t-\lfloor C/2 \rfloor}^{(l-1)} \\ \vdots \\ \boldsymbol{h}_t^{(l-1)} \\ \vdots \\ \boldsymbol{h}_{t+\lfloor C/2 \rfloor}^{(l-1)} \end{bmatrix} + \boldsymbol{b}^{(l)} \tag{2.66}$$

ここで，$\boldsymbol{z}_t$ は局所特徴，$\boldsymbol{h}_t^{(0)} = \boldsymbol{x}_t$ です．また，$\lfloor x \rfloor$ は床関数で，例えば実数 1.5 に対し床関数の値は $\lfloor 1.5 \rfloor = 1$ です．パラメータ行列のサイズは窓幅 C 分の入力を変換するため $\boldsymbol{W}^{(l)}$ の要素数は $N^{(l)} \times \left(N^{(l-1)} \times C\right)$ となります．

図 2.13 は長さ 4 の列に対する畳み込み操作の例です．系列の最初と最後に仮の隠れ状態ベクトル（通常零ベクトル）を配置する**パディング** (padding) を使わない場合（図 2.13(a)）と使う場合（図 2.13(b)）の両方を示しています．同じ色の矢印は同じパラメータ，つまりパラメータ行列 $\boldsymbol{W}^{(l)}$ の同じ列群を適用することを示しています．各時刻で共通のパラメータを使っていることが CNN の特徴です．窓幅外の文脈は計算には考慮されないので，局所的な情報だけを集約しているといえます．例えば，入力を 4 単語列 “I have a pen” とし窓幅 $C = 3$ かつパディングなしの場合では，窓内の 3 単語の “I have a”・“have a pen” という 2 つの部分単語列のそれぞれに対応する隠れ

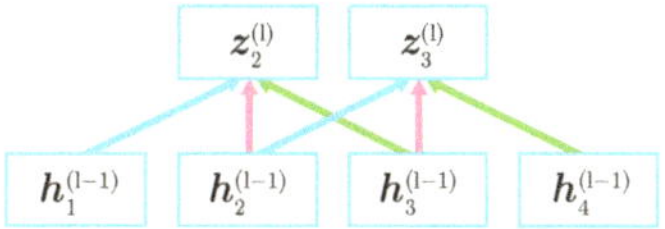

(a) パディングなし

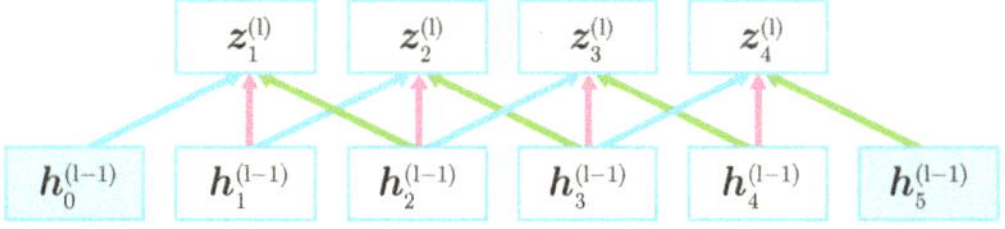

(b) パディングあり

図 2.13 畳み込み操作の例．同じ色の矢印はパラメータを共有，網かけノードはパディング．

状態ベクトルを使って2つのベクトル $\boldsymbol{z}_2, \boldsymbol{z}_3$ を計算します．その際，窓幅中でもっとも左の単語，$t=1$ の "I" と $t=2$ の "have"，に対して時刻に依存しない同じパラメータを適用します．窓幅中央・もっとも右の単語に対するパラメータも同様です．ただし，窓幅中での位置（窓幅3の例では左・中央・右の単語）に対するパラメータは共通ではないことに注意してください．

共通のパラメータを使うことで，入力系列が移動すると畳み込み操作後の出力系列も同じだけ移動する性質が畳み込み操作にはあります．例えば，単語列の先頭に別の長さ2の単語列 "Actually ," が追加されて "Actually , I have a pen" となった例を考え，$\tilde{\boldsymbol{z}}_2, \tilde{\boldsymbol{z}}_3, \tilde{\boldsymbol{z}}_4, \tilde{\boldsymbol{z}}_5$ が畳み込み操作の出力ベクトルとします．時刻間でパラメータが共通であるため，"I have a"・"have a pen" のそれぞれに対応する出力ベクトルは前例と同じ，つまり $\boldsymbol{z}_2 = \tilde{\boldsymbol{z}}_4, \boldsymbol{z}_3 = \tilde{\boldsymbol{z}}_5$ となります．つまり，CNN では局所的な情報の集約方法は時刻によらないことを仮定しています．この仮定を時間ごとに異なるパラメータを使うモデルに比べてパラメータ数が減り，パラメータの学習も容易になります．

パディングを行って畳み込み操作後の出力系列の長さを調整することが通常行われます．パディングなしの例では入力長4に対して畳み込み操作後の出力長は2となりました．一般に，パディングなしの場合には入力系列の長さに対して $C-1$ 分だけ変換後の系列は短くなります．しかし，入力系列のそれぞれの要素に対して何らかの予測をしたいタスクのような場合には，出力系列が入力系列と同じ長さであることが必要になります．窓幅 C に対して系列の前後に仮の隠れ状態ベクトルを追加する（パディング）ことによって，出力系列の長さを調整することができます．図 2.13(b) の例では系列の前後に仮の隠れ状態ベクトルを1つずつ追加することで，畳み込み操作後の系列の長さは入力の長さと変わらず，$\boldsymbol{z}_1, \boldsymbol{z}_2, \boldsymbol{z}_3, \boldsymbol{z}_4$ となるように調整しています．また，もともとの系列の長さが短い場合や，畳み込み操作を何回も適用して短くなった場合に，系列の長さが窓幅 C より短くなると畳み込み操作が適用できなくなります．一般的には非常に短いテキストが入力される場合もあるので，特に窓幅より短い入力がくることを想定することは重要です．まとめると，パディングを使うことで窓幅より短い入力や入力系列の長さに対する出力系列の長さの比率を調整することができます．

なお，畳み込み操作の記法に従って $\boldsymbol{z}_t^{(1)} = \left(\boldsymbol{W}^{(1)} * \boldsymbol{h}^{(1-1)}\right)(t)$ と書くこともあります．CNN の文脈では $\boldsymbol{W}^{(1)}$ を幅 C のカーネル (Kernel)，局所特徴

$\boldsymbol{z}_t^{(1)}$ を特徴マップ (feature map) と呼びます．また，すべての時刻を使わず s おきの $t = 1, 1+s\times1, 1+s\times2, 1+s\times3, \ldots$ の局所特徴だけをダウンサンプリングして使うこともあります．CNN の文脈では s はストライドと呼ばれます．

また，CNN では畳み込み操作の後に複数の局所特徴値を集約する**プーリング** (pooling) と呼ばれる操作が用いられます．プーリングによって入力テキストの小さな変化に対して不変な表現の学習が期待できます，また可変長のテキスト入力を固定長ベクトルで表現するために使われている側面もあります．

代表的なものとしては，最大値のみを上層に持ち上げる**最大値プーリング** (max-pooling) があります．時刻 s の i 番目の局所特徴 $z_{s,i}$ と書くと，最大値プーリングでは時刻 t の窓幅 C' の範囲に対して最大値を計算した値を状態変数 $h_{t,i}$ とします．

$$h_{t,i}^{(1)} = \max_{t-\lfloor C'/2\rfloor \le s \le t+\lfloor C'/2\rfloor} a^{(1)}\left(z_{s,i}^{(1)}\right) \tag{2.67}$$

図 2.14 に窓幅 $C' = 3$ の最大値プーリングの例を示します．図 2.14(a) の例に対して中央の 2 つの局所特徴 z_2 と z_3 を交換した図 2.14(b) は，出力系列としては同じ値になっています．このようにプーリングは窓幅内の変化に対して不変性を仮定した操作です．文中からあるタスクにとって重要な単語

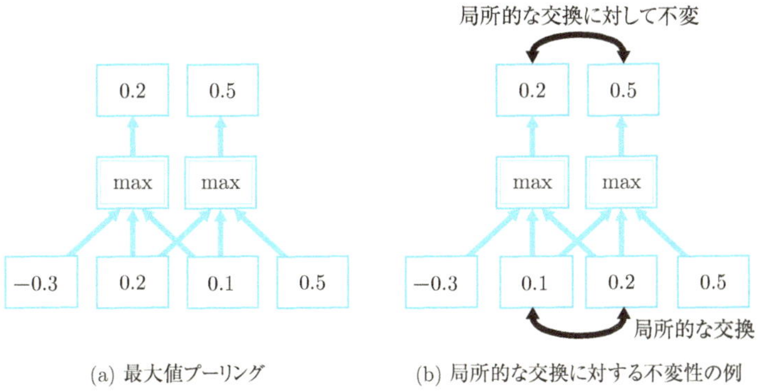

図 2.14 最大値プーリングの例.

（列）に対して局所特徴 $z_{s,i}$ が大きな値をもつように学習できたとすると，その単語（列）の出現位置が窓幅内のどこであっても最大値プーリングによって同じ表現に統一されることになります．例えば文中から故障に関する箇所を認識するタスクを考えて，“電話が壊れた．”という文に対して“黒い電話が壊れた．”や“電話がすぐに壊れた．”など“黒い”や“すぐに”などの修飾語が追加されても“電話が壊れた”ことが重要であると学習したい場合にはこの仮定は有効であると想像することができます．

また，プーリングは可変長入力に対して固定長表現を得るためにも利用されます．例えばパディングなしの入力列全体，$t = \lfloor C/2 \rfloor, \ldots, T_{\boldsymbol{X}} - \lfloor C/2 \rfloor$ に対する最大値プーリングを用いると，入力長に合わせて局所特徴の数が変わっても固定長のベクトル表現に変換できます．つまり，どんな長さの文であっても，文中から重要な局所特徴量を選択して，文全体を考慮した予測が期待できます．なお，CNN の文脈では活性化関数 $a^{(1)}$ を検出器 (detector) と呼びます．また，畳み込み・検出・プーリングをまとめて畳み込み層と呼ぶことがあります．

まとめると，CNN の畳み込み操作では時間非依存の変換を仮定しており，プーリングでは局所的な不変性を仮定しているので，CNN はこの仮定が成り立つようなタスクに向いているといえます．また，再帰ニューラルネットや木構造再帰ニューラルネットとの比較では，プーリングによって入力系列の順番に対して不変である（寛容である）ことが特徴です．再帰ニューラルネットでは局所的な順番の入れ替えによって隠れ状態ベクトル上の表現が変わりますが，上で見たように局所的な単語の並び順の違いはプーリングによって変換された隠れ状態ベクトルには影響しないことがあります．

また，畳み込み操作を繰り返すことで隠れ状態ベクトルを計算するときに情報として参照している範囲は広がりますが，畳み込み層の階層数（深さ）を固定している場合には窓幅と階層数で参照できる最大範囲が決まります．別の言い方をすると，CNN では隠れ状態ベクトル間に依存関係が少なく並列化しやすい利点があります．一方，再帰ニューラルネットでは系列の最初までのすべての隠れ状態ベクトルがある時刻の隠れ状態ベクトルの計算では使われていますので，同じ階層の計算は逐次的に評価する必要があり並列化できません．

Chapter 3

言語処理における深層学習の基礎

本章では，深層学習の話題の中で，自然言語処理分野の特徴的な題材となる言語モデルに関する話題を中心に取り上げ紹介します．

3.1 準備：記号の世界とベクトルの世界の橋渡し

まず，1.3 節で解説したように，画像認識や音声認識といった他分野と比較して，自然言語処理分野で利用される深層学習/ニューラルネットの処理対象は離散的な「記号」であるという点が 1 つの大きな特徴になります．一方，ニューラルネットの中身はベクトルや行列で表現された連続値です．そのため，自然言語処理分野の主な処理単位である単語や文字といった記号を深層学習/ニューラルネットで「処理」するためには，単語や文字といった「記号の世界」からニューラルネットが主に扱うベクトルや行列といった「実数値連続領域の世界」へ変換する必要があります．また，ニューラルネットで処理した結果を，最終的に「記号の世界」へ戻す必要があります．

ここでは，数式による定式化，あるいはプログラミング上の考え方の理解を深めるために，その橋渡しをする道具として，通称「one-hot ベクトル表現」と呼ばれる概念を紹介します*1．とはいえ，特に難しいことではありませ

*1 論文によっては 1-of-K ベクトル（1-of-K ベクトル表現）と呼ぶ場合もあります．これは K 次元ベクトルの中の 1 つの要素だけ 1（残りがすべて 0）のベクトルという意味から，こう呼ばれます．

せん．ベクトル $\boldsymbol{x}$ があるとします．そのベクトルのすべての要素のうち，1つだけ1でそれ以外の要素はすべて0のベクトルを考えます．例えば，ベクトル $\boldsymbol{x}$ が5次元なら，以下の5通りの可能性が存在します．

$$\boldsymbol{x} = \begin{pmatrix} 1 \\ 0 \\ 0 \\ 0 \\ 0 \end{pmatrix} \text{ or } \begin{pmatrix} 0 \\ 1 \\ 0 \\ 0 \\ 0 \end{pmatrix} \text{ or } \begin{pmatrix} 0 \\ 0 \\ 1 \\ 0 \\ 0 \end{pmatrix} \text{ or } \begin{pmatrix} 0 \\ 0 \\ 0 \\ 1 \\ 0 \end{pmatrix} \text{ or } \begin{pmatrix} 0 \\ 0 \\ 0 \\ 0 \\ 1 \end{pmatrix}$$

このようなベクトルを，特別に **one-hot ベクトル**あるいは **one-hot ベクトル表現**と呼びます．定義は以下のようになります．

定義 3.1 （one-hot ベクトル）

$\boldsymbol{x}$ が D 次元のベクトル $\boldsymbol{x} = (x_d)_{d=1}^{D}$ とします．このとき，$\boldsymbol{x} \in \{0,1\}^D$，かつ，$\sum_{d=1}^{D} x_d = 1$ を満たすとき，$\boldsymbol{x}$ を one-hot ベクトルと呼びます．

単語をベクトルに変換する処理の例で考えてみましょう．まず，事前に決めた語彙 $\mathcal{V}$ があるとします．つまり語彙 $\mathcal{V}$ 中の単語数は $|\mathcal{V}|$ となります．次に，語彙 $\mathcal{V}$ 中の各単語に1から $|\mathcal{V}|$ までの単語番号を割り振った状況を想定してみます．この状況で，与えられた文の i 番目に出現した単語の単語番号が n であった場合に，i 番目の単語を表すベクトル $\boldsymbol{x}_i$ は，n 番目の要素を1とし，それ以外の要素を0とするベクトルで表現することにします．このように，文中に出現する単語を単語番号に基づいてベクトルを構築することで，出現した単語とベクトルの一対一対応をとり，記号の世界とベクトル表現の世界を接続します．

記号からベクトルの世界へ変換する簡単な例を見てみましょう．例えば，単語などをニューラルネットで処理する場合は，3.3節で説明する分散表現（埋め込みベクトル）を取得する処理を利用する場合が多いです．ある変換行列 $\boldsymbol{E}$ に one-hot ベクトル $\boldsymbol{x}$ をかけてベクトル $\bar{\boldsymbol{x}}$ を取得する処理を考えます．つまり，

$$\boldsymbol{E}\boldsymbol{x} = \bar{\boldsymbol{x}} \tag{3.1}$$

の計算をすることを考えます．行列の積の計算の仕方から，この計算は，one-hot ベクトルで要素が 1 となっている番号の列を行列 $\boldsymbol{E}$ から取得する処理と等価になります．例えば，one-hot ベクトル $\boldsymbol{x}$ の 2 番目の要素が 1（残りは 0）の場合，$\bar{\boldsymbol{x}}$ は $\boldsymbol{E}$ の 2 列目と値が同じ列ベクトルになります．例えば以下のよう計算例です．

$$\begin{pmatrix} 0.01 & 0.02 & 0.03 & 0.04 & 0.05 \\ 0.06 & 0.07 & 0.08 & 0.09 & 0.10 \\ 0.11 & 0.12 & 0.13 & 0.14 & 0.15 \\ 0.16 & 0.17 & 0.18 & 0.19 & 0.20 \\ 0.21 & 0.22 & 0.23 & 0.24 & 0.25 \end{pmatrix} \begin{pmatrix} 0 \\ 1 \\ 0 \\ 0 \\ 0 \end{pmatrix} = \begin{pmatrix} 0.02 \\ 0.07 \\ 0.12 \\ 0.17 \\ 0.22 \end{pmatrix} \tag{3.2}$$

この例からわかるように，行列 $\boldsymbol{E}$ の各列は，各単語に対応するベクトルが格納されていると見なすことができます．このことから，行列 $\boldsymbol{E}$ のように one-hot ベクトルをかけるために存在する行列を，特別に**埋め込み行列** (embedding matrix) と呼び，また，得られた行列の各列ベクトルを**埋め込みベクトル** (embedding vector) と呼ぶ場合があります．

続いて，ベクトルの世界から記号の世界に戻す場合を考えてみます．このときよく用いられる方法は，語彙数 $|\mathcal{V}|$ と同じ次元数のベクトル $\boldsymbol{o}$ を用意し，そのベクトルでもっとも大きな値となった要素番号と同じ単語番号をもつ単語が選択されたと見なして，そのベクトルから対象単語に変換する，という処理になります．この処理を one-hot ベクトルの文脈で再考してみます．関数 $\mathtt{softmax}_a(\cdot)$ を，ソフトマックス関数に**スケーリング係数** (scaling factor)a[*2] を導入した以下の関数とします．

$$\mathtt{softmax}_a(\boldsymbol{o}) = \frac{1}{\exp(a\boldsymbol{o}) \cdot \mathbf{1}} \exp(a\boldsymbol{o}) \tag{3.3}$$

ここで，$\mathbf{1}$ は，$\boldsymbol{o}$ と同じ次元数で要素がすべて 1 のベクトルとします．慣れない場合は多少わかりにくい式なので，より具体的な計算式も示しておきます．例えば，$\boldsymbol{o} = (o_j)_{j=1}^{|\mathcal{V}|}$ を，$|\mathcal{V}|$ 次元のベクトルとします．また，

*2 強化学習の研究領域では，行動選択の方策にソフトマックスを用いる方法があります．その文脈では a を逆温度パラメータと呼びます．これは $a = 1/b$ としたときの b を温度パラメータと呼び，その逆数になっているからです．

$\boldsymbol{x} = \mathtt{softmax}_a(\boldsymbol{o})$ の関係がある場合，$\boldsymbol{x}$ の j 番目の要素 x_j は以下の式で計算されます．

$$x_j = \frac{\exp(ao_j)}{\sum_{j'=1}^{|\mathcal{V}|} \exp(ao_{j'})} \quad \forall j \tag{3.4}$$

このとき，ソフトマックス関数のパラメータ a を十分大きい値に設定した場合に得られるベクトル $\boldsymbol{x} = \mathtt{softmax}_a(\boldsymbol{o})$ は，理論的には，「$\boldsymbol{o}$ のすべての要素のうちもっとも大きい値をとる要素番号の値が 1 で，それ以外が 0」の one-hot ベクトルを近似します *3．よって，本質的に，式 (3.3) を用いることで，one-hot ベクトル表現を獲得することができます．$|\mathcal{V}|$ 次元の one-hot ベクトル表現と語彙 $\mathcal{V}$ 中の単語は一対一対応することは前に述べたとおりなので，これをもって，記号の世界とベクトルの世界の相互変換を数式的に捉えることができるようになります．

本章では，入力あるいは出力が単語列であることを仮定して解説を進めることが多いですが，説明を簡単にするために，特別のただし書きがない限り，各単語を one-hot ベクトルに変換した後のベクトルの列を実際の入出力だと仮定して話を進めます．

3.2 言語モデル

3.2.1 概要

言語モデル (language model; LM) あるいは**確率的言語モデル** (probabilistic language model) とは，人間が扱う自然言語で書かれた文や文書が生成される確率をモデル化したものです．例えば，「今日は良い天気ですね」といったあまり違和感のない文には高い確率を与え，「今日を良いです天気にゅ」といった通常見ることはない文には低い確率を与えます．このように，言語モデルは与えられた文や文書の自然言語らしさを推定する道具となります．また，その確率分布から単語をサンプリングすることで文や文書を生成することもできます．

ここでひとつ断りとして，以降の説明では特別に言及がない限り，言語モ

*3 ここでは最大値が 1 つに定まる想定で話を進めています．実際には複数の要素で同じ値となる可能性があるため，複数の要素に最大値がある場合に 1 つの要素を選択する基準は別に用意する必要があります（例：必ず小さい要素番号を選択する）．

デルの基本処理単位を「単語」と呼ぶことにします．ただし一般論として，自然言語処理の分野では「単語」を「自然言語で意味のある最小構成要素」と定義することがあります．ここで用いる「単語」という用語は，特にそういった厳密な定義は考慮しないことにします．また，同様に，ある意味のある単語列を「文」と呼ぶこととします．こちらも「文」の厳密な定義はいったん忘れて，直感的なわかりやすさを重視して慣例として「文」という用語を用います．つまり，言語モデルの処理単位が厳密な意味での「単語」であったり，モデル化する対象が「文」である必然性はまったくないですが，本書では説明をわかりやすくすることを目的に，これらの用語を用います．

ここでは，長さ T の単語列を $\boldsymbol{Y} = (\boldsymbol{y}_1, \boldsymbol{y}_2, \ldots, \boldsymbol{y}_T)$ と書くこととします．繰り返しになりますが，3.1 節で述べたように，説明を簡単にするため，入力と出力は単語そのものではなく，単語から変換した one-hot ベクトルを想定します．つまり，$\boldsymbol{y}_t$ は，厳密には t 番目の「単語」ではなく，t 番目の「単語に対応する one-hot ベクトル」です．このとき，単語列 $\boldsymbol{Y}$ を生成する確率は，単純に $P(\boldsymbol{Y})$ で表すことができます．また，「文」として完成していることを明示的に扱いたい場合には，文頭と文末の位置に文頭および文末を表す仮想単語を追加することで対応します．よって，文が $\boldsymbol{Y}' = (\boldsymbol{y}_0, \boldsymbol{y}_1, \ldots, \boldsymbol{y}_T, \boldsymbol{y}_{T+1})$ であるとき，この文が生成される確率を $P(\boldsymbol{Y}')$ と表せます．ただし，$\boldsymbol{y}_0$ は文頭を表す仮想単語 BOS の one-hot ベクトルであり，$\boldsymbol{y}_{T+1}$ は文末を表す仮想単語 EOS の one-hot ベクトルであることを仮定します．

定義 3.2 (BOS/EOS)

ある単語列が文を構成していることを明示するために文頭および文末に仮想単語を追加します．文頭を表す仮想単語を **BOS**(beginning of sentence) と呼び，文末を表す仮想単語を **EOS**(end of sentence) と呼びます．

ここでひとつの注意点としては，通常 $P(\boldsymbol{Y})$ と $P(\boldsymbol{Y}')$ の値（確率）は同じではありません．例えば，単語列「は いい 天気 で」は単語の並びとしては違和感がないので，$P(\boldsymbol{Y})$ の観点では高い確率が与えられてもよいと考えられますが，単語列「は いい 天気 で」が文であるといわれた場合，つまり，

「BOS は いい 天気 で EOS」の場合，自然言語の文としてはほとんど見られないので，$P(\boldsymbol{Y}')$ の観点では確率は低くなると考えられるためです．

言語モデルは，ニューラルネットを用いる方法を除くと，依存する文脈長を固定した N グラムモデルがもっとも多く用いられてきました．これに対して，ニューラルネットによる言語モデルが，文献[11] 以降，徐々に注目を集めるようになりました．最近では，ニューラルネットを用いた言語モデルを**ニューラル言語モデル** (neural language model) と呼ぶことが多いです．本書でも，この流れに従って以下のように用語を定義し用いることにします．

定義 3.3（ニューラル言語モデル）

ニューラルネットを用いた言語モデルを総称してニューラル言語モデルと呼びます．

ここで，簡単に N グラム言語モデルと対比してニューラル言語モデルの特徴を考えてみましょう．N グラム言語モデルを構築する処理は，実際のデータに出現した N 個の語の並びを数える処理に相当します．一方，ニューラル言語モデルはニューラルネットのパラメータ推定が必要です．この観点からいえることは，N グラム言語モデルと比べてニューラル言語モデルのほうが，学習コストが圧倒的に高いということです．

この計算コストの観点から，ニューラル言語モデルは，扱う語彙数を比較的少なめに絞らないと，現実的な時間で学習が終わらないといったことがよく聞かれます．一方，N グラム言語モデルは，前述のとおり，出現頻度を数えるのが基本的な処理となるため，語彙数が数 100 万を超えてもあまり問題になりません．

しかし，これらの計算コスト的な弱点があるにも関わらず，ニューラル言語モデルは脚光を浴びています．その大きな理由は，（限定された語彙数のもとでは）N グラム言語モデルよりも圧倒的に言語の確率モデルとしての性能が優れていることがいくつかの最新の研究成果で実験的に示されたからです [103]．また，計算機そのものの性能向上や，7 章で述べる GPU による新しい計算環境の登場により，ニューラル言語モデルが抱える計算コストの問題が徐々に薄れ，一般にも現実的な時間でニューラル言語モデルの学習が可能となってきているのも理由の１つとして考えられます．

3.2.2 確率モデルの定義：条件付き分布への分解

実際に言語モデルを構築することを考えます．以降，T 個の単語からなる文に文頭と文末の仮想単語を含めた文を $\boldsymbol{Y} = (\boldsymbol{y}_0, \boldsymbol{y}_1, \ldots, \boldsymbol{y}_T, \boldsymbol{y}_{T+1})$ と再定義します．ただし，$\boldsymbol{y}_0$ は BOS に対応する one-hot ベクトル，$\boldsymbol{y}_{T+1}$ は EOS に対応する one-hot ベクトルです．このとき，言語モデルとして文の生成確率 $P(\boldsymbol{Y})$ をモデル化することを考えます．

ただし，文の生成確率 $P(\boldsymbol{Y})$ を直接モデル化することは統計的にも計算量の観点からも難しいです．ここで，「難しい」という意味は，文の種類はそれこそ無限に考えらえるため，無限の種類のデータに対して十分な量の訓練データを揃えることが困難なことを指します．また，仮に十分な量の訓練データを揃えられたと仮定しても，膨大な訓練データから効率的にモデルを学習することが困難であることを指しています．このような観点から，言語モデルは文中の各単語の生成確率を，その単語の前に出現した単語（の列）が与えられた条件下で予測するモデルの組み合わせとして定義されるのが一般的です．ここで，「文脈」という用語を以下のように定義します．

定義 3.4（文脈）

言語モデルにおいて，ある単語の出現確率を計算する際に用いる周囲の単語を**文脈** (context) と呼ぶ．

つまり，言語モデルは直前に出現したいくつかの単語を文脈として次の単語の出現確率をモデル化したものといえます．

ここで，説明を簡単にするために，単語の位置 t より前 (t を含まない) に出現した $t-a$ 単語を $\boldsymbol{Y}_{[a,t-1]} = (\boldsymbol{y}_a, \boldsymbol{y}_{a+1}, \ldots, \boldsymbol{y}_{t-1})$ と書くことにします．これが文脈に相当します．このとき，文 $\boldsymbol{Y}$ の出現確率 $P(\boldsymbol{Y})$ を，各単語が生成される条件付き確率の積で以下のように表します．

$$P(\boldsymbol{Y}) = P(\boldsymbol{y}_0) \prod_{t=1}^{T+1} P(\boldsymbol{y}_t | \boldsymbol{Y}_{[0,t-1]}) \tag{3.5}$$

文 $\boldsymbol{Y} = (\boldsymbol{y}_0, \boldsymbol{y}_1, \boldsymbol{y}_2)$ の確率を展開した以下の例で，分解された条件付き確率

の積と文全体の確率が等しいことを確認してください．

$$
\begin{aligned}
P(\boldsymbol{Y}) &= P(\boldsymbol{y}_0)P(\boldsymbol{y}_1|\boldsymbol{y}_0)P(\boldsymbol{y}_2|\boldsymbol{y}_1,\boldsymbol{y}_0) \\
&= P(\boldsymbol{y}_0,\boldsymbol{y}_1)P(\boldsymbol{y}_2|\boldsymbol{y}_1,\boldsymbol{y}_0) \\
&= P(\boldsymbol{y}_0,\boldsymbol{y}_1,\boldsymbol{y}_2)
\end{aligned} \tag{3.6}
$$

なお，条件付き確率の定義 $P(X|Y) = P(X,Y)/P(Y)$ から $P(Y)P(X|Y) = P(X,Y)$ であることを使っています．このように文全体の確率を分解すると条件付き確率 $P(\boldsymbol{y}_t|\boldsymbol{Y}_{[0,t-1]})$ がモデル化の焦点になります．

条件付き確率のモデル化について考えます．

$$
P_{\text{model}}(\boldsymbol{Y}) = \prod_{t=1}^{T+1} P_{\text{model}}(\boldsymbol{y}_t|\boldsymbol{Y}_{[a,t-1]}) \tag{3.7}
$$

このモデルでは，$\boldsymbol{y}_0$ には BOS に対応する one-hot ベクトルを使うことにすると確率は 1 なので $P_{\text{model}}(\boldsymbol{y}_0)$ は省略しています．また，条件として $t-a$ 単語だけ，つまり $\boldsymbol{Y}_{[a,t-1]}$ だけを使って条件付き確率を表現できると仮定しています．

$$
P(\boldsymbol{y}_t|\boldsymbol{Y}_{[0,t-1]}) \approx P_{\text{model}}(\boldsymbol{y}_t|\boldsymbol{Y}_{[a,t-1]}) \tag{3.8}
$$

例えば，確率を計算したい単語の必ず前 4 単語を用いて $P(\boldsymbol{y}_t|\boldsymbol{Y}_{[a,t-1]})$ をモデル化する場合は，$a = t-4$ の設定でモデル化することになります．これは，N グラム言語モデルの場合に $N = 5$ と設定した場合と同等の設定になります．また，3.2.4 節で述べる再帰ニューラル言語モデルのように，確率を計算したい単語の前に出現したすべての単語を用いて $P(\boldsymbol{y}_t|\boldsymbol{Y}_{[a,t-1]})$ をモデル化する場合は $a = 0$ になります．

3.2.3 順伝播型ニューラル言語モデル（FFNN 言語モデル）

ニューラル言語モデルの基本となる**順伝播型ニューラル言語モデル** (FFNN language model) について簡単に説明します．本書では，以下のように用語を定義します．

定義 3.5 （順伝播型ニューラル言語モデル）

ニューラル言語モデルのサブカテゴリとして，順伝播型ニューラルネットを用いた言語モデルを総称して順伝播型ニューラル言語モデルと呼びます．

順伝播型ニューラル言語モデルでは，前 C 単語だけを入力とし，順伝播型ニューラルネットを用いて t 番目の単語の出現確率をモデル化します．よって，文 $\boldsymbol{Y}$ の生成確率 $P_{\text{ffnnlm}}(\boldsymbol{Y})$ は以下の式となります．

$$P_{\text{ffnnlm}}(\boldsymbol{Y}) = \prod_{t=1}^{T+1} P(\boldsymbol{y}_t | \boldsymbol{Y}_{[t-C,t-1]}) \tag{3.9}$$

$P(\boldsymbol{y}_t | \boldsymbol{Y}_{[t-C,t-1]})$ の計算に順伝播型ニューラルネットが使われます．順伝播型ニューラルネットの計算は，2.2 節で示したとおりです．順伝播型ニューラル言語モデルの場合，入力は時刻 t より前 C 単語分の単語の one-hot ベクトルを連結した

$$\boldsymbol{Y}_{[t-C,t-1]} = (\boldsymbol{y}_{t-C}, \boldsymbol{y}_{t-C+1}, \ldots, \boldsymbol{y}_{t-1}) = (\boldsymbol{y}_{t'})_{t'=t-C}^{t-1} \tag{3.10}$$

となります．例えば，$t = 7$，$C = 5$ のときには，$\boldsymbol{Y}_{[t-C,t-1]}$ は，$\boldsymbol{Y}_{[2,6]} = (\boldsymbol{y}_2, \boldsymbol{y}_3, \boldsymbol{y}_4, \boldsymbol{y}_5, \boldsymbol{y}_6)$ になります．$t = 2$，$C = 3$ のときには，$\boldsymbol{Y}_{[t-C,t-1]}$ は，$\boldsymbol{Y}_{[-1,1]} = (\boldsymbol{0}, \boldsymbol{y}^{(\mathrm{BOS})}, \boldsymbol{y}_1)$ になります *4．

また，2.2 節で示した入力ベクトル $\boldsymbol{x}$ は，入力となる C 単語分の one-hot ベクトルから抽出される埋め込みベクトルを連結したベクトルになります．出力には，出力層のベクトルの各次元を，対応する単語番号の単語が生成される尤度と考え，そのベクトルにソフトマックス関数をかけた値を確率として用います．

例えば，3 層の順伝播型ニューラルネットを用いる場合は，以下のような計算手順で t 番目の単語の生成確率 $P(\boldsymbol{y}_t | \boldsymbol{Y}_{[t-C,t-1]})$ を計算します．

---

*4 ここでは，t が 0 より前 ($t < 0$)，または $T + 1$ より後ろ ($j > T + 1$) は零ベクトルを使うと仮定します．

$$
\begin{array}{ll}
\text{(埋め込みベクトル取得)} & \boldsymbol{e}_k = \boldsymbol{E}\boldsymbol{y}_k \ \ \forall k \in \{t-C, \ldots, t-1\} \\
\text{(ベクトルの連結処理)} & \tilde{\boldsymbol{y}}_t = \mathtt{concat}(\boldsymbol{e}_{t-C}, \ldots, \boldsymbol{e}_{t-1}) \\
\text{(隠れ層の計算)} & \boldsymbol{h}_t = \mathtt{tanh}(\boldsymbol{W}^{(1)}\tilde{\boldsymbol{y}}_t + \boldsymbol{b}^{(1)}) \\
\text{(出力層の計算)} & \boldsymbol{o}_t = \boldsymbol{W}^{(\mathrm{o})}\boldsymbol{h}_t + \boldsymbol{b}^{(\mathrm{o})} \\
\text{(確率化)} & \boldsymbol{p}_t = \mathtt{softmax}(\boldsymbol{o}_t) \\
\text{(}\boldsymbol{y}_t\text{ の確率の抽出)} & P(\boldsymbol{y}_t|\boldsymbol{Y}_{[t-C,t-1]}) = \boldsymbol{p}_t \cdot \boldsymbol{y}_t
\end{array}
\tag{3.11}
$$

ここで，$\boldsymbol{E}$，$\boldsymbol{W}^{(1)}$，$\boldsymbol{W}^{(\mathrm{o})}$，$\boldsymbol{b}^{(1)}$，$\boldsymbol{b}^{(\mathrm{o})}$ は順伝播型ニューラルネットのパラメータ行列です．

3.2.4 再帰ニューラル言語モデル（RNN 言語モデル）

再帰ニューラルネットは文脈長を固定することなく可変長入力を自然に扱うことができるため，言語モデルのように系列データをモデル化するのに適しています [103]．本書では，以下のように用語を定義します．

定義 3.6（再帰ニューラル言語モデル）

ニューラル言語モデルのサブカテゴリとして，再帰ニューラルネットを用いた言語モデルを総称して**再帰ニューラル言語モデル** (RNN language model) と呼びます．2.7 節で説明した LSTM や GRU といったゲート付再帰ニューラルネットを用いた言語モデルの場合でも，カテゴリとしては再帰ニューラル言語モデルに含まれます．

再帰ニューラル言語モデルでは，2.6 節で示した入力ベクトル列 $\boldsymbol{X}$ は，時刻 t より前の単語列を one-hot ベクトル表現したベクトル列 $\boldsymbol{Y}_{[0,t-1]} = (\boldsymbol{y}_0, \boldsymbol{y}_1, \ldots, \boldsymbol{y}_{t-1})$ となります．以降，$\boldsymbol{Y}_{[0,t-1]} = \boldsymbol{Y}_{<t}$ と略記します．よって，再帰ニューラル言語モデルによる文 $\boldsymbol{Y}$ の生成確率 $P_{\mathrm{rnnlm}}(\boldsymbol{Y})$ は以下の式となります．

$$
P_{\mathrm{rnnlm}}(\boldsymbol{Y}) = \prod_{t=1}^{T+1} P(\boldsymbol{y}_t|\boldsymbol{Y}_{<t}) \tag{3.12}
$$

再帰ニューラル言語モデルでも，式 (3.11) に示した順伝播型ニューラル言語モデルと計算手順はほぼ同じです．違いは，隠れ層の計算が，再帰ニューラルネットになる点と，入力が 1 単語ずつの one-hot ベクトルになる点です．

ここで，1 層の再帰ニューラルネットの例を考えてみます．時刻 $t-1$ の単語に相当する one-hot ベクトルから抽出された埋め込みベクトル $\boldsymbol{e}_{t-1}$ と一時刻前の隠れ状態ベクトル $\boldsymbol{h}_{t-1}$ を使って時刻 t の $\boldsymbol{h}_t$ を計算します．つまり，$\boldsymbol{h}_t$ を得るには $0,\ldots,t-1$ の隠れ状態ベクトル $\boldsymbol{h}_0$ から $\boldsymbol{h}_{t-1}$ がすでに計算してある必要があります．しかし，前時刻の $P(\boldsymbol{y}_{t-1}|\boldsymbol{Y}_{<t-1})$ を計算するときに $\boldsymbol{h}_{t-1}$ まで計算されていると仮定すると，計算結果を再利用すれば 1 時刻分の $\boldsymbol{h}_t$ だけを計算すればよいことになります．具体的に，1 層の再帰ニューラルネットを用いる場合は，以下のような計算手順で t 番目の単語の生成確率 $P(\boldsymbol{y}_t|\boldsymbol{Y}_{<t})$ を計算します．

$$
\begin{aligned}
&\text{(埋め込みベクトル取得)} && \bar{\boldsymbol{y}}_t = \boldsymbol{E}\boldsymbol{y}_{t-1} \\
&\text{(隠れ層の計算)} && \boldsymbol{h}_t = \mathtt{tanh}\left(\boldsymbol{W}^{(\mathrm{l})}\begin{bmatrix}\bar{\boldsymbol{y}}_t \\ \boldsymbol{h}_{t-1}\end{bmatrix} + \boldsymbol{b}^{(\mathrm{l})}\right) \\
&\text{(出力層の計算)} && \boldsymbol{o}_t = \boldsymbol{W}^{(\mathrm{o})}\boldsymbol{h}_t + \boldsymbol{b}^{(\mathrm{o})} \\
&\text{(確率化)} && \boldsymbol{p}_t = \mathtt{softmax}(\boldsymbol{o}_t) \\
&\text{(}\boldsymbol{y}_t\text{ の確率の抽出)} && P(\boldsymbol{y}_t|\boldsymbol{Y}_{<t}) = \boldsymbol{p}_t \cdot \boldsymbol{y}_t
\end{aligned}
\tag{3.13}
$$

ここで，$\boldsymbol{E}$，$\boldsymbol{W}^{(\mathrm{l})}$，$\boldsymbol{W}^{(\mathrm{o})}$，$\boldsymbol{b}^{(\mathrm{l})}$，$\boldsymbol{b}^{(\mathrm{o})}$ は再帰ニューラルネットのパラメータ行列です．

3.2.5 言語モデルの評価

言語モデルの評価にはパープレキシティ (perplexity; PPL) が使われます．

定義 3.7 （パープレキシティ）

評価用のデータセットを $\mathcal{D} = \{\boldsymbol{Y}^{(\mathrm{n})}\}_{n=1}^{|\mathcal{D}|}$ とします．また，n 番目の系列の長さを $T^{(\mathrm{n})}$ とします．このとき，パープレキシティは次式で計算します．

$$
b^z \quad \text{ただし} \quad z = -\frac{1}{N}\sum_{n=1}^{|\mathcal{D}|}\sum_{t=1}^{T^{(\mathrm{n})}+1}\log_b P_{\mathrm{model}}\left(\boldsymbol{y}_t^{(\mathrm{n})}, \boldsymbol{Y}_{[a,t-1]}^{(\mathrm{n})}\right)
\tag{3.14}
$$

対数の底 b は 2 や e が使われます．N は総単語数とします．

$P_{\text{model}}\left(\boldsymbol{y}_t^{(\mathrm{n})}, \boldsymbol{Y}_{[a,t-1]}^{(\mathrm{n})}\right)$ 部分は確率値なので，$[0,1]$ の値となります．それの対数 (log) をとるので，その値域は $(-\infty,0]$ となり必ず 0 より小さい値となります．ただし，z は符号を反転するので，最終的に必ず非負の値（0 より大きい値）になります．また，全体的に確率が 0 に近ければ大きな正の値となり，確率が 1 に近ければ 0 に近づきます．

パープレキシティは，次の単語を予測する確率分布にどれだけばらつきがあるかを評価していると解釈できます．言語モデルがデータに適合しているよい言語モデルの確率分布はデータと一致する次の単語にだけ高い確率をもったばらつきの小さい分布になると想定されます．よって，パープレキシティは小さな値になります．また，式 (3.14) の z は，$1/N$ の部分を定数と仮定すれば負の対数尤度と一致します．または，$1/N$ を一様分布と見なせばエントロピー，あるいはデータの確率分布と確率モデルの分布との（カルバック・ライブラー）擬距離に比例した値と見なすことができます．この値が小さいとパープレキシティも小さいので，パープレキシティが低いほど評価データの確率分布と言語モデルが似ていることを示します．

なお，パープレキシティの計算はモデル化の単位とは独立に計算できるので，文字単位の言語モデルを単語数に対する平均パープレキシティで評価することも N を総単語数にすることで可能になります．つまり，モデルに関係なく，N を総単語数にすると総語数に対する平均パープレキシティ，総文字数にすると総文字数に対する平均パープレキシティが計算できます．

英語の言語モデルの評価用ベンチマークデータとして有名なものとしては以下のものがあります．

1. Penn Treebank データセット [99]
   総単語数 90 万語，異なり語数 1 万語の小規模なデータセットです．セクション 0-20 を訓練，セクション 21-22 を開発，セクション 23-24 を評価に用いるのが一般的です [104]．
2. One Billion Word データセット [21]
   総単語数 8 億語，異なり語数 80 万語の大規模なデータセットです．
3. Hutter データセット http://prize.hutter1.net
   文字単位の評価に用いられます．最初の 90 MB を訓練，次の 5 MB を開発，最後の 5 MB を評価に用いるのが一般的です [30].

なお，低頻度の単語は未知語を表す仮想単語に変換し，評価から除くことが一般的です（上記の異なり語数は未知語は除いた数字）.

3.2.6 言語モデルからの文生成

言語モデルは単語の生成確率をモデル化したものです．よって，言語モデルの生成確率に基づいて単語をサンプリングすると，「それっぽい」文を作ることができます．「それっぽい」とは，日本語の言語モデルなら，日本語の文として成立しそうな文が生成されるということです．言語モデル $P_{\text{model}}\left(\boldsymbol{y}_t|\boldsymbol{Y}_{[a,t-1]}\right)$ からサンプリングされた $\hat{\boldsymbol{Y}} = \left(\boldsymbol{y}_0 = \text{BOS}, \hat{\boldsymbol{y}}_1, \ldots, \hat{\boldsymbol{y}}_{\hat{T}}, \hat{\boldsymbol{y}}_{\hat{T}+1}\right)$ は次のように定義できます．ここで，記号「$\sim$」を確率モデルからサンプリングする処理を表すとします．

$$\hat{\boldsymbol{y}}_t \sim P_{\text{model}}\left(\boldsymbol{y}_t, \hat{\boldsymbol{Y}}_{[a,t-1]}\right) \tag{3.15}$$

これは，文頭から順番に次の単語を予測する処理と解釈することもできます．なお，$\hat{T}+1$ はサンプリング時に EOS が選択された位置で，あらかじめ決まった値ではありません．一般的には文の終わりを示す EOS が予測されたところで文が完成したと見なし，サンプリングを終了します．サンプリングの実装については 7.3 節を参照してください．

ここでひとつ注意すべき点があります．文の生成確率を計算する際はあらかじめ文がわかっていることを前提とします．一方，言語モデルに従って文を生成する場合は，前の時刻までにサンプリングした結果を用いて逐次単語をサンプリングしていくことになります．つまり，文脈となる単語列は言語モデル自身が予測した結果を再利用する形になります．言語モデルは従来，文を生成する目的ではなく，（人間であれ計算機であれ）別の何かが生成した文が自然文らしいかを評価することが主な目的でした．これは，言語モデルの評価尺度が，実データと比較してどのぐらい正確に確率モデルが適合しているかを測るパープレキシティであることからも読み取れます．一方，3.4 節で述べる，言語モデルの発展形に位置付けられる系列変換モデルが注目されるようになり，言語モデルを生成器として利用する場面が急激に増えてきました．まず，与えられた文に対して確率を計算することに言語モデルを用いる場合と，文を生成するために用いる場合とでは（ほぼ同じように見えて）原理的に大きく異なるということを認識する必要があります．

数式的な違いを考えると，確率計算の場合は，$\boldsymbol{y}_t$ が事前に決まっていることが前提，つまりどの単語の確率を計算したいかは事前に決まっていることが前提で，計算したいのは $P_{\mathrm{model}}(\boldsymbol{y}_t|\boldsymbol{Y}_{[a,t-1]})$ です．一方，生成器としてニューラル言語モデルを利用する場合で，かつ個々の単語を選択するサンプリングの際に確率値がもっとも高い単語を選択する場合は，最終的な出力層の計算は式 (3.3) に示した処理になります．このときには，$\hat{\boldsymbol{y}}_t$ は予測対象なので，もちろん事前には知らないことが前提です．

$$\begin{aligned} &\text{（生成の場合）} & \hat{\boldsymbol{y}}_t &= \mathtt{softmax}_a(\boldsymbol{o}_t) \\ &\text{（確率計算の場合）} & P_{\mathrm{model}}(\boldsymbol{y}_t|\boldsymbol{Y}_{[a,t-1]}) &= \mathtt{softmax}(\boldsymbol{o}_t)\cdot\boldsymbol{y}_t \end{aligned} \tag{3.16}$$

生成器として利用する際の詳細な議論は，3.4.4 節を参照してください．

3.2.7 文字単位の言語モデル

単語より短い文字単位の言語モデルを考えることもできます．特に，日本語や中国語は単語が空白で区切られておらず単語に区切ること自体が自明でない言語においては，単語境界を事前に特定する必要のない文字単位の言語モデルは魅力的です．また，単語を処理単位とした場合には訓練データ中に現れていない単語（未知語）に自然に対応することはできず，未知語を表す特別な仮想単語を用いることが一般的です．一方，訓練データ中に現れない文字は単語に比べてだいぶ少なくなることは容易に想像できます．

文字単位の言語モデルにおける課題の 1 つは，単語や句などの人間が認識している大きな単位（長い依存関係）の学習です．文献[27] では 1 つ上位の一時刻前の隠れ状態ベクトル $\boldsymbol{h}_{t-1}^{(l+1)}$ と同階層の一時刻前の隠れ状態ベクトル $\boldsymbol{h}_{t-1}^{(l)}$ へのゲートをそれぞれ学習することで，文字単位の言語モデルでも単語や句などの大きな単位を表すようにゲートが学習できることを示しました．また，文字単位の言語モデルとしてもっとも低いパープレキシティを示しています．

文字を処理単位とすることのもう 1 つの課題は計算・領域コストです．文字の組み合わせである単語に比べて文字は異なり数が少ないため，扱う入出力層の計算・領域コストは大幅に少なくなります．一方で，単語単位に比べて文字単位は処理対象の長さ T は当然長くなります（英語の場合は数倍から10 倍程度）．入出力層の計算量は下がったとしても，中間層の計算量が増えるため全体的には単語単位に比べて文字単位のほうが計算量が大きくなる傾向にあります．そのため，条件付き言語モデルの応用である機械翻訳では文字単位と単語単位の中間であるバイト対符号化も使われています[129]．詳しくは 5.1.3 節を参照してください．

3.3　分散表現

深層学習における自然言語処理分野の特徴的な話題の 1 つとして，**分散表現** (distributed representation) について説明します．ニューラルネットの文脈では，分散表現自体は，1 つの部品という位置づけになります．

1.3 節で述べたように，自然言語処理での基本的な処理単位は，文字・単語・文のような記号の集まりです．例えば，画像処理分野では，3 組の整数値による RGB といった画素情報が典型的な処理対象です．また，音声認識分野では，音声信号が典型的な処理対象になります．音声信号や画素情報は物理的な情報を数値で表したものなので，その値を直接利用して，画素間，あるいは音声間の類似度を計算することができます．一方，単語などの自然言語処理で扱う記号は人間が恣意的に定義したものであり物理量などを反映した数値ではないため，記号そのものの情報から記号間の類似度や関連性を直接計算することが難しいという問題をもっています．

分散表現は，記号を計算機上で賢く扱うための方法論の 1 つであり，記号間の類似度や関連性を計算するための道具となります．このような背景から，分散表現はニューラルネットの一部品の技術でありながら，多くの研究者に注目され，自然言語処理の 1 つの研究領域と考えられるようになりました．ここでは，分散表現の歴史的背景と現状，および，分散表現の獲得方法の基礎を紹介します．

3.3.1　概要

分散表現の説明をするために，ここでは**離散オブジェクト**という用語を以下のように定義します．

定義 3.8（離散オブジェクト）

人や物の名前，概念のように，物理的に計測できる量を伴わず，通常，記号を用いて離散的に表現するもの．

自然言語処理の文脈では，文字・単語などが離散オブジェクトに相当します．一般論として，分散表現のもっとも基本となる定義は以下のようになります *5．

定義 3.9（分散表現）

任意の離散オブジェクトの集合 $\mathcal{V}$ に対して，各離散オブジェクト $v \in \mathcal{V}$ にそれぞれ D 次元ベクトルを割り当て，離散オブジェクトを D 次元ベクトルで表現したもの．

1 つの D 次元ベクトルは，D 次元ベクトル空間のある 1 点の座標に相当します．このことから，離散オブジェクトから分散表現へ変換する処理過程は，離散オブジェクトをベクトル空間内に埋め込む操作と捉えることもできます．**図 3.1** は離散オブジェクトと分散表現の関係を示した模式図です．

では次に，離散オブジェクトを「ベクトル空間内に埋め込み，空間内の一点として捉える」ことによりもたらされるものを考えてみます．まず，いったん分散表現のことは忘れて，一般的な「ベクトル空間」について考えてみます．ベクトル空間により，点と点の間の距離が定義できます．また，加算・乗算といった演算も定義できます *6．この「距離や演算が定義できる」ということが重要です．距離や演算を，離散オブジェクト間の「類似度や関連性を計算する道具」として利用するというのが，分散表現の中心的な考え方となります．つまり，分散表現を用いることで，間接的に離散オブジェクト間

---

*5 ここでの用語の「定義」は，あくまでわかりやすくするために一般的な使われ方に基づくものを示すという立場で述べているため，数学的な定義のような厳密性は保証しません．よって，違う解釈や考えが容易にあり得ます．

*6 厳密には利用するベクトル空間の種類によっては定義されない演算などもあり得ます．空間の定義の話まで持ち出すと話が複雑になるので，ここでは話を簡単にするために，よく用いられるユークリッド空間を想定して議論を進めます．

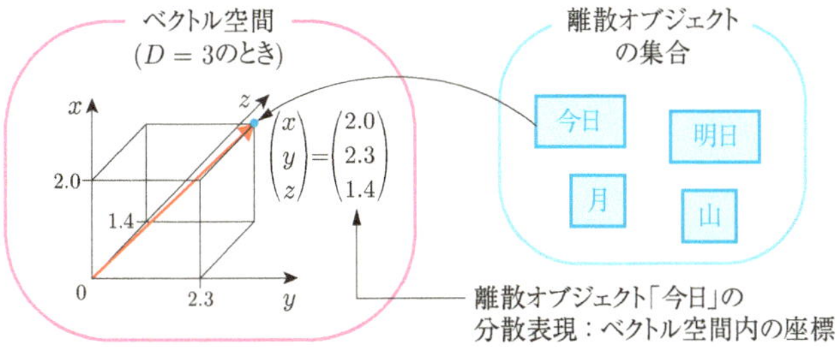

図 3.1 離散オブジェクトと分散表現の関係.

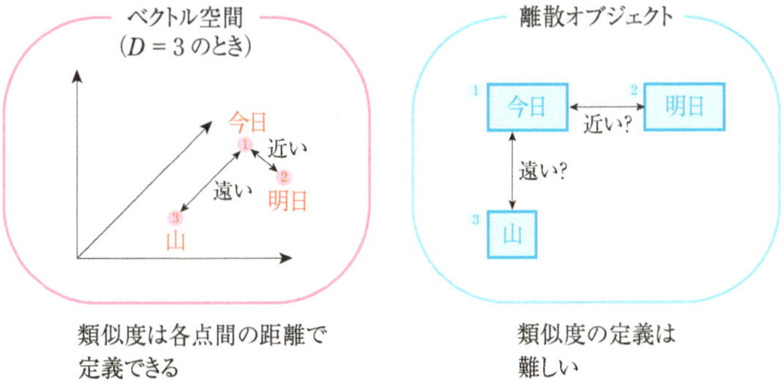

図 3.2 分散表現（ベクトル空間）を用いた離散オブジェクト間の類似度.

の類似度や関係性を表現することができるようになります．**図 3.2** に分散表現（ベクトル空間）を用いた離散オブジェクト間の類似度の例を示します．

自然言語処理の分野では，単語を基本の処理単位として扱う場合が多いので，「単語」に着目した分散表現を，特別に**単語分散表現** (distributed representation of words) と呼びます．また，前述したように分散表現はベクトル空間に埋め込む操作と見なせるので，**単語埋め込み** (word embeddings) と呼ぶ場合も多いです．「単語分散表現」「単語埋め込み」は基本的に同じものを指します．どちらが正しいという用語の優劣はないですが，次に述べる歴史的背景から，本書では「単語分散表現」という用語を使うことにします．

3.3.2 歴史的背景

分散表現の理解を深めるために，分散表現の生い立ちについて簡単に紹介します．分散表現は，ニューラルネット研究の側面と自然言語処理研究の側面の 2 つを持ち合わせています．この辺りが複雑に絡み合っているため，少し整理します．

(1) ニューラルネット研究からの視点

「分散表現」という用語は，認知心理学 (cognitive psychology)，神経科学 (neuroscience) といった研究分野とニューラルネットの研究分野の融合領域において，1980 年代に行われたヒントン (Hinton) らの研究 [40,66] が起源と考えられています．脳のモデル化を考える際に，事象や概念といった離散オブジェクトを，複数の連続値の特徴（つまりベクトル）として表現する方法として登場しました．これは，人間の脳が新しい事象や概念を覚える際に，既知の事象や概念とのさまざまな類似性に基づいて結びつけて覚えると考えられることや，個々の事象や概念は，多様な特徴で表現されると考えられることから，脳をモデル化する方法論の 1 つとして分散表現の形式を用いるのが妥当であると考えられたためです．一方，この文脈での分散表現という用語の対になる用語として，**局所表現** (local representation) が用いられています．分散表現に対する局所表現とは，非零要素が 1 つ，あるいは非常に少ない非零要素のベクトルで記号を表現する方法です．つまり，「分散 (distributed)」か「局所 (local)」かというのは，ある事象を表現する際に，他の事象と概念を共有する多種多様な特徴の集まりで表現するか，その事象がもつ少数あるいは 1 つの特徴的な要素で表現するかという違いと考えることができます．

例えば，非零成分が 1 つ，かつ 1 である one-hot ベクトル表現は，局所表現の端的な例になります．one-hot ベクトル表現は，それぞれの事象を識別する 1 つの特徴で個々の事象を分別して表現しているとも捉えることができます．

単語分散表現，つまり単語埋め込みをニューラル言語モデルに導入し，語彙数が多い場合に対応する方法が 2000 年に提案されました [11]．いま振り返ると，本書が扱う，近年大きく発展した自然言語処理における深層学習の出発点の１つとも考えられる研究論文です．この論文により，分散表現は概念の特徴を表すための道具ではなく，データから統計的な観点で決められた実数値ベクトルを用いる現在の形式が普及したと考えられています．

(2) 自然言語処理研究からの視点

分散表現という用語は，さきに述べたニューラルネットと認知心理学との融合領域で使われてきた用語とは独立に，まったく異なる自然言語処理研究分野の背景ももっています．

まず，ここで話を単純にするために，「単語」を自然言語処理のもっとも典型的な基本処理単位と考えて議論を進めます．自然言語処理分野では，単語のもつ**意味** (semantics) を計算機上でどのように扱うかという課題について，古くから非常に多くの研究がなされてきました．単語の意味を扱う１つの方法論として**分布仮説** (distributional hypothesis) という考え方が 1950 年代に提案されています [44,61]*7．これは，「単語の意味はその単語が出現した際の周囲の単語によって決まる」という考え方です．周囲に出現する単語を定義 3.4 で定義した文脈という用語を使って言い換えると，「単語の意味はその単語が使われた周囲の文脈によって決まる」ということになります．つまり，人間の直感に合ったとても自然な考え方といえます．**図 3.3** に文脈の例を示します．

例えば，自然言語処理のさまざまな応用タスクでは，文中に現れる表層的な単語は違っても意味的には等価なので，それらを同じとして扱って処理を行いたいという場面にしばしば遭遇します．しかし，文章中に出現した単語を計算機の観点から見た場合，それらは単なる記号（あるいは離散オブジェクト）であるため，単語同士が意味的に「どれぐらい似ているか」という指

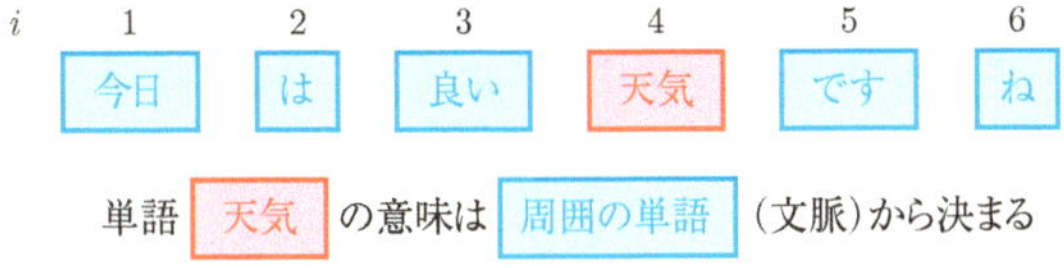

図 3.3 周囲の文脈の例．

*7 https://www.aclweb.org/aclwiki/index.php?title=Distributional_Hypothesis を参照してください．

標が明確に定義されていません．このような場面で，分布仮説という考え方は，単語間の何かしらの類似度を与えることができます．

例えば，**主成分分析** (principle component analysis; PCA) や**潜在ディレクレ配分** (latent dirichlet allocation; LDA)[16] を用いる単語の類似度を推定する方法は，この分布仮説に基づいた方法論と解釈できます．また，この分布仮説に基づいた方法論で得られた単語のベクトル表現も，伝統的に**分散表現** (distributional representation) と呼ばれています．ただし，ここでの注意点として，分布仮定に基づく方法論で得られた分散表現は英語表記では「distributional」ですが，ニューラルネットの研究分野で用いられている分散表現の英語表記は「distributed」なので違いがあります．日本語訳は伝統的に両方とも「分散表現」なので，この違いがあることは知識として知っておいて損はありません．実際に文献[149] では，これら 2 つを明確に違うものとして扱っています．

(3) 両分野の融合

このように，ニューラルネットと自然言語処理の研究分野で別々にほぼ同じ用語を用いてきた背景があります．これは，文献[11] で，ニューラル言語モデルで分散表現の概念が使われるようになって，2 つの研究領域での似た概念が融合したと考えることができます．初期のニューラル言語モデルは順伝播型ニューラルネットを用いていたため，「前数単語を用いて次の単語を予測する」というモデルになっていました．そのため，自然言語処理で議論されてきた分布仮説の考えを自然にそのまま利用していると見なすことができます．つまり，ニューラルネットの研究分野でいうところの分散表現を獲得するのに，自然言語処理でいうところの分布仮説を用いて獲得していると解釈できます．また，分布仮説に基づいて得られる表現も伝統的に分散表現と呼ばれているので，違和感なく，2 つの用語が 1 つに統合されたといえます．その意味で現在において，前述の distributional か distributed かの明確な使い分けはあまり意味を成しません．ただ，深層学習/ニューラルネットの観点では，distributed を使うのが一般的です．

3.3.3 獲得方法

分散表現の良し悪しは，対象となる各離散オブジェクトにどのようなベクトルを割り当てるか，あるいはベクトル空間内のどの位置に配置するかに依存します．例えば，直感的には，意味的により類似する離散オブジェクトはより近い位置に配置され，逆の意味になる離散オブジェクトは原点を挟んで逆の位置に配置されているということが実現されれば，離散オブジェクト間の類似性や関係性をうまく捉えた分散表現になっていると考えられます．ここからは，どのように分散表現を獲得するかという方法論の基礎について述べます．説明を簡単にするために，ここでは単語の分散表現を獲得する例で説明をします．ただし，ここでの説明は，単語以外の離散オブジェクトに対する場合でも同じように使うことができます．単語分散表現自体は，単に単語にベクトルを割り当てる処理といえます．そのため，その割り当て方はさまざまな方法が考えられます．現在は，3.2 節で述べた言語モデル，およびその派生形が代表的な方法です．

(1) ニューラル言語モデルを用いる獲得方法

3.2 節で説明したニューラル言語モデルにより分散表現を獲得することができます，しかも，分散表現を獲得する方法とは，「普通にニューラル言語モデルを学習する」です．これは，ニューラル言語モデルの入力層の変換行列が，分散表現に相当するからです．例えば，式 (3.11) や式 (3.13) 中の行列 $\boldsymbol{E}$ がこれに相当します．また同様に，3.1 節での議論に出てきた行列 $\boldsymbol{E}$ にも相当します．つまり，分散表現は一般的なニューラル言語モデルの一部に自然に組み込まれている状態と考えることもできます．そのため，ニューラル言語モデルの学習を行えば，同時に分散表現も学習できたことになります．処理としては，ニューラル言語モデルを学習し，その後，学習済みのニューラル言語モデルの入力層の変換行列を抽出することで，分散表現が得られます．順伝播型ニューラル言語モデルでも再帰ニューラル言語モデルでも入力層の部分の構成は同じなので，どちらも同じように利用できます．具体的な計算処理は，3.2.3 節，および 3.2.4 節を参照してください．**図 3.4** にニューラル言語モデルと分散表現の関係性の模式図を示します．一般論として，ニューラルネットの特性上，埋め込み層の変換行列 $\boldsymbol{E}$ 中の列ベクトルが似ていれば似ているほど，最終的な出力も似たものになると考えられることから，意味的に似た単語は似たベクトルになるという仮説が成り立ちます．つまり，より予測精度の高い言語モデルが構築できるということは，間接的に変換行列

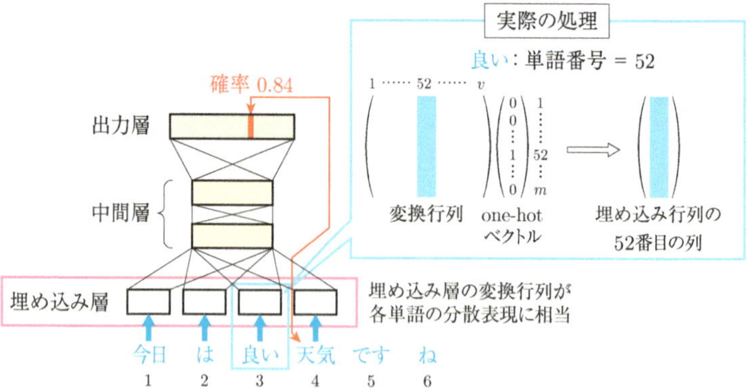

図 3.4 ニューラル言語モデルと分散表現の関係性.

$\boldsymbol{E}$ もよい性質をもった行列になっていることが期待できます.

(2) 対数双線形モデルを用いる獲得方法

次に，**対数双線形モデル** (log-bilinear model; LBL model) に基づく分散表現の獲得方法について紹介します．ニューラル言語モデルを用いた方法とは別の方法論として区別して書いていますが，実際には，ニューラル言語モデルの派生系として後から誕生した方法です．また，単語分散表現を獲得するのに特化して考案されました．

まず，対数双線形モデルの立ち位置を理解するために，その生い立ちを紹介します．対数双線形モデルが考えられた 2010 年頃は，通常の 3 層（以上の）順伝播型ニューラル言語モデルでも，計算量的な観点で大きな課題がありました．この計算量的な課題のため，「ニューラル言語モデルはデータ量が多ければ多いほど基本的に性能は向上する」という経験的な知見があっても，実際には「大規模データを用いたニューラル言語モデルの学習は計算量的に困難」というジレンマがありました．また，語彙数を増やすと計算時間が激増してしまうことから，例えば N グラム言語モデルで普通に扱われる規模である数 100 万語彙をニューラル言語モデルで構築することは現実的に不可能に近いという事情もありました．

この計算量の課題を克服するために，2013 年に「もっとも簡単なニューラル言語モデル（の 1 つ）」という位置づけで提案されたのが，後に有名になる通称 **word2vec** になります [102, 108]．また，対数双線形モデルと呼ばれるほぼ同じモデルも同時期に提案されています [109]．また，その起源は 2007 年まで遡ることができます [107]．

word2vec（およびその類似モデル）の登場により，大規模データによる分散表現の学習が現実的な計算速度とメモリ量で実現可能となりました．このことが，飛躍的に分散表現の研究が進んだ 1 つの理由と考えられています．

補足 3.1 word2vec という用語は注意が必要です．word2vec というモデルは実際には存在せず，**skip-gram** と **CBoW** という 2 種類のモデルを総称して用いられている用語です．これは，word2vec という名のツールにこの 2 つのモデルが実装されているのに由来します．このため，通常，skip-gram か CBoW かを明確に区別する必要がないカテゴリ名のような形でよく用いられます．また現在では，文脈によっては，単語分散表現と同義の「単語に対して分散表現を与える処理」あるいは「獲得された分散表現」という意味で用いられることもあります．これは，ある一般的な概念に対して 1 つの非常に有名な商品があった場合に，その有名な商品名がデファクトスダンダートとなったゆえにその概念そのものを指す用語と混同して用いられる状態と同じと考えられます *8．よって，word2vec という用語が用いられた際に，その人が word2vec ツールを指して用いているのか，もう少し広く skip-gram や CBoW を代表するモデルという意味で用いているのか，あるいは単語に対して分散表現を獲得すること，という文脈で用いているのかを判断する必要があります．

skip-gram と CBoW を理解するために，skip-gram および CBoW が考案されたときと同様に，順伝播型ニューラル言語モデルのもっとも簡単なモデルという観点で，skip-gram と CBoW を考えてみましょう．一般論として，言語モデルは，これまでの文脈が与えられたときに次の単語の生起確率を推定するモデルです．前節と同様に，入力単語（これまでの文脈で出現した単

*8 例えば，絆創膏をジョンソン・エンド・ジョンソン社の「バンドエイド」と呼んだり，ポータブルオーディオプレイヤーをソニーの商品である「ウォークマン」と呼んだりすることと同じです．

語），および出力単語（次に出現すると予測する単語）の語彙を $\mathcal{V}$ と記述することにします[*9]．よって，$|\mathcal{V}|$ は語彙数を表します．さらに，i 番目の単語番号の入力単語（の one-hot ベクトル表現）$\boldsymbol{x}_i$ に割り当てる単語埋め込みベクトルを $\boldsymbol{e}_i$，同様に，j 番目の単語番号の出力単語（の one-hot ベクトル表現）$\boldsymbol{y}_j$ に割り当てる単語埋め込みベクトルを $\boldsymbol{o}_j$ で表すことにします．ただし，$1 \leq i \leq |\mathcal{V}|$，$1 \leq j \leq |\mathcal{V}|$ です．次に，$\boldsymbol{e}_i$ と $\boldsymbol{o}_j$ を 1 から $|\mathcal{V}|$ まで並べて行列表記とみなすと $\boldsymbol{E} = (\boldsymbol{e}_i)_{i=1}^{|\mathcal{V}|}$，$\boldsymbol{O} = (\boldsymbol{o}_j)_{j=1}^{|\mathcal{V}|}$ と書けます．このとき，$\boldsymbol{e}_i$ と $\boldsymbol{o}_j$ は，D 次元の列ベクトルとします．

まず，CBoW の場合の単語の生成モデルを述べます．入力単語のリストを $\mathcal{H}$ とします．CBoW では，入力単語のリスト $\mathcal{H}$ が与えられたときに，j 番目の出力単語 $\boldsymbol{y}_j$ が出力される確率を以下の式で定義します．

$$P(\boldsymbol{y}_j|\mathcal{H}) = \frac{\exp\left(\phi(\mathcal{H}, \boldsymbol{y}_j)\right)}{\displaystyle\sum_{\boldsymbol{y}_{j'} \in \mathcal{V}} \exp\left(\phi(\mathcal{H}, \boldsymbol{y}_{j'})\right)} \tag{3.17}$$

$$\phi(\mathcal{H}, \boldsymbol{y}_j) = \sum_{i:\boldsymbol{x}_i \in \mathcal{H}} (\boldsymbol{E}\boldsymbol{x}_i) \cdot (\boldsymbol{O}\boldsymbol{y}_j) = \sum_{i:\boldsymbol{x}_i \in \mathcal{H}} \boldsymbol{e}_i \cdot \boldsymbol{o}_j \tag{3.18}$$

次に，skip-gram では，入力語彙 $|\mathcal{V}|$ 中の i 番目単語 $\boldsymbol{x}_i$ が与えられたときに，出力語彙 $|\mathcal{V}|$ 中の j 番目単語 $\boldsymbol{y}_j$ が出力される確率を以下の式で定義します．

$$P(\boldsymbol{y}_j|\boldsymbol{x}_i) = \frac{\exp\left(\phi(\boldsymbol{x}_i, \boldsymbol{y}_j)\right)}{\displaystyle\sum_{\boldsymbol{y}_{j'} \in \mathcal{V}} \exp\left(\phi(\boldsymbol{x}_i, \boldsymbol{y}_{j'})\right)} \tag{3.19}$$

$$\phi(\boldsymbol{x}_i, \boldsymbol{y}_j) = (\boldsymbol{E}\boldsymbol{x}_i) \cdot (\boldsymbol{O}\boldsymbol{y}_j) = \boldsymbol{e}_i \cdot \boldsymbol{o}_j \tag{3.20}$$

ここで，式 (3.19) と式 (3.17) を見比べてみましょう．すると，式 (3.17) 中の $\mathcal{H}$ と式 (3.19) 中の $\boldsymbol{x}_i$ が違うだけということがわかります．また，実際 $\mathcal{H}$ は，入力単語である $\boldsymbol{x}_i$ のリストなので，単語のリストか単一の単語かという違いしかないことがわかります．このことから skip-gram は，$\mathcal{H} = \{\boldsymbol{x}_i\}$ の場合，つまり，必ず入力単語が 1 つだけ与えられる際の CBoW の特殊形と見なせることがわかります．このことから，式 (3.17) は式 (3.19) を包含し，

*9　分散表現の文脈では，入力と出力の語彙を別のものにしても何も問題は発生しませんが，ここでは説明を簡単にするために便宜上同じ語彙を用いる状況で説明します．

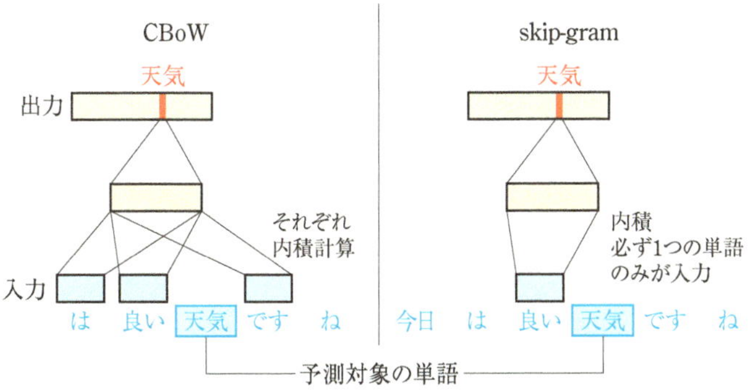

図 3.5 CBoW と skip-gram の概略図.

式 (3.18) は式 (3.20) を包含すると解釈できます．これで，「モデルの形式としては」，CBoW が skip-gram を包含する枠組みであることがわかります．また，文献[109] では，対数双線形モデルという用語で，CBoW や skip-gram を統一的に記述できることを示しています．本書では，以降これらのモデルを総称して説明する際には，「対数双線形モデル」と呼ぶことにします．**図 3.5** に CBoW と skip-gram を比較したモデル概略図を示します．

改めて，(skip-gram と CBoW を包含する) 対数双線形モデルを順伝播型ニューラル言語モデルに当てはめて考えてみます．観測できる事実の 1 つ目として，式 (3.18) が，ニューラル言語モデルの出力層と同じ形式になっていることがわかります．このことから，対数双線形モデルは，1 層のみで構成されるニューラル言語モデルと解釈できます．また，一般的な順伝播型ニューラル言語モデルは 3 層以上用います．**図 3.6** に順伝播型ニューラル言語モデルと対数双線形モデルを比較した図を示します．式 (3.11) の中の $\boldsymbol{W}^{(\mathrm{o})}$ を $\boldsymbol{O}$ と置き換えて式 (3.20) と比較すると，より関係がわかりやすいと思います．

2 つ目の観測として，式 (3.18) と式 (3.20) から，対数双線形モデルは 2 つのベクトル $\boldsymbol{e}_i$ と $\boldsymbol{o}_j$ の内積のみでモデルが構成されてることがわかります．一方，順伝播型ニューラル言語モデルの場合は，モデル中に変換行列が現れるのが一般的です．これら 2 つの特徴は，前に述べたように，対数双線形モデルがニューラル言語モデルの計算量の問題を軽減するために考案された方法論という位置づけの理由となる特徴になります．

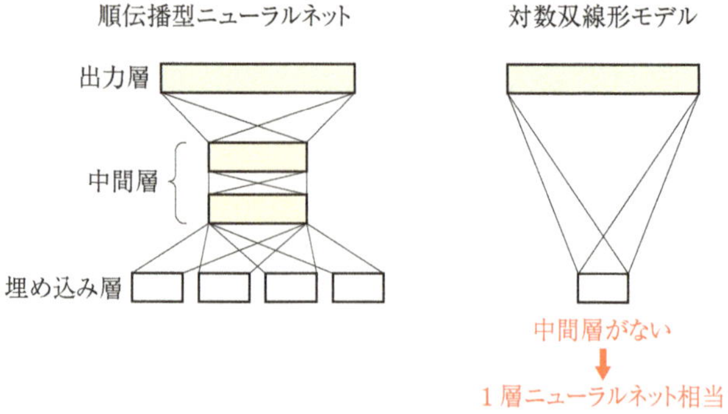

図 3.6 順伝播型ニューラル言語モデルと対数双線形モデルの比較.

次に, 学習方法について簡単に述べます. 訓練データを $\mathcal{D} = \{(\mathcal{H}^{(n)}, \boldsymbol{y}_j^{(n)})\}_{n=1}^{N}$ とします. 学習時の目的関数は, 負の対数尤度を最小化する問題で定式化されています.

$$L(\boldsymbol{E}, \boldsymbol{O}|\mathcal{D}) = -\sum_{(\mathcal{H},\boldsymbol{y}_j)\in\mathcal{D}} \log\Big(P(\boldsymbol{y}_j|\mathcal{H})\Big) \tag{3.21}$$

式 (3.21) は, CBoW に対する目的関数になっていますが, 前に述べたとおり, CBoW は skip-gram を包含するので, skip-gram 用の目的関数も式 (3.21) と等価と見なせます. 具体的には, 単に $\mathcal{H} = \{\boldsymbol{x}_i\}$ と考えればいいだけです.

式 (3.21) に式 (3.17) を代入すると以下の式になります.

$$L(\boldsymbol{E}, \boldsymbol{O}|\mathcal{D}) = -\sum_{(\mathcal{H},\boldsymbol{y}_j)\in\mathcal{D}} \phi(\mathcal{H}, \boldsymbol{y}_j) + \sum_{(\mathcal{H},\boldsymbol{y}_j)\in\mathcal{D}} \log\Bigg(\sum_{\boldsymbol{y}_{j'}\in\mathcal{V}} \phi(\mathcal{H}, \boldsymbol{y}_{j'})\Bigg) \tag{3.22}$$

目的関数式 (3.22) では, 右辺に出力単語の全語彙 $\mathcal{V}$ に基づいて計算される項があります. このため, 語彙数が大きい場合, 学習時の計算速度が問題になります. 例えば, N グラム言語モデルで普通に扱われる規模なら数 100 万語彙を扱う必要があります. この語彙数に対する問題に対処する方法は, 4.3 節で詳細に述べていますが, 例えば, 4.3.6 節で説明する階層的ソフトマックスを用いることが多いです.

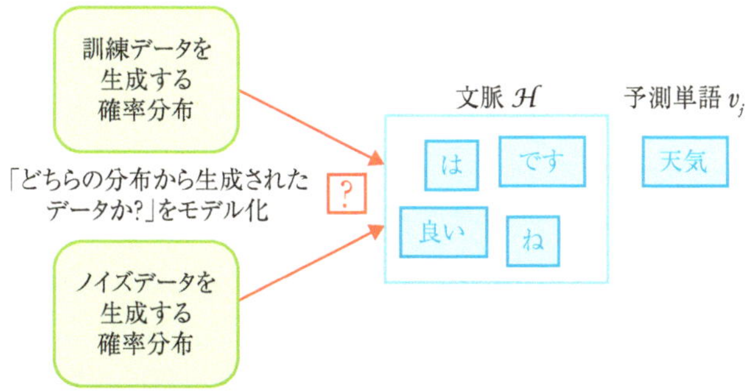

図 3.7 負例サンプリングによる確率分布からの生成確率の説明.

(3) 負例サンプリングによる獲得方法

語彙数に対する計算の高速化の方法として，例えば，word2vec ツールでは**階層的ソフトマックス**と**負例サンプリング**の 2 種類の方法が実装されています．そして，計算速度が速く解釈のしやすい負例サンプリングによる方法が現在の主流です．負例サンプリングの詳細な説明は 4.3.4 節になります．

ここで skip-gram や CBoW を含む対数双線形モデルを正しく理解するうえで 1 つ注意すべき点があります．ここまで何度も述べたように，対数双線形モデルは，ニューラル言語モデルの派生形としての生い立ちから，基本的にいくつかの入力単語が与えられたときに，次の単語を生成する確率をモデル化した確率モデルとして定式化されていました．しかし，負例サンプリングの枠組みで学習を行う場合は，確率モデル自体を別のモデルに置き換えることを含みます．具体的にいうと，負例サンプリングによる学習を行う場合は，与えられた入出力の組が，「実データの確率分布から取得されたデータ」か「別の確率分布から生成されたデータ」かの 2 クラスを判別する識別モデルを学習していることに相当します．**図 3.7** に負例サンプリングによりモデル化する分布からの生成確率の概略図を示します．一方，参考として，階層ソフトマックスによる学習は，ニューラル言語モデルと同じ確率モデルを用いる部分は変更せずに，その確率モデルの近似計算を行う方法論になります．

この点に注意しつつ，対数双線形モデルにおいて負例サンプリングによる学習を行う場合を説明します．$P\big((\mathcal{H}, \boldsymbol{y}_j) \sim P^{\mathcal{D}}\big)$ を，学習用の 1 つのデータ $(\mathcal{H}, \boldsymbol{y}_j)$ が実際の訓練データ $\mathcal{D}$ を生成する確率分布 $P^{\mathcal{D}}$ から生成された場合を表す確率モデルとします．ここでは，$P(\mathcal{H}, \boldsymbol{y}_j) \sim P^{\mathcal{D}}$ を，以下のシグモイド関数を用いてモデル化します．

$$P\big((\mathcal{H}, \boldsymbol{y}_j) \sim P^{\mathcal{D}}\big) = \frac{1}{1 + \exp\big(-\phi(\mathcal{H}, \boldsymbol{y}_j)\big)} \tag{3.23}$$

同様に，$P\big((\mathcal{H}, \boldsymbol{y}_j) \sim P^{\mathcal{D}'}\big)$ を，$(\mathcal{H}, \boldsymbol{y}_j)$ がノイズデータ $\mathcal{D}'$ を生成する確率分布 $P^{\mathcal{D}'}$ から生成された場合を表す確率モデルとします．また，確率モデルの形式は，式 (3.23) とまったく同じ形です．すると，実データとノイズの識別問題の対数尤度関数は次のようになります．

$$\begin{aligned} L(\boldsymbol{E}, \boldsymbol{O}|\mathcal{D}, \mathcal{D}') = &- \sum_{(\mathcal{H}, \boldsymbol{y}_j) \in \mathcal{D}} \log\Big(P\big((\mathcal{H}, \boldsymbol{y}_j) \sim P^{\mathcal{D}}\big)\Big) \\ &+ \sum_{(\mathcal{H}, \boldsymbol{y}_j) \in \mathcal{D}'} \log\Big(P\big((\mathcal{H}, \boldsymbol{y}_j) \sim P^{\mathcal{D}'}\big)\Big) \end{aligned} \tag{3.24}$$

式 (3.24) に式 (3.23) を代入すると以下の式が得られます．

$$\begin{aligned} L(\boldsymbol{E}, \boldsymbol{O}|\mathcal{D}, \mathcal{D}') = &\sum_{(\mathcal{H}, \boldsymbol{y}_j) \in \mathcal{D}} \log\Big(1 + \exp\big(-\phi(\mathcal{H}, \boldsymbol{y}_j)\big)\Big) \\ &- \sum_{(\mathcal{H}, \boldsymbol{y}_j) \in \mathcal{D}'} \log\Big(1 + \exp\big(-\phi(\mathcal{H}, \boldsymbol{y}_j)\big)\Big) \end{aligned} \tag{3.25}$$

式 (3.22) と式 (3.25) を比べれば，負例サンプリングを用いた場合はモデルの形式自体が変わっていることが容易に見て取れる思います．

補足 3.2 負例サンプリングによるモデル自体の変更については，もちろん元の文献[102, 108] でも説明されています．しかし，一般的にあまりきちんと認識されていないように感じます．これは，負例サンプリング自体は効率的な学習方法という位置づけなので，単なる学習アルゴリズムのみの変更と誤解してる場合があるのだと思います．また，この大きな違いがあまり認識されていない理由として，学習法に何を使っていても，手法の名前は同じ skip-gram や CBoW として認識されているためだと思います．また，word2vec ツールの中に同列で 2 つの方法論が実装されていることも原因の 1 つかもしれません．

何をモデル化しているかという概念的なものを除けば，実装面などはほとんど同じ処理で実現できるため，単なる選択肢というぐらいの位置づけで語られることが多い気がします．

例えば，負例サンプリングの何かのパラメータや条件をある値に設定すると，元のニューラル言語モデルと等価になりますといった関係はありません．この意味で，負例サンプリングによる学習での skip-gram や CBoW は，ニューラル言語モデルからの派生として生み出された当初の方法論とは別のものとして扱うほうが，本来は正しいと思います．

3.3.4 利用例

実際に何かしらの方法で獲得された（単語）分散表現は，5 章で説明するような，自然言語処理分野の応用タスク（機械翻訳，質問応答，対話）のさまざまな場面で利用されています．

例えば，単語や言語的特徴が意味的に似ているか似ていないかを評価する指標として分散表現が用いられることがあります．具体的には，2 つの離散的な特徴に対する分散表現のコサイン類似度を用いてベクトルの類似度を計算し，その値に基づいて処理を行うということが多いです．それ以外にも，分散表現を意味関係の演算として利用する取り組みも研究されています [106]．

さらに，構文解析や意味解析などの言語解析ツールの追加の素性情報として分散表現が利用される場合もあります [59,146,149]．また，深層学習で利用される埋め込み行列の初期値として使われることもあります [22,92,127]．

3.3.5 今後の発展

分散表現の獲得法に関しては，2017 年 1 月現在，結局 word2vec ツールを利用するのが安定的でよいという考えが主流になっています *10．自然言語処理の観点では，単語よりも大きな単位である句・文・文書といった分散表現をいかに獲得するかという話がいくつも提案されています（例：文献[65,85]）．しかし，単語以上の単位の場合は，それほど決定的にうまくいっている方法

*10 もちろん今後，さまざまな関連手法の解析が進み，別の結論に至る可能性は十分にあります．

論はまだ確立されておらず，まだ研究の余地は残されています．また別の観点として，word2vec などの分散表現は，大規模データに対して，ある種「汎用的」な意味表現を獲得する方法になっていますが，実際に利用する際には，特定のタスクに即した「観点」を入れた分散表現がほしくなります．こういったタスク適応の方法論も今後タスクと結びついて議論されていくと考えられます．

3.4 系列変換モデル

自然言語処理のタスクの中で，文から文への変換と見なせるタスクを考えてみましょう．機械翻訳は，翻訳元の言語の文から翻訳先の言語の文への変換と見なすことができます．対話は相手の発言から自分の発言への変換と見なすことができます．質問応答は質問文から返答文への変換と見なすことができます．文書要約は元文書から要約文への変換と見なすことができます．より抽象化すれば，以上のタスクは**系列** (sequence)（記号の列）から系列への変換と見なすことができます．ここでは，主に文献[140] で提案された，系列を受け取り，別の系列へ変換する確率をモデル化する方法について解説します．まずはじめに，以下の用語を定義します．

定義 3.10（系列）

記号（または離散オブジェクト）の列を総称して，ここでは系列と呼びます．自然言語処理の場合は，文を構成する単語の列などが系列に相当します．

定義 3.11（系列変換モデル）

系列（記号の列）を受け取り，別の系列へ変換する確率をモデル化したものを**系列変換モデル**（sequence-to-sequence model; **seq2seq モデル**）と呼びます．

3.4.1 概要

入力系列を $\boldsymbol{X}$，出力系列を $\boldsymbol{Y}$ で表します．入力系列中の i 番目の要素を $\boldsymbol{x}_i$ とします．同様に，出力系列中の j 番目の要素を $\boldsymbol{y}_j$ とします．$\boldsymbol{x}_i$ と $\boldsymbol{y}_j$ は，それぞれ one-hot ベクトルを仮定します．これら one-hot ベクトルは，対応する離散オブジェクト（記号）を変換したものとします．入出力が自然文であれば単語と考えてください．one-hot ベクトルなので，それぞれのベクトルの次元数は語彙数となります．例えば，入力側の語彙を $\mathcal{V}^{(\mathrm{s})}$，出力側の語彙を $\mathcal{V}^{(\mathrm{t})}$ とすると，すべての i に対して $\boldsymbol{x}_i \in \mathbb{R}^{|\mathcal{V}^{(\mathrm{s})}|}$，すべての j に対して $\boldsymbol{y}_j \in \mathbb{R}^{|\mathcal{V}^{(\mathrm{t})}|}$ です．また，入力文長を I，出力文長を J とします．よって，

$$\text{（入力文）}\ \boldsymbol{X} = (\boldsymbol{x}_1, \ldots, \boldsymbol{x}_i, \ldots, \boldsymbol{x}_I) = (\boldsymbol{x}_i)_{i=1}^{I} \tag{3.26}$$

$$\text{（出力文）}\ \boldsymbol{Y} = (\boldsymbol{y}_1, \ldots, \boldsymbol{y}_j, \ldots, \boldsymbol{y}_J) = (\boldsymbol{y}_j)_{j=1}^{J} \tag{3.27}$$

となります．このとき特別に $\boldsymbol{y}_0$ は文頭を表す仮想単語 BOS に対応する one-hot ベクトル $\boldsymbol{y}^{(\mathrm{BOS})}$ を意味するとします．同様に，$\boldsymbol{y}_{J+1}$ は文末を表す仮想単語 EOS に対応する one-hot ベクトル $\boldsymbol{y}^{(\mathrm{EOS})}$ を意味するとします．また，便宜上出力側の語彙 $\mathcal{V}^{(\mathrm{t})}$ には，仮想単語 BOS，EOS は含まれていることを仮定します．

ある入力系列 $\boldsymbol{X}$ が与えられたときに，ある出力系列 $\boldsymbol{Y}$ へ変換する条件付き確率 $P(\boldsymbol{Y}|\boldsymbol{X})$ を考えます．これをモデル化したものが系列変換モデルです．ただし，系列変換モデルでは以下に示すように，出力系列の各位置 j で $\boldsymbol{y}_j$ が生成される条件付き確率の積算で構成されるモデルとします．

$$P_{\boldsymbol{\theta}}(\boldsymbol{Y}|\boldsymbol{X}) = \prod_{j=1}^{J+1} P_{\boldsymbol{\theta}}(\boldsymbol{y}_j|\boldsymbol{Y}_{<j}, \boldsymbol{X}) \tag{3.28}$$

また，入力 $\boldsymbol{X}$ を受け取って固定長の符号ベクトル $\boldsymbol{z}$ を生成する処理と，生成された符号ベクトル $\boldsymbol{z}$ を受け取り，出力 $\boldsymbol{Y}$ を生成する処理の 2 つで構成されるのが系列変換モデルの特徴になります．

まず，入力 $\boldsymbol{X}$ を受け取って符号ベクトル $\boldsymbol{z}$ を生成する処理を関数 Λ で抽象化して表します．

$$\boldsymbol{z} = \Lambda(\boldsymbol{X}) \tag{3.29}$$

関数 Λ の具体的な処理には，LSTM をはじめとする再帰ニューラルネット

を利用することが一般的です．

次に，$\Lambda(\boldsymbol{X})$ により生成された符号ベクトル $\boldsymbol{z}$ を受け取って出力 $\boldsymbol{Y}$ を生成する処理を考えます．この処理は，3.2.4 節で説明した再帰ニューラル言語モデルと同じです．j 番目の単語の生成確率を，$j-1$ 番目までに生成した情報から算出します．この処理を，隠れ状態ベクトルを生成する関数 Ψ と，単語の生成確率を返す関数 Υ の 2 つの関数で表すと，以下のようになります．

$$P_{\boldsymbol{\theta}}(\boldsymbol{y}_j|\boldsymbol{Y}_{<j}, \boldsymbol{X}) = \Upsilon(\boldsymbol{h}_j^{(\mathrm{t})}, \boldsymbol{y}_j) \tag{3.30}$$

$$\boldsymbol{h}_j^{(\mathrm{t})} = \Psi(\boldsymbol{h}_{j-1}^{(\mathrm{t})}, \boldsymbol{y}_{j-1}) \tag{3.31}$$

$\boldsymbol{h}_j^{(\mathrm{t})}$ が j 番目の隠れ状態のベクトルになります．ただし，$j=1$ のときの $\boldsymbol{h}_{j-1}^{(\mathrm{t})}$，つまり $\boldsymbol{h}_0^{(\mathrm{t})}$ は，先の関数 $\Lambda(\boldsymbol{X})$ が生成した符号ベクトル $\boldsymbol{z}$ を利用して $\boldsymbol{h}_0^{(\mathrm{t})} = \boldsymbol{z}$ とします．同様に，$j=1$ のときの $\boldsymbol{y}_{j-1}$，つまり $\boldsymbol{y}_0$ は，前に述べたとおり文頭を表す仮想単語 BOS の one-hot ベクトル $\boldsymbol{y}^{(\mathrm{BOS})}$ とします．

ここで系列変換モデルを，再帰ニューラル言語モデルとの関係で考えてみます．出力系列 $\boldsymbol{Y}$ を生成する処理，すなわち，$j-1$ 番目までに生成した情報を加味して j 番目の単語を生成する処理は，再帰ニューラル言語モデルも系列変換モデルも完全に同じになります．決定的な違いは，系列変換モデルは，入力文の（固定長）符号ベクトル $\boldsymbol{z}$ を計算する符号化器の処理があるところです．これは再帰ニューラル言語モデルにはありません．しかし，符号ベクトル $\boldsymbol{z}$ は，式（3.31）の $j=1$ のときに使われるだけです．つまり，驚くべきことに，系列変換モデルと再帰ニューラル言語モデルは，初期値をどのように設定するかの違いだけと解釈することもできます．事実，系列変換モデルは，後々，条件付き (再帰ニューラル) 言語モデルとして広く理解されるようになりました．系列変換モデルを条件付き言語モデルと考えた場合，以下の条件付き確率をモデル化していることになります．

$$\text{（系列変換モデル）} \quad P_{\boldsymbol{\theta}}(\boldsymbol{Y}|\boldsymbol{X}) = \prod_{j=1}^{J+1} P_{\boldsymbol{\theta}}(\boldsymbol{y}_j|\boldsymbol{Y}_{<j}, \boldsymbol{X})$$

$$P_{\boldsymbol{\theta}}(\boldsymbol{y}_j|\boldsymbol{Y}_{<j}, \boldsymbol{X}) = \Upsilon(\boldsymbol{h}_j^{(\mathrm{t})}, \boldsymbol{y}_j) \tag{3.32}$$

$$\boldsymbol{h}_j^{(\mathrm{t})} = \begin{cases} \Psi(\boldsymbol{z}, \boldsymbol{y}^{(\mathrm{BOS})}) & \text{if } j = 1 \\ \Psi(\boldsymbol{h}_{j-1}^{(\mathrm{t})}, \boldsymbol{y}_{j-1}) & \text{otherwise} \end{cases}$$
$$\boldsymbol{z} = \Lambda(\boldsymbol{X})$$

対比するために，再帰ニューラル言語モデルを同じ形式で表現すると以下のようになります．

$$\text{（再帰ニューラル言語モデル）} \quad P_{\boldsymbol{\theta}}(\boldsymbol{Y}) = \prod_{j=1}^{J+1} P_{\boldsymbol{\theta}'}(\boldsymbol{y}_j | \boldsymbol{Y}_{<j})$$
$$P_{\boldsymbol{\theta}'}(\boldsymbol{y}_j | \boldsymbol{Y}_{<j}) = \Upsilon(\boldsymbol{h}_j^{(\mathrm{t})}, \boldsymbol{y}_j) \tag{3.33}$$
$$\boldsymbol{h}_j^{(\mathrm{t})} = \begin{cases} \Psi(\boldsymbol{0}, \boldsymbol{y}^{(\mathrm{BOS})}) & \text{if } j = 1 \\ \Psi(\boldsymbol{h}_{j-1}^{(\mathrm{t})}, \boldsymbol{y}_{j-1}) & \text{otherwise} \end{cases}$$

このように，数式的な解釈では，ほぼ同じということが明確にわかります．系列変換モデルは一見すると非常に難しいことを計算しているように見えます．しかし，再帰ニューラル言語モデルとの対比で見ると，単なる条件付き言語モデルにすぎないということがわかったと思います．系列変換モデルが現在の自然言語処理で非常によく用いられる方法だからといって特別なものと考える必要はなく，再帰ニューラル言語モデルのちょっとした拡張モデルぐらいの理解で間違いないということです．

3.4.2 モデル構造

ここでは，系列変換モデルの構造を説明します．モデルの設計の自由度は非常に高いので，系列変換モデルと一括りで表現しても，その詳細なモデル設計は，それこそ無限の組み合わせで考えることができます．ここでは，系列変換モデルの基本を理解するために，もっとも簡単な構成で説明します．系列変換モデルを処理の役割で考えると，5 つの構成要素から成り立っていると解釈できます．

1. 符号化器埋め込み層 (encoder embedding layer)
2. 符号化器再帰層 (encoder recurrent layer)
3. 復号化器埋め込み層 (decoder embedding layer)

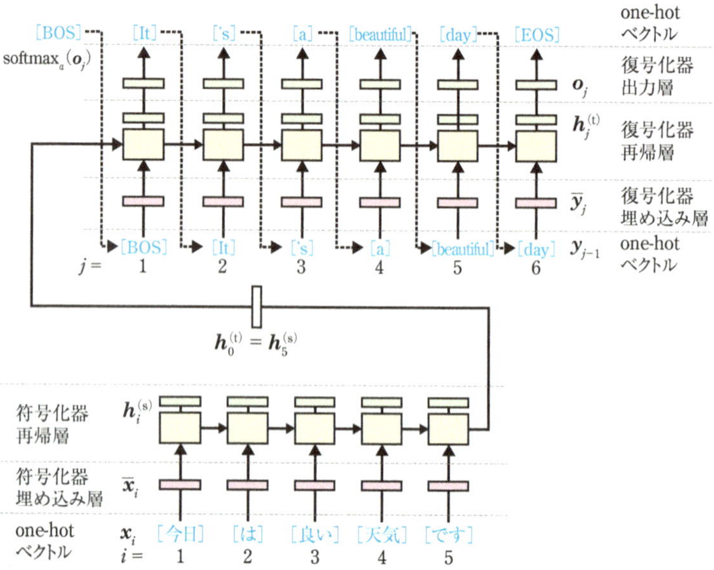

図 3.8 系列変換モデルの模式図.

4. **復号化器再帰層** (decoder recurrent layer)
5. **復号化器出力層** (decoder output layer)

図 3.8 に 5 つの構成要素の概略図を示します．符号化器は，埋め込み層と再帰層の 2 つの要素で構成されます．復号化器は，埋め込み層，再帰層，出力層の 3 つの要素で構成されます．以下，処理の手順を追いながら各層の概略を説明していきます．本節全体を通して，隠れ状態ベクトルの次元数を H，埋め込みベクトルの次元数を D とします．

(1) 符号化器埋め込み層

まず最初の処理として，入力文中の各単語をベクトル表現に変換する処理になります．これは，各単語に対して 3.3 節で説明した埋め込みベクトル（分散表現）を取得する処理と等価です．入力文の位置 i での符号化器埋め込み層の処理に対する入出力は以下のようになります．

- 入力：入力文中の i 番目の単語を意味する one-hot ベクトル $\boldsymbol{x}_i$
- 出力：入力文中の i 番目の単語に対応する埋め込みベクトル $\bar{\boldsymbol{x}}_i$

この変換処理を，位置 i に対して $i=1$ から $i=I$ まで順番に処理します（可能な場合は一括で処理します）．

個々の $\boldsymbol{x}_i$ から $\bar{\boldsymbol{x}}_i$ へ変換する処理は以下の数式で表されます．

$$\bar{\boldsymbol{x}}_i = \boldsymbol{E}^{(\mathrm{s})}\boldsymbol{x}_i \quad \forall i \tag{3.34}$$

$\boldsymbol{E}^{(\mathrm{s})} \in \mathbb{R}^{D\times|\mathcal{V}^{(\mathrm{s})}|}$ は入力語彙に対する埋め込み行列に相当します．式 (3.34) の処理は，本質的に one-hot ベクトル $\boldsymbol{x}_i$ で 1 になっている要素番号と同じ番号の列を埋め込み行列 $\boldsymbol{E}^{(\mathrm{s})}$ から抽出する処理になります．

埋め込みベクトルの獲得処理は，i に関して依存関係はないので，以下の数式で一括して処理が可能です．

$$\bar{\boldsymbol{X}} = \boldsymbol{E}^{(\mathrm{s})}\boldsymbol{X} \tag{3.35}$$

このとき，式 (3.34) 中の $\bar{\boldsymbol{x}}_i$ と式 (3.35) 中の $\bar{\boldsymbol{X}}$ には以下の関係があります．

$$\bar{\boldsymbol{X}} = (\bar{\boldsymbol{x}}_1, \ldots, \bar{\boldsymbol{x}}_I) = (\bar{\boldsymbol{x}}_i)_{i=1}^{I} \tag{3.36}$$

(2) 符号化器再帰層

符号化器再帰層は，符号化器埋め込み層で得られた埋め込みベクトルのリストを用いて，有益な符号を生成する処理になります．入力文の位置 i で符号化器再帰層の入出力は以下のようになります．

- 入力：入力文中の i 番目の単語に対応する埋め込みベクトル $\bar{\boldsymbol{x}}_i$（符号化器埋め込み層の出力に相当する）
- 出力：隠れ状態ベクトル $\boldsymbol{h}_i^{(\mathrm{s})}$

符号化器再帰層での処理は，通常 1 つ以上の再帰ニューラルネットによって構成されます．ここでは，もっとも簡単な構成として，1 層単方向再帰ニューラルネットでモデル化した場合を説明します．関数 $\Psi^{(\mathrm{s})}(\cdot)$ を再帰ニューラルネットの処理を表す関数とします．活性化関数は，よく選ばれる tanh 関数を用います．また，出力される位置 i の隠れ状態ベクトルを $\boldsymbol{h}_i^{(\mathrm{s})}$ で表します．数式的には，符号化器再帰層は以下の式を計算することに相当します．

$$\boldsymbol{h}_i^{(\mathrm{s})} = \Psi^{(\mathrm{s})}(\bar{\boldsymbol{x}}_i, \boldsymbol{h}_{i-1}^{(\mathrm{s})}) \tag{3.37}$$

式 (2.37) から，実際には以下の式を計算します．

$$\Psi^{(\mathrm{s})}(\bar{\boldsymbol{x}}_i, \boldsymbol{h}_{i-1}^{(\mathrm{s})}) = \mathtt{tanh}\left(\boldsymbol{W}^{(\mathrm{s})}\begin{bmatrix}\boldsymbol{h}_{i-1}^{(\mathrm{s})} \\ \bar{\boldsymbol{x}}_i\end{bmatrix} + \boldsymbol{b}^{(\mathrm{s})}\right) \tag{3.38}$$

ただし，$\boldsymbol{W}^{(\mathrm{s})} \in \mathbb{R}^{H\times(H+D)}$，$\boldsymbol{b}^{(\mathrm{s})} \in \mathbb{R}^{H}$ です．また，$i=0$ のときの $\boldsymbol{h}_i^{(\mathrm{s})}$ は，通常零ベクトルを仮定します．つまり，$\boldsymbol{h}_0^{(\mathrm{s})} = \boldsymbol{0}$ です．再帰ニューラルネットの詳細な説明や議論は 2.6 節を参照してください．

補足 3.3 符号化器再帰層のモデル設計は非常に多くの選択肢があります．例えば，基本となる再帰ニューラルネットの種類の選択では，最近では GRU[29]，LSTM[67] が主に用いられています．これらの詳細は 2.7 節を参照してください．また，再帰ニューラルネットの種類以外にも，単方向か双方向かといった選択や，何層積み重ねるかというモデル構成の選択肢があります．これらの選択肢は，利用する計算機のリソースや精度/速度のトレードオフなどの外部要因に基づいて最終的に利用場面に適した選択をすることになります．

(3) 復号化器埋め込み層

復号化器は，符号化器が作成したベクトル表現（符号化器の文脈では「符号」）を用いて，出力文を生成する処理過程に相当します．符号化器埋め込み層と本質的には同じ処理です．

ただし注意点として，符号化器埋め込み層の処理と微妙な違いがあります．符号化器では，入力文全体が事前に与えられることを仮定するので i に関して一括で処理できるのに対して，復号化器では，各位置 j に対して必ず $j=1$ から，処理の終了信号を受け取るまで位置 j を 1 つずつ増加しながら逐次処理を行うのが一般的です．これは，位置 j の処理に，位置 $j-1$ の処理結果（つまり出力単語）を利用する構造になっていることに起因します．ただし学習時には，$\boldsymbol{Y}$ の情報は訓練データとして事前に与えられるので，符号化器と同様な一括処理が可能です．このあたりの細かい差は実装する際には考慮すべき点になります．

位置 j での復号化器埋め込み層の処理に対する入出力は以下のようになります．

- 入力：(後述する) 復号化器出力層で選択された出力 $\boldsymbol{y}_{j-1}$
- 出力：埋め込みベクトル $\bar{\boldsymbol{y}}_j$

復号化器埋め込み層は，各復号化器の処理位置 j で，以下の計算を行います．

$$\bar{\boldsymbol{y}}_j = \boldsymbol{E}^{(\mathrm{t})}\boldsymbol{y}_{j-1} \tag{3.39}$$

符号化器埋め込み層 $\boldsymbol{E}^{(\mathrm{s})}$ と同様に，$\boldsymbol{E}^{(\mathrm{t})} \in \mathbb{R}^{D\times|\mathcal{V}^{(\mathrm{t})}|}$ は，復号化器埋め込み層の埋め込み行列です．

(4) 復号化器再帰層

復号化器の位置 j での復号化器埋め込み層の処理に対する入出力は以下のようになります．

- 入力：復号化器埋め込み層の出力に対応する埋め込みベクトル $\bar{\boldsymbol{y}}_j$
- 出力：隠れ状態ベクトル $\boldsymbol{h}_j^{(\mathrm{t})}$

ここでは，最小構成として，符号化器再帰層と同様に1層単方向再帰ニューラルネットを用いた例を示します．関数 $\Psi^{(\mathrm{s})}(\cdot)$ と同様に，$\Psi^{(\mathrm{t})}(\cdot)$ を復号化器再帰層で行う処理を表す関数とします．このとき，各位置 j での処理は以下のようになります．

$$\boldsymbol{h}_j^{(\mathrm{t})} = \Psi^{(\mathrm{t})}(\bar{\boldsymbol{y}}_j, \boldsymbol{h}_{j-1}^{(\mathrm{t})}) \tag{3.40}$$

式 (2.37) から，実際には以下の式を計算します．

$$\Psi^{(\mathrm{t})}(\bar{\boldsymbol{y}}_j, \boldsymbol{h}^{(\mathrm{t})}_{j-1}) = \mathtt{tanh}\left(\boldsymbol{W}^{(\mathrm{t})}\begin{bmatrix}\boldsymbol{h}^{(\mathrm{t})}_{j-1} \\ \bar{\boldsymbol{y}}_j\end{bmatrix} + \boldsymbol{b}^{(\mathrm{t})}\right) \tag{3.41}$$

ただし，$\boldsymbol{W}^{(\mathrm{t})} \in \mathbb{R}^{H\times(H+D)}$，$\boldsymbol{b}^{(\mathrm{t})} \in \mathbb{R}^{H}$ です．

ここで，1 つ重要なポイントとして，通常以下の設定を必ず用います．

$$\boldsymbol{h}^{(\mathrm{t})}_0 = \boldsymbol{h}^{(\mathrm{s})}_I \tag{3.42}$$

これは，符号化器再帰層の最後の位置 $i = I$ の隠れ状態ベクトル $\boldsymbol{h}^{(\mathrm{s})}_I$ を，復号化器再帰層の初期状態 $j = 0$ の $\boldsymbol{h}^{(\mathrm{t})}_0$ として利用することを意味します．また，ここでの $\boldsymbol{h}^{(\mathrm{s})}_I$ が，3.4.2 節での符号ベクトル $\boldsymbol{z}$ に相当します．

> **補足 3.4** ここで用いたように，$\Psi^{(\mathrm{t})}(\cdot)$ と $\Psi^{(\mathrm{s})}(\cdot)$ は，同じ処理を表す関数（ただしパラメータは別）を用いることもできます．ただし，一般的には，符号化器再帰層で用いる $\Psi^{(\mathrm{s})}(\cdot)$ のほうがより複雑なモデルが選択されることが多いです．これは，前述のとおり，符号化器の入力はすべて事前に観測できるのに対して，復号化器の入力はモデル自身の出力を利用して逐次処理を行うという制限があります．このため，復号化器は，符号化器ほどモデルが自由に設計できません．また，符号化器では，より複雑なモデルを利用して，なるべく精緻に情報を符号化したいという要求もあります．これらの背景から，符号化器では復号化器では利用が難しい複雑なモデルが選択される傾向にあります．

(5) 復号化器出力層

復号化器の単語位置 j での復号化器出力層の処理に対する入出力は以下のようになります．

- 入力：位置 j での復号化器再帰層の隠れ状態ベクトル $\boldsymbol{h}^{(\mathrm{t})}_j$
- 出力：$\boldsymbol{y}_j$ が生成される確率 p_j

出力層の計算は，系列変換モデルを学習する場合と，モデル学習後に出力系列を予測する場合で処理が微妙に異なります．この点は，式 (3.16) ですでに述べたとおりです．まず共通の処理として，確率計算の元となるスコアベクトル $\boldsymbol{o}_j$ を以下の式で計算します．

$$\boldsymbol{o}_j = \boldsymbol{W}^{(\mathrm{o})}\boldsymbol{h}_j^{(\mathrm{t})} + \boldsymbol{b}^{(\mathrm{o})} \tag{3.43}$$

$\boldsymbol{W}^{(\mathrm{o})} \in \mathbb{R}^{|\mathcal{V}^{(\mathrm{t})}| \times H}$ と $\boldsymbol{b}^{(\mathrm{o})} \in \mathbb{R}^{|\mathcal{V}^{(\mathrm{t})}|}$ は，出力層内の変換行列とバイアス項のベクトルです．

次に，学習の場合は，訓練データと現在のモデルが適合しているかを判断するために，確率計算の処理のほうを通常用います．よって，j 番目の単語 $\boldsymbol{y}_j$ の生成確率を以下の式で計算します．

$$P_{\boldsymbol{\theta}}(\boldsymbol{y}_j \mid \boldsymbol{Y}_{<j}) = \mathtt{softmax}(\boldsymbol{o}_j) \cdot \boldsymbol{y}_j \tag{3.44}$$

ソフトマックス関数 $\mathtt{softmax}(\cdot)$ は，各出力語彙のスコアをベクトル表現した $\boldsymbol{o}_j$ から，各出力語彙の確率に変換します．その後 one-hot ベクトル $\boldsymbol{y}_j$ との内積をとることで，j 番目の単語の生成確率を得ることができます．

一方，未知の入力に対して出力系列を予測する場合は，3.1 節および式 (3.16) で議論したように，以下の式を用いて単語を生成します．

$$\hat{\boldsymbol{y}}_j = \mathtt{softmax}_a(\boldsymbol{o}_j) \tag{3.45}$$

前述のとおり，パラメータ a を十分大きい値に設定した場合，ベクトル $\boldsymbol{o}_j$ の中で最大の要素が 1 で，それ以外が 0 の one-hot ベクトルに近似します．よって，本質的に，単語を選択する処理と見なすことができます．$\boldsymbol{y}_j$ は one-hot ベクトルとなるので，これを，次の処理位置の入力として，復号化器埋め込み層の処理に戻ります．このように，復号化器埋め込み層，復号化器再帰層，復号化器出力層の 3 種類の処理を終了信号を受け取るまで繰り返し処理を行うことになります．

(6) まとめ

このような処理の流れで系列変換モデルは入力系列を出力系列へ変換します．最後に，符号化器の処理は，通常復号化器の処理が始まる前にすべて終わっていることを仮定します．つまり，復号化器の $j = 1$ の処理は，符号化器の位置 $i = 1, \ldots, I$ のすべての処理が終わった後に始まります．

用いるパラメータは，変換行列およびバイアス項のベクトルになるので，ここで示す例では，全体で $\boldsymbol{E}^{(\mathrm{s})}$，$\boldsymbol{W}^{(\mathrm{s})}$，$\boldsymbol{b}^{(\mathrm{s})}$，$\boldsymbol{E}^{(\mathrm{t})}$，$\boldsymbol{W}^{(\mathrm{t})}$，$\boldsymbol{b}^{(\mathrm{t})}$，$\boldsymbol{W}^{(\mathrm{o})}$ の7種類になります．例えば，$D = 200, H = 500, |\mathcal{V}^{(\mathrm{s})}| = 20,000, |\mathcal{V}^{(\mathrm{t})}| = 10,000$ とします．このとき総パラメータ数は，

$\boldsymbol{E}^{(\mathrm{s})}$のパラメータ数	$D \times \lvert\mathcal{V}^{(\mathrm{s})}\rvert$	$200 \times 20,000$	$=$	$4,000,000$
$\boldsymbol{W}^{(\mathrm{s})}$のパラメータ数	$H \times (H + D)$	$500 \times (200 + 500)$	$=$	$350,000$
$\boldsymbol{b}^{(\mathrm{s})}$のパラメータ数	H			500
$\boldsymbol{E}^{(\mathrm{t})}$のパラメータ数	$D \times \lvert\mathcal{V}^{(\mathrm{t})}\rvert$	$200 \times 10,000$	$=$	$2,000,000$
$\boldsymbol{W}^{(\mathrm{t})}$のパラメータ数	$H \times (H + D)$	$500 \times (200 + 500)$	$=$	$350,000$
$\boldsymbol{b}^{(\mathrm{t})}$のパラメータ数	H			500
$\boldsymbol{W}^{(\mathrm{o})}$のパラメータ数	$H \times \lvert\mathcal{V}^{(\mathrm{t})}\rvert$	$500 \times 10,000$	$=$	$5,000,000$
合計				$11,701,000$

となります．この設定でも．パラメータ数は1000万を超えています．通常は，語彙数も隠れ層の次元数も大きなものを使うことが多いです．このため，実際は，数億，数10億パラメータになることも普通にあります．

3.4.3 確率モデルの学習方法

次に，系列変換モデル $P_{\boldsymbol{\theta}}(\boldsymbol{Y}|\boldsymbol{X})$ の学習方法を考えてみましょう．モデルを学習するために，現在のパラメータが正解データをどのぐらい再現できているかを計算する指標として損失関数を定義します．前述のとおり，系列変換モデルは，「条件付き」言語モデルなので，再帰ニューラル言語モデルと同様に，負の対数尤度を損失関数とし，その最小化問題を解く処理を通してパラメータ推定を行います．

$$\begin{aligned} \hat{\boldsymbol{\theta}} &= \underset{\boldsymbol{\theta}}{\operatorname{argmin}}\{\Phi(\boldsymbol{\theta}, \mathcal{D})\} \\ \Phi(\boldsymbol{\theta}, \mathcal{D}) &= -\sum_{(\boldsymbol{X},\boldsymbol{Y})\in\mathcal{D}} \log P_{\boldsymbol{\theta}}(\boldsymbol{Y}|\boldsymbol{X}) \end{aligned} \tag{3.46}$$

つまり，概要としては，こちらも再帰ニューラル言語モデルの学習と等価と思っておけばよいということになります．

3.4.4　系列生成方法：ビーム探索／貪欲法

学習済みの系列変換モデルを用いて，ある入力文 $\boldsymbol{X}$ に対して，最良の出力文 $\hat{\boldsymbol{Y}}$ を生成する処理を考えてみましょう．この問題を式で表すと以下のようになります．

$$\hat{\boldsymbol{Y}} = \underset{\boldsymbol{Y} \in \mathcal{Y}(\boldsymbol{X})}{\operatorname{argmax}} P_{\boldsymbol{\theta}}(\boldsymbol{Y}|\boldsymbol{X}) \tag{3.47}$$

$\mathcal{Y}(\boldsymbol{X})$ を入力 $\boldsymbol{X}$ に対して可能なすべての出力 $\boldsymbol{Y}$ の集合とします．

系列変換モデルの場合，出力文の長さに関する制約がないので，$\mathcal{Y}(\boldsymbol{X})$ は事実上無限集合になってしまいます．ここで，「もっとも高い確率」になる出力文を探す処理とはどういうことかを改めて考えてみます．一般論として，「もっとも高い」ことを保証するためには，それ以外のすべての候補の確率と比較して高いことを調べる必要があります．つまり，集合 $\mathcal{Y}(\boldsymbol{X})$ に含まれるすべての候補のスコア計算が必要ということになります，よって，$\mathcal{Y}(\boldsymbol{X})$ の数が無限，あるいは膨大な場合は計算量的な観点で計算不可能ということになります．このような場合は，式 (3.47) の真の最適解を見つけるのではなく，近似的によい解を見つける方法が用いられます．系列変換モデルでは，**貪欲法** (greedy algorithm) および**ビーム探索** (beam search) がよく用いられています．

貪欲法の戦略は，実際に解きたい問題を任意の複数の部分問題に分割し，その部分問題の評価値がもっとも高い順番に逐次決定する方法です．系列変換モデルの文脈では，再帰ニューラルネットの処理の関係で，復号化器は $j=1$ から順番に処理することが決まっているので，各 j で 1 つ単語を選択する処理を部分問題と考え，各 j において最適な $\boldsymbol{y}_j$ を逐次選択する処理方法になります．ここで注意点としては，各 j において最適な $\boldsymbol{y}_j$ を選択したからといって，式 (3.47) の最適な解になるとは限らないということです．

ビーム探索の基本的な戦略も，貪欲法と同様に個々の部分問題を順番に解いていく点は変わりません．違うのは，貪欲法では，各部分問題の評価値がもっとも高いものを 1 つ選択する処理なのに対して，ビーム探索では，事前に決めた上位 K 個の候補を保持しつつ処理を進めるという点です．逆にいうと，貪欲法はビーム探索での $K=1$ の設定と考えることもできます．この観点から，ビーム探索は貪欲法の概念を包含するので，ここでは代表例と

初期化処理：$S \leftarrow 0$ ▷ S：累積対数尤度，および初期値0
$\hat{\boldsymbol{Y}} \leftarrow$ 'BOS' ▷ $\hat{\boldsymbol{Y}}$：(生成途中の)生成文，および初期値'BOS'
$\boldsymbol{H}^{(t)} \leftarrow \boldsymbol{H}^{(s)}$ ▷ $\boldsymbol{H}^{(t)}$：復号化処理に必要な隠れ状態のリスト，および初期値 $\boldsymbol{H}^{(s)}$
$h \leftarrow (S, \hat{\boldsymbol{Y}}, \boldsymbol{H}^{(t)})$ ▷処理の状態を表す3-タプルの初期状態
$\mathcal{Q}_{\mathtt{w}} \leftarrow$ `push`$(\mathcal{Q}_{\mathtt{new}}, h)$ ▷初期状態 h を優先度付きキュー $\mathcal{Q}_{\mathtt{w}}$ に追加
Repeat
  For $k \in \{1, \ldots, \mathtt{size}(\mathcal{Q}_{\mathtt{w}})\}$ **do** ▷ $\mathcal{Q}_{\mathtt{w}}$ 内の候補数分繰り返し
    $h \leftarrow \mathcal{Q}_{\mathtt{w}}[k]$ ▷ k 番目の処理状態の候補 h を取得
    If `isCSent`(h) ▷ h がすでに文(EOSを出力済み)を判定
      $\boldsymbol{q}^{(k)} \leftarrow \boldsymbol{0}$ ▷零ベクトルを代入
    Else
      $\boldsymbol{q}^{(k)} \leftarrow$ `calcLL`(h) ▷式(3.48)に 従って対数尤度を計算
    End_if
    $\boldsymbol{s}^{(k)} \leftarrow$ `calcScore`$(\boldsymbol{q}^{(k)}, h)$ ▷式(3.49)に従って累積対数尤度を計算
  End_For
  $C_K \leftarrow$ `findKBest`(S_j, K) ▷式(3.50)に従って行列から K ベスト候補を生成
  $\mathcal{Q}_{\mathtt{w}} \leftarrow$ `makeCand`(C_K) ▷次のFor文の処理のために，$\mathcal{Q}_{\mathtt{w}}$ に候補集合を代入
Until `isALLCSent`$(\mathcal{Q}_{\mathtt{w}})$ ▷ $\mathcal{Q}_{\mathtt{w}}$ 中のすべての候補が文(EOSを出力済み)になるまで
出力：$\mathcal{Q}_{\mathtt{w}}$

図 3.9 符号化復号化器で用いられる典型的な K ベストビーム探索の擬似コード．

してビーム探索の処理について，もう少し詳細に解説していきます．

図3.9にビーム探索の擬似コードを示します．まず，時刻 $j-1$ で得られた K ベスト解候補の中で，k 番目の候補に対して，時刻 j の処理を行うのに必要な情報を $(s_{k,j-1}, \hat{\boldsymbol{Y}}_{k,j-1}, \boldsymbol{H}^{(t)}_{k,j-1})$ という情報の3つ組で表現することにします．$s_{k,j-1}$ は，時刻 $j-1$ で k 番目の出力候補の累積対数尤度とします．$\hat{\boldsymbol{Y}}_{k,j-1}$ は，時刻 $j-1$ で k 番目の出力候補の部分文とします．$\boldsymbol{H}^{(t)}_{k,j-1}$ は，k 番目の出力候補を使って時刻 j の処理を行うのに必要な隠れ状態ベクトルのリストです．ここで，累積対数尤度とは確率の対数の総和になります．次に，時刻 $j-1$ までの予測結果 $\hat{\boldsymbol{Y}}_{k,j-1}$ と $j-1$ の隠れ状態のリスト $\boldsymbol{H}^{(t)}_{k,j-1}$ を使って時刻 j の出力単語候補の対数尤度を計算します．

$$\boldsymbol{q}_j^{(k)} = \log\left(\mathtt{softmax}(\boldsymbol{o}_j^{(k)})\right) \tag{3.48}$$

次に，この $\boldsymbol{q}_j^{(k)}$ に，$j-1$ までのスコア $s_{k,j-1}$ を加算した値が各単語の累積対数尤度になります．

$$\boldsymbol{s}_j^{(k)} = \boldsymbol{q}_j^{(k)} + s_{k,j-1} \quad \forall k \in \{1, \ldots, K\} \tag{3.49}$$

最後に，時刻 $j-1$ で得られた K 個の候補それぞれから得られた時刻 j の累積対数尤度を表す行列 $\boldsymbol{S}_j = \{\boldsymbol{s}_j^{(k)}\}_{k=1}^{K}$ の中からもっともスコアの大きかった上位 K の要素を抽出します．

$$\{(\hat{k}, \hat{m})_{k'}\}_{k'=1}^{K} = \mathtt{KBest}_{1 \le m \le |\mathcal{V}^{(\mathrm{t})}|, 1 \le k \le K}(\boldsymbol{S}_j) \tag{3.50}$$

$\boldsymbol{S}_j$ は $|\mathcal{V}^{(\mathrm{t})}| \times K$ 行列なので，個々の出力 $(\hat{k}, \hat{m})$ は，行列の要素番号を表しています．つまり，$\hat{m}$ は単語番号 m の単語が選択されたことを意味し，$\hat{k}$ はそのときの文脈が $j-1$ 番目の k 番目の候補であることを表しています．この $(\hat{k}, \hat{m})$ の情報に基づいて，3 つ組 $(s_{k,j}, \hat{\boldsymbol{Y}}_{k,j}, \boldsymbol{H}_{k,j}^{(\mathrm{t})})$ を選択された上位 K 個分を生成します．これで，$j-1$ 番目の情報から j 番目の処理を行い $j+1$ 番目の処理を行うための準備ができたことになります．

ビーム探索では，各処理時刻 j の予測において，時刻 j での生成確率が最良の予測結果だけではなく，位置 1 から j までの累積生成確率が探索範囲内で上位 K 個の予測結果を出力候補として保持します．これは，時刻 j 単体の確率は必ずしも最良ではなくても，系列全体でみれば尤度がより高い出力系列となる場合があるからです．つまり，ビーム探索は，各部分問題の局所的な評価の結果の影響を軽減させるので，貪欲法より本来の主旨である式 (3.47) の系列全体で最尤の解を選択するという方向に近づきます．一方で，ビーム探索を用いることで，貪欲法よりも単純計算で K 倍の計算コストがかかるため，実行速度と精度のトレードオフの関係になります．

補足 3.5 系列変換モデルの課題として，通称 exposure bias と呼ばれる課題があります．該当する日本語訳に適当なものがないですが，意味合い的には，復号化器出力層で説明したように，学習時と学習後の予測時で処理が違うことが原因で復号精度の低減を招くという現象を指し示す用語として用いられています．

具体的な説明をするために，正解の出力を $\boldsymbol{Y} = (\boldsymbol{y}_j)_{j=1}^{J}$ と記述します．また，モデルの予測結果の出力を $\hat{\boldsymbol{Y}} = (\hat{\boldsymbol{y}}_j)_{j=1}^{\hat{J}}$ と記述します．ここで注意点すべき点として，系列の長さは必ずしも一致しないということです．ここでは，正解出力の系列長を J，推定した出力の系列長を $\hat{J}$ で表しています．学習が終わりパラメータを固定した後に，未知データが入力された状況を想定します．復号化器の位置 j の処理をまとめると，以下の計算をすることになります．

$$\hat{\boldsymbol{y}}_j = \mathtt{softmax}_a(\boldsymbol{o}_j), \quad \boldsymbol{o}_j = \boldsymbol{W}^{(\mathrm{o})}\Psi^{(\mathrm{t})}(\boldsymbol{E}^{(\mathrm{t})}\hat{\boldsymbol{y}}_{j-1}, \boldsymbol{h}^{(\mathrm{t})}_{j-1}) \tag{3.51}$$

当然，位置 j で予測された $\hat{\boldsymbol{y}}_j$ は，次の位置 $j+1$ のときには，入力としてそのまま用いられます．一方，学習時はどうでしょうか．学習時には，正解の出力 $\boldsymbol{y}_{j-1}$ を知っているので，モデルの 1 つ前の予測結果 $\hat{\boldsymbol{y}}_{j-1}$ ではなく，$\boldsymbol{y}_{j-1}$ を用いて復号化器の処理を行います．

$$\hat{\boldsymbol{y}}_j = \mathtt{softmax}_a(\boldsymbol{o}_j), \quad \boldsymbol{o}_j = \boldsymbol{W}^{(\mathrm{o})}\Psi^{(\mathrm{t})}(\boldsymbol{E}^{(\mathrm{t})}\boldsymbol{y}_{j-1}, \boldsymbol{h}^{(\mathrm{t})}_{j-1}) \tag{3.52}$$

学習時は，位置 j の出力の予測結果 $\hat{\boldsymbol{y}}_j$ が得られたら，正解 $\boldsymbol{y}_j$ との差分を小さくするためにパラメータを修正する処理を行います．

式 (3.51) と式 (3.52) を見比べて何が違うかといえば，$\boldsymbol{y}_{j-1}$ か $\hat{\boldsymbol{y}}_{j-1}$ の違いだけになります．とても瑣末な違いに感じられますが，系列変換モデルのように逐次的に繰り返し処理する際には，大きな違いとなります．どういうことかというと，学習時は j ごとに毎回 1 つ前の正解単語 $\boldsymbol{y}_{i-1}$ を入力として計算を行います．そのため，仮に $j-1$ の予測を間違えた，つまり $\boldsymbol{y}_{j-1} \neq \hat{\boldsymbol{y}}_{j-1}$ のときでも．j の予測の入力には正解の $\boldsymbol{y}_{j-1}$ を使うので間違いを修正しながら予測する処理になります．一方，式 (3.51) のように予測結果 $\hat{\boldsymbol{y}}_{j-1}$ を使う場合はどうでしょうか．$\boldsymbol{y}_{j-1} \neq \hat{\boldsymbol{y}}_{j-1}$ の場合に，すでに入力に誤りがあるので，正しく予測すること，つまり $\boldsymbol{y}_j = \hat{\boldsymbol{y}}_j$ となる可能性はかなり低くなると容易に予想できます．つまり系列全体の予測を考えると，一度処理位置 j で予測を間違えると，j 以降の予測は，j の予測誤りを引きずっておかしくなることが考えられます．

3.4.5 符号化と復号化の応用

系列変換モデルは系列の変換，すなわち文の変換と見なせるタスクに汎用的に適用することができます．例えば，翻訳関係にある文対を与えれば機械翻訳となります．原文から翻訳文への変換と見なし，系列変換モデルを適用することで実際に良好な翻訳精度が達成できることが示されました[25,152]．このような手法は**ニューラル翻訳** (neural machine translation) と呼ばれています．機械翻訳への応用に関しては，5.1 節で詳しく解説します．

対話も，相手の発話から自分の発話への変換と見なすことができます．そのため，対話対になっている発話データ集合があれば，会話をする機械を作ることができます[151]．対話システムへの応用に関しては，5.3 節で詳しく解説します．

系列変換モデルをより一般的に捉えると，入力情報を符号化する符号化器と，符号化ベクトルから文を生成する復号化器の組み合わせで構成されています．系列変換モデルでは，両者とも系列，すなわち文を通常扱いますが，これに限る必要性はありません．一見系列と見なせない情報でも，工夫することで系列として扱うことができます．例えば構文解析は，与えられた単語列に対して，その統語構造を推定するタスクです．統語構造は一般的には木構造で与えられるため，与えられた系列に対して木構造を推定する問題と見なすことができます．

この問題は一見系列変換モデルで扱うことができないように見えます．ところが，木構造の情報を，ある定められた手順で系列に変換すれば，同じように系列変換モデルで扱うことができるようになります．具体的には木構造を **S 式** (S-expression) で表現します．これは，木構造中のノードを行きがけ順 *11 に出力していることに対応します．例えば図 3.10 は，“This is a pen” という文の構造を示しています．

構文解析を系列変換の問題として解くために，目的とする構文木の構造を系列で表現します．ここでは構文木を S 式で表現します．S 式はラベル付きの木構造を表現する言語で，Lisp などのプログラミング言語で利用されています．文献[150] では，S 式の閉じカッコにノードのラベルが付与された表現を用います．ラベル付きの木構造を S 式に変換するとき，対象の木構造の各

*11 行きがけ順とは，木のノードに順番を付与する方法の 1 つで，親ノードが必ず子ノードより先になるような順番のつけ方です．

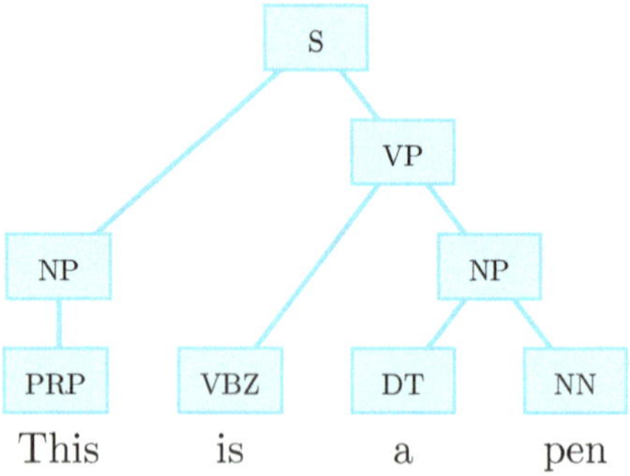

図 3.10 句構造文法による構文解析結果の例.

ノードについて，以下の変換をルートノードから再帰的に繰り返します.

- ノードが子ノードをもつときは，開きカッコ "("，ノードのラベル，それぞれの子ノードの S 式，閉じカッコ ")" とノードのラベルの順に出力.
- ノードが葉ノード（子ノードをもたないノード）のときは，そのノードのラベルのみを出力.

例えば図 3.10 の木構造に対する S 式は以下のように表現されます.

$$\texttt{(S (NP PRP)}_{\texttt{NP}}\ \texttt{(VP (VBZ (NP DT NN)}_{\texttt{NP}}\ \texttt{)}_{\texttt{VBZ}}\ \texttt{)}_{\texttt{VP}}\ \texttt{)}_{\texttt{S}}$$

生成された S 式において，開きカッコと次のラベル，その他のラベル，ラベル付き閉じカッコをそれぞれトークンと見なし，入力文からこの S 式のトークンの系列への変換と考えることができます．できた系列対に対して，系列変換モデルで学習評価すると，既存の構文解析手法に迫る精度を出すことがわかりました[150]．構文解析は，これまで構造を明示的に扱うために，動的計画法やスタックなどを使って行われることが一般的でした．系列変換モデルによる構文解析は，構造を扱う特別な仕組みを利用せずに，構造を予測することができるという利点があります.

また別の例として，入力情報として画像を，出力情報として文を扱うこともできます．このタスクは画像の**説明文生成** (image captioning) と呼ばれます．系列変換モデル同様，入力画像を固定長のベクトルに符号化し，それを起点にして単語の生成を学習させることができます．代表的なモデルとして show-and-tell があります [152]．文を生成する復号化器は，系列変換モデルと同様，再帰ニューラルネットを利用します．しかし，入力情報は画像なので，先のような再帰ニューラルネットは利用しづらいです．show-and-tell では，入力画像の符号化に畳み込みニューラルネット (CNN) を利用します．一般物体認識と呼ばれる，入力画像に対して何が写っているのかのラベルを推定するタスクに利用した CNN をそのまま使い，入力画像に対して，CNN の最終隠れ層を出力する符号化器と見なします．出力されたベクトルを初期ベクトルとして，説明文が出力されるように復号化器を学習します．この学習は，系列変換モデル同様，説明文に対する復号化器の出力単語に対する損失を目的関数とします．

このように，入力情報を固定長のベクトルに変換する符号化と，できた固定長ベクトルを起点として出力を返す復号化の 2 つにネットワークを分解することで，ある入力をシステムに代入し，ある出力を獲得する形式のシステムに系列変換モデルは適応することができます．

補足 3.6 系列変換モデルが盛んに研究されるようになってから，「sequence-to-sequence」，「encoder-decoder」，「end-to-end」といった用語が新たによく使われるようになりました．「sequence-to-sequence」は，文献[140] で，「sequence-to-sequence learning」という題名が使われたことから，このモデルと派生系に用いられるようになりました．また，系列変換モデルとほぼ同じ手法を同時期に文献[25] が提案しており，こちらは**符号化復号化モデル** (encoder-decoder model) と呼ばれています．しかし，両者は概念的には同じです．

細かい違いとして，文献[25] の手法では復号化の処理が多少異なります．次の単語を予測する際に 1 つ前の単語に加えて符号化したベクトル $\boldsymbol{z}$ を毎回利用します．式 (3.31) との対比としては，

$$\boldsymbol{h}_j^{(\mathrm{t})} = \Psi(\boldsymbol{h}_{j-1}^{(\mathrm{t})}, [\boldsymbol{y}_{j-1}; \boldsymbol{z}]) \tag{3.53}$$

となります．ただし，現時点においては，符号化復号化モデルと系列変換モデルは，上記の細かい設定の違いを表す用語ではなく，同じ技

術を表す同義語と扱われています．よって，どちらの用語を使うかは好みの問題となります．

さらに，系列変換モデルのように，一見１つのモデルでは表現しきれない処理をニューラルネットを用いて一括してモデル化し，さらに，入出力情報だけを使って一気に学習する方法に対して **end-to-end モデル** (end-to-end model) あるいは **end-to-end 学習** (end-to-end learning) と呼んだりします．ちなみに，この「end-to-end」という用語はプロトコルの分野で使われる「end-to-end」とはまったく意味が異なる点は注意が必要です．

しかし，実態は「sequence-to-sequence」，「encoder-decoder」，「end-to-end」も同じものと考えていいと思います．現時点で明確な使い分けがあるわけではないのです．ただし．用いる用語によって，その用語を使った人の意図が込められている場合が多いです．例えば，系列変換モデルは，用語に「系列」が入るため，主に言語や音声など，入出力が系列に限定されることを強調したい場合と，再帰ニューラルネットを使っていることを暗に含む場合に使われることが多いです．一方，符号化復号化モデルは，系列から系列への変換だけではなく，より広い概念として主に用いられます．当然，符号化復号化モデルという用語を使う場合は再帰ニューラルネット技術を使っている前提を含みません．よって，**再帰ニューラルネット符号化復号化モデル** (RNN-based encoder-decoder model) のように表現される場合があります．また，例えば，画像キャプション生成タスクのように，符号化と復号化の処理に大きな違いがあるような設定で利用する場合は，**符号化器** (encoder) と**復号化器** (decoder) を分けて考え，部品を組み合わせるような感覚で，それぞれを組み合わせて利用する形式となっています．あるいはモデルを統合して１つで表したことや，それを一括して処理するところに重きをおきたい場合は，end-to-end モデル/学習という用語が用いられています．

Chapter 4

言語処理特有の深層学習の発展

扱うデータの特性によって，必要な工夫も変わってきます．本章では，特に自然言語処理でよく使われて発展している，長い系列を扱ううえでよく利用される注意機構，知識情報を活用するための記憶ネットワーク，大規模なソフトマックス関数を高速化する手法について解説します．

4.1 注意機構

系列変換モデルでは，系列情報を RNN で固定長のベクトルに変換しますが，LSTM のような仕組みを使ってもやはり短い系列に比べて長い系列のほうが難しくなります．RNN のような長いネットワークでは，最初に入力された情報が復号化器まで伝播しづらくなります．この課題に対拠するために，より直接的に入力情報を出力時に利用する仕組みである注意機構について，ここでは説明します．

4.1.1 ソフト注意機構

複数のベクトルがあったときに，どのベクトルを重要視するかも含めて学習させる仕組みのことを**注意機構** (attention mechanism)，あるいは注意と呼びます．特に，複数ベクトルの重み付き平均を使う方法を**ソフト注意機構**

(soft attention mechanism) と呼びます．まず，具体例を使って説明します．

長さ I の入力系列 $\{\boldsymbol{x}_1, \ldots, \boldsymbol{x}_I\}$ に対し，各時刻で符号化されたベクトルを $\left\{\boldsymbol{h}_1^{(\mathrm{s})}, \ldots, \boldsymbol{h}_I^{(\mathrm{s})}\right\}$ とおきます．すなわち，RNN の遷移関数を $\Psi^{(\mathrm{s})}$ とし，

$$\boldsymbol{h}_i^{(\mathrm{s})} = \Psi^{(\mathrm{s})}\left(\boldsymbol{x}_i, \boldsymbol{h}_{i-1}^{(\mathrm{s})}\right) \tag{4.1}$$

のように再帰的に計算したとします．通常の系列変換モデルでは，最後の状態出力 $\boldsymbol{h}_I^{(\mathrm{s})}$ のみを使って，復号化を行いました．RNN では，復号化に必要な情報はすべて $\boldsymbol{h}_I^{(\mathrm{s})}$ に含まれていると考えられるわけですが，例えば $\boldsymbol{x}_1$ の情報は関数 $\Psi^{(\mathrm{s})}$ を I 回適用される間，ずっと各 $\boldsymbol{h}_i^{(\mathrm{s})}$ で保持される必要があります．もっと直接的に情報を伝播する方法を考えましょう．

復号化器も，符号化器同様に RNN によって隠れ状態ベクトル $\boldsymbol{h}_j^{(\mathrm{t})}$ を計算します．

$$\boldsymbol{h}_j^{(\mathrm{t})} = \Psi^{(\mathrm{t})}\left(\boldsymbol{y}_j, \boldsymbol{h}_{j-1}^{(\mathrm{t})}\right) \tag{4.2}$$

このとき復号化器は $\boldsymbol{h}_j^{(\mathrm{t})}$ を利用して，各単語の損失を計算しますが，符号化器の出力したそれぞれの隠れ状態を直接的に参照することを考えます．天下り的ですが，復号化器が j 番目の単語を推定するときに，符号化器の i 番目の隠れ状態ベクトル $\boldsymbol{h}_i^{(\mathrm{s})}$ の重要度を示すスカラー値の重みを $a_i \in \mathbb{R}$ とします．a_i による $\boldsymbol{h}_i^{(\mathrm{s})}$ 重み付き平均 $\bar{\boldsymbol{h}}$ を

$$\bar{\boldsymbol{h}} = \sum_{\tilde{i}=1}^{I} a_{\tilde{i}} \boldsymbol{h}_{\tilde{i}}^{(\mathrm{s})} \tag{4.3}$$

と計算します．そして，復号化器が j 番目の単語の予測に $\bar{\boldsymbol{h}}$ を利用します．そこで $\boldsymbol{h}_j^{(\mathrm{t})}$ の代わりに，以下で定義される $\hat{\boldsymbol{h}}_j^{(\mathrm{t})}$ を利用します．

$$\hat{\boldsymbol{h}}_j^{(\mathrm{t})} = \mathtt{tanh}\left(\boldsymbol{W}^{(\mathrm{a})}\left[\bar{\boldsymbol{h}}, \boldsymbol{h}_j^{(\mathrm{t})}\right]\right) \tag{4.4}$$

ここで，$\boldsymbol{W}^{(\mathrm{a})}$ はパラメータです．$\hat{\boldsymbol{h}}_j^{(\mathrm{t})}$ の計算には，元の $\boldsymbol{h}_j^{(\mathrm{t})}$ と $\bar{\boldsymbol{h}}$ の両方が使われています．

例えば 3 番目の入力単語の情報が重要であれば，a_3 が 1 に近く，それ以外がほとんど 0 に近くなります．すると，$\bar{\boldsymbol{h}} \approx \boldsymbol{h}_3^{(\mathrm{s})}$ となりますから，ほとんど最初の 3 単語のみの情報だけで出力を決めることになります．このよう

に，対象となる複数のベクトルの中から，重要な情報を選別するような役割を果すことになります．

最初に与えた $\{a_1, \ldots, a_I\}$ ですが，これも同様にニューラルネットで計算させます．まず，関数 Ω によって $\boldsymbol{h}_i^{(\mathrm{s})}$ と $\boldsymbol{h}_j^{(\mathrm{t})}$ の間の重みを計算します．

$$e_i = \Omega\left(\boldsymbol{h}_i^{(\mathrm{s})}, \boldsymbol{h}_j^{(\mathrm{t})}\right) \tag{4.5}$$

そして a_i は総和が 1 になるように，

$$a_i = \frac{\exp(e_i)}{\sum_{\tilde{i}=1}^{I} \exp(e_{\tilde{i}})} \tag{4.6}$$

とソフトマックス関数で正規化します．すなわち，出力時に復号化器の状態を参照してどの入力情報に重みをおくかも含めて学習していることになります．以上を図示したのが**図 4.1** です．

各隠れ状態ベクトルの重要度を決める関数 Ω には，さまざまな関数を利用することができます．例えば文献[6] では順伝播型ニューラルネットを採用していますが，必ずしも複雑な関数が必要なわけではありません．文献[96] では，以下のような複数の関数を比較しています．

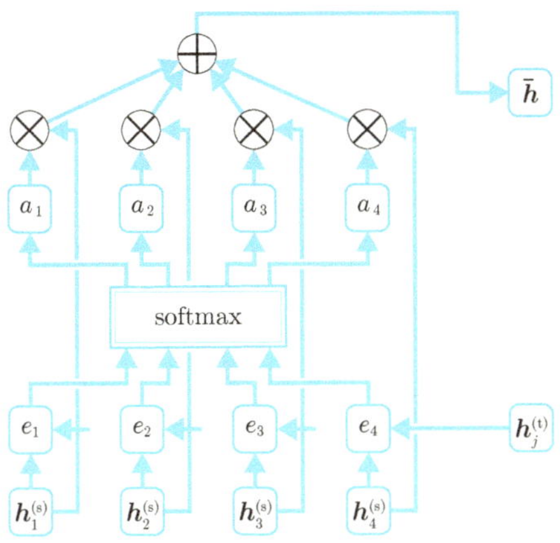

図 4.1 注意機構付き系列変換モデルの模式図．$\otimes$ は重みのかけ算を，$\oplus$ はベクトルの足し算を示します．重み e_1〜e_3 への矢印は，それぞれ隠れ状態ベクトル $\boldsymbol{h}_j^{(\mathrm{t})}$ からの伝播を表します．

$$\Omega\left(\boldsymbol{h}_i^{(\mathrm{s})}, \boldsymbol{h}_j^{(\mathrm{t})}\right) = \begin{cases} \boldsymbol{h}_i^{(\mathrm{s})} \cdot \boldsymbol{h}_j^{(\mathrm{t})} \\ \boldsymbol{h}_i^{(\mathrm{s})} \cdot \boldsymbol{W} \boldsymbol{h}_j^{(\mathrm{t})} \\ \boldsymbol{v} \cdot \mathtt{tanh}\left(\boldsymbol{W}\left[\boldsymbol{h}_i^{(\mathrm{s})}, \boldsymbol{h}_j^{(\mathrm{t})}\right]\right) \end{cases} \tag{4.7}$$

ここで，$\boldsymbol{W}$ と $\boldsymbol{v}$ はこの関数のパラメータです．

このように，複数の情報源のベクトル $\{\boldsymbol{h}_1^{(\mathrm{s})}, \ldots, \boldsymbol{h}_I^{(\mathrm{s})}\}$ に対して，それぞれの重要度 $\{\boldsymbol{a}_1, \ldots, \boldsymbol{a}_I\}$ を別のネットワークで計算し，その重み付き平均を使う方法がソフト注意機構です．ソフト注意機構の計算はすべて微分可能な関数のみで構成されています．したがって，通常の誤差逆伝播法で勾配を計算することができます．

a_i の値は重みとして，また $\bar{\boldsymbol{h}}$ の計算は重み付き平均として説明しましたが確率的に解釈もできます．a_i は式 (4.6) で計算したソフトマックス関数の結果でしたから，総和が 1 となるので，$\{1, \ldots, I\}$ のそれぞれが選ばれる確率と見なすことができます．このとき，a_i による $\boldsymbol{h}_i^{(\mathrm{s})}$ の重み付き平均の $\bar{\boldsymbol{h}}$ は，$\{a_1, \ldots, a_I\}$ の分布における $\boldsymbol{h}_i^{(\mathrm{s})}$ の期待値と見ることができるでしょう．

さきほどは，注意機構付きの系列変換モデルで説明しましたが，より最小限の要素で説明し直します．N 個の参照したい情報 $\boldsymbol{Y} = \{\boldsymbol{y}_1, \ldots, \boldsymbol{y}_N\}$ があります．先の例ですと，これは符号化器の隠れ状態 $\left\{\boldsymbol{h}_1^{(\mathrm{s})}, \ldots, \boldsymbol{h}_I^{(\mathrm{s})}\right\}$ でした．このときそれぞれの重要度，あるいはいずれかが選択される確率 $\{a_1, \ldots, a_N\}$ を計算します．a_i を計算するときは，通常何かしらの情報 $\boldsymbol{c}_i$ を利用して計算します．先の例では，これにも隠れ状態 $\left\{\boldsymbol{h}_1^{(\mathrm{s})}, \ldots, \boldsymbol{h}_I^{(\mathrm{s})}\right\}$ と $\boldsymbol{h}_j^{(\mathrm{t})}$ を利用しました．重み計算のための情報 $\boldsymbol{c}_i$ と，重み付き平均を計算する対象 $\boldsymbol{y}_i$ は異なっている場合もあります．例えば 4.2.3 節の end-to-end 記憶ネットワークでは，記憶を参照するのにソフト注意機構を利用しています．このとき，参照される情報と，重み計算のための情報は別々の関数で計算されています．重み情報 a_i は，$\{\boldsymbol{c}_i\}_{i=1}^N$ に対して適用されるスコア関数 Ω の結果に対して，ソフトマックス関数を適用することで得ます．すなわち，

$$a_i = \frac{\exp(\Omega(\boldsymbol{c}_i))}{\sum_{\tilde{i}=1}^{I} \exp(\Omega(\boldsymbol{c}_{\tilde{i}}))} \tag{4.8}$$

とします．これを利用して，$\hat{\boldsymbol{y}}$ を

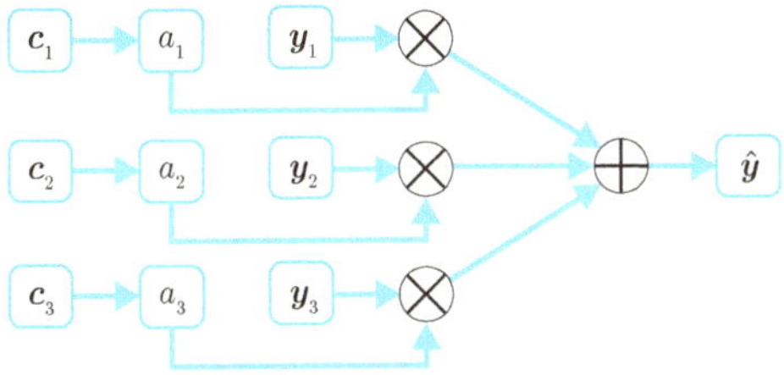

図 4.2 ソフト注意機構の模式図.

$$\hat{\boldsymbol{y}} = \mathbb{E}_a[\boldsymbol{y}] = \sum_{i=1}^{N} a_i \boldsymbol{y}_i \tag{4.9}$$

と計算します．そして，計算された $\hat{\boldsymbol{y}}$ を利用して残りの計算を行います．上記の計算過程の模式図を**図 4.2** に記しました．重要度のわからない情報 $\boldsymbol{y}_i$ に対して，その重要度を計算するネットワークを別途用意して a_i を計算し，この重みに基づいて $\boldsymbol{y}_i$ から情報を選択していると見なすことができます．

注意機構は，RNN の途中状態に対してのみ適用される手法ではありません．複数の情報があったときに，どの情報を選択的に利用するべきかという部分をモデル化するために広く使われています．具体的な応用例は，5 章で紹介します．

4.1.2 ハード注意機構

注意機構の仕組みとして，もう 1 つあるのが**ハード注意機構** (hard attention mechanism) です [110]．ソフト注意機構の確率的な解釈では，複数の情報源が選択される確率に対して，その情報の期待値を確定的に計算しました．ハード注意機構では，その情報源の中から確率的に 1 つ選択されるものとして扱います．

ソフト注意機構のときと同様，N 個の参照したい情報 $\boldsymbol{Y} = \{\boldsymbol{y}_1, \ldots, \boldsymbol{y}_N\}$ があります．確率変数 X が，$\{1, \ldots, N\}$ の中から確率的に 1 つを選択するものとします．このときの確率が a_i とします．すなわち，

$$P(X = i) = a_i \tag{4.10}$$

となります．$\boldsymbol{Y}$ の中から X を使って無作為に 1 つ選択された結果を $\hat{\boldsymbol{y}}$ と

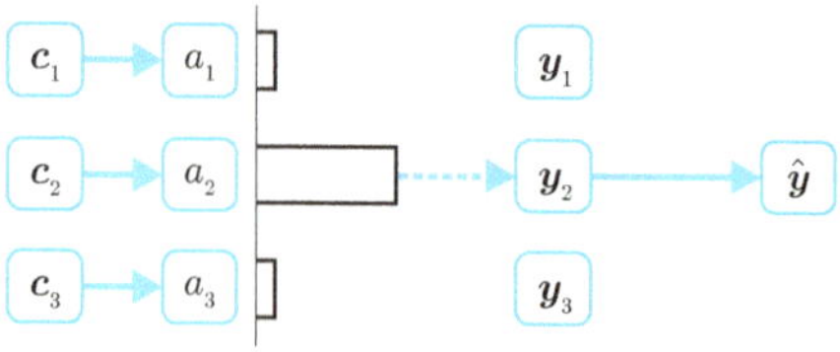

図 4.3 ハード注意機構の模式図.

します.

$$\hat{\boldsymbol{y}} = \boldsymbol{y}_X \tag{4.11}$$

$\hat{\boldsymbol{y}}$ は確率的に振る舞うことに注意してください.

ソフト注意機構の場合は，確率 a_i を使ってそのまま重み付き平均，すなわち期待値をとっていました．ハード注意機構の場合は，その確率 a_i に従って無作為抽出された X，ただ 1 つだけを利用する点で異なります．図 4.3 に模式図を描きました．ソフト注意機構と違って，各ベクトルに対するスコア a_i の利用の仕方が異なります．

ハード注意機構を利用して無作為抽出された $\hat{\boldsymbol{y}}$ を使って，目的関数 $f(\hat{\boldsymbol{y}})$ が計算されたとします．これを最小化しましょう．$\hat{\boldsymbol{y}}$ が確率的に選択されるので，$f(\hat{\boldsymbol{y}})$ も確率的に振る舞い，直接最小化できません．そこで，$f(\hat{\boldsymbol{y}})$ の期待値 $\mathbb{E}[f(\hat{\boldsymbol{y}})]$ を最小化することを目指します．まず，$\mathbb{E}[f(\hat{\boldsymbol{y}})]$ を微分します．各 $x \in \{1, \ldots, N\}$ が選択される確率が $P(X = x) = a_x$ であったことに注意して，

$$\begin{aligned}
\nabla \mathbb{E}[f(\hat{\boldsymbol{y}})] &= \nabla \sum_{x=1}^{N} f(\boldsymbol{y}_x) a_x \\
&= \sum_{x=1}^{N} \nabla f(\boldsymbol{y}_x) a_x + \sum_{x=1}^{N} f(\boldsymbol{y}_x) \nabla a_x \\
&= \mathbb{E}\left[\nabla f(\hat{\boldsymbol{y}})\right] + \sum_{x=1}^{N} f(\boldsymbol{y}_x) \nabla a_x
\end{aligned} \tag{4.12}$$

と変形できます.

いずれの項も x の取りうるすべての範囲 $\{1, \ldots, N\}$ に対して計算が必要

です．そのため何度も f や ∇f の計算をする必要があり，N が大きいと極めて重くなってしまいます．そこでこの計算の近似を行います．まず式 (4.12) の第 1 項に注目しましょう．期待値の計算は，対象の確率分布からの有限個の標本で近似計算できます．確率が $\{a_1,\ldots,a_N\}$ となる分布に従う T 個の標本 $\{\bar{x}_1,\ldots,\bar{x}_T\}$ を用意します．このとき，

$$\frac{1}{T}\sum_{i=1}^{T}\nabla f(\boldsymbol{y}_{\bar{x}_i}) \tag{4.13}$$

は $\mathbb{E}\left[\nabla f(\hat{\boldsymbol{y}})\right]$ の近似値として利用できます．有限個の標本で近似することを**モンテカルロ法**と呼びます [*1]．

さて，問題は式 (4.12) の第 2 項です．この項は期待値の形をしていないので，モンテカルロ法を適用できないように見えます．そこで，以下のように書き換えます．

$$\begin{aligned}\sum_{x=1}^{N} f(\boldsymbol{y}_x)\nabla a_x &= \sum_{x=1}^{N} f(\boldsymbol{y}_x)\nabla a_x \frac{a_x}{a_x}\\ &= \mathbb{E}\left[f(\hat{\boldsymbol{y}})\frac{\nabla a_x}{a_x}\right]\\ &= \mathbb{E}\left[f(\hat{\boldsymbol{y}})\nabla \log a_x\right]\end{aligned} \tag{4.14}$$

期待値の微分を，微分の期待値に書き換えることができました．期待値の形で書けると，さきほどと同様にモンテカルロ法によって近似できます．

以上をまとめると，

$$\begin{aligned}\nabla\mathbb{E}[f(\hat{\boldsymbol{y}})] &= \mathbb{E}\left[\nabla f(\hat{\boldsymbol{y}}) + f(\hat{\boldsymbol{y}})\nabla \log a_x\right]\\ &\approx \frac{1}{T}\sum_{i=1}^{T}\left\{\nabla f(\boldsymbol{y}_{\bar{x}_i}) + f(\boldsymbol{y}_{\bar{x}_i})\nabla \log a_{\bar{x}_i}\right\}\end{aligned} \tag{4.15}$$

となります．

さて，ソフト注意機構とハード注意機構のどこが異なるのでしょうか．ハード注意機構の場合，サンプリング結果を使って目的関数を計算するため，目的関数自体が確率的な振る舞いをします．そのため，目的関数の期待

---

*1 モンテカルロ法は，一般的には確率分布からの標本を利用して計算を行う手法全般を指します．ここでは標本を利用して期待値を計算するという意味合いでモンテカルロ法と呼んでいます．

値 $\mathbb{E}[f(\hat{\boldsymbol{y}})]$ が最適化の対象となります．一方のソフト注意機構は，サンプリング結果ではなくて期待値を使って目的関数を計算するので，目的関数自体は確定的な振る舞いをします．そのため，期待値を使った目的関数 $f(\mathbb{E}[\hat{\boldsymbol{y}}])$ が最適化の対象となります．ハード注意機構の場合，f が $\mathbb{E}$ の中に入っているため，この勾配を計算する際に何度も f の計算が必要となることが問題となります．そのため，前述したとおり期待値の形に書き直してモンテカルロ近似を行えるような工夫が必要です．一方，ソフト注意機構の場合，f に対する入力は確定した値なので，全体では f の計算は 1 回で済みます．そのため，近似を行わずに，$\hat{\boldsymbol{y}}$ の期待値 $\mathbb{E}[\hat{\boldsymbol{y}}]$ を直接計算するのが普通です．

ハード注意機構をこのまま学習しようとすると，標本から計算される $f(\boldsymbol{y}_{\bar{x}_i})\nabla \log a_{\bar{x}_i}$ の分散が大きくてうまく学習できないことがあることが知られています．モンテカルロ法による近似の期待値は，真の期待値と一致しますが，分散が大きいと無作為抽出の結果に依存して推定値が真の値から大きく離れてしまいます．そこで，なるべく分散を抑える工夫が必要になります．

定数 b を使って，以下のように変形してみましょう．

$$\begin{aligned}\mathbb{E}\left[f(\hat{\boldsymbol{y}})\nabla \log a_x\right] &= \mathbb{E}\left[(f(\hat{\boldsymbol{y}})-b)\nabla \log a_x\right] + \mathbb{E}\left[b\nabla \log a_x\right] \\ &= \mathbb{E}\left[(f(\hat{\boldsymbol{y}})-b)\nabla \log a_x\right] + b\mathbb{E}\left[\nabla \log a_x\right] \end{aligned} \tag{4.16}$$

ここで

$$\mathbb{E}\left[\nabla \log a_x\right] = \sum_{x=1}^{N} \nabla a_x = \nabla \sum_{x=1}^{N} a_x \tag{4.17}$$

となりますが，a_x は確率値ですから，その総和は $\sum_{x=1}^{N} a_x = 1$ です．したがって，$\nabla \sum_{x=1}^{N} a_x = 0$ となります．以上より，任意の定数 $b \in \mathbb{R}$ について

$$\mathbb{E}\left[f(\hat{\boldsymbol{y}})\nabla \log a_x\right] = \mathbb{E}\left[(f(\hat{\boldsymbol{y}})-b)\nabla \log a_x\right] \tag{4.18}$$

が成り立ちます．この b を**ベースライン** (baseline) と呼びます．

さて，$f(\hat{\boldsymbol{y}})\nabla \log a_x$ の標本の代わりに $(f(\hat{\boldsymbol{y}})-b)\nabla \log a_x$ の標本を使っても，期待値は変わりません．より分散の下がる b を選択できれば，推定値の精度が上がります．そこで，

$$b = \mathbb{E}[f(\hat{\boldsymbol{y}})] \tag{4.19}$$

を使うことが多いです．ベースラインに $f(\cdot)$ の期待値を使うと，f の絶対値が減少し，結果的に分散を小さくできます．

4.1.3 その他の注意機構

ソフト注意機構とハード注意機構の 2 つをここまで見てきました．そのほかにも，注意機構の手法はいくつか提案されています．**局所注意機構** (local attention mechanism)[96] はそのうちの 1 つです．ソフト注意機構は，重み付き平均の対象が全体に渡るため，対象の数が大きくなったときに計算コストがかさみます．ハード注意機構は微分できない過程を含むため，最適化が難しくなります．局所注意機構の場合，一部の対象にだけ選択的に処理を行ううえ，微分可能な演算のみで構成するので最適化も行いやすいです．

また，ここまで紹介した注意機構は，すべて離散的なベクトル集合の中からソフトマックス関数で計算された確率によって選択されました．しかし，必ずしも離散的な対象に限定する必要はありません．文献[54] では，画像の 2 次元領域に対して注意機構を適用するために，正規分布を利用しています．このとき利用する，正規分布の平均と分散の 2 つのパラメータをニューラルネットで計算し，正規分布から確率的に選択しています．

このように，注意機構は損失の計算の過程で確率的な振る舞いを含める方法です．そのため，どのような分布を利用するかによってさまざまな工夫の余地があります．対象の問題の性質をうまく利用した手法は，今後も研究されると予想されます．

4.2 記憶ネットワーク

LSTM をはじめとする RNN の内部状態を使うことで，文の状態を記憶することができました．しかし，その記憶の内容は固定長のベクトルで限定的です．一方で，より直接的に記憶の仕組みをモデル化する研究が行われています．**記憶ネットワーク** (memory networks)[158] はその 1 つです．記憶ネットワークでは，記憶したい事例を書き込み，また必要なときに読み込むという操作をモデル化しています．全体としては，「記憶を行うこと」「記憶を呼び出すこと」「記憶を使って外からの問い合わせに答えること」を行うためのネットワークをモデル化します．

4.2.1 記憶ネットワークのモデル

記憶ネットワークは，知識を記憶として蓄えて外部からの入力に対して応答するための一般的なモデル考えます．符号化復号化モデルは入力と出力を与えて学習しますが，これに加えて出力を生成するのに必要な知識情報を与える点が異なります．

例えば新聞のニュース記事を記憶して，ニュースに関する質問に答える対話システムを考えます．知識として複数の新聞記事の情報を記憶として蓄えます．そして質問を受けると，記憶を参照しながら質問に回答するという具合です．すなわち，複数の知識情報と，外からの入力（例えば質問文）が与えられ，入力への返答（例えば返答文）を出力するのが，ここで扱う問題設定になります．

記憶ネットワークは，内部に N 個の記憶情報 $\boldsymbol{M} = (\boldsymbol{m}_i)_{i=1}^N$ を列としてもちます．この記憶情報を使って応答を行うわけですが，内部を I, G, O, R の 4 つの部品に分解してモデル化します．

- **I: 入力情報変換** (input feature map) 入力された情報を内部表現に変換します．
- **G: 一般化** (genelarization) 新しい知識源の情報を利用して，内部の記憶情報を更新します．
- **O: 出力情報変換** (output feature map) 内部の記憶情報を利用して，外からの質問に対して返答のための内部表現を生成します．
- **R: 応答** (response) 出力情報を適切な返答，例えば文などに変換します．

ニュースの例でいえば，新聞記事などの知識情報を内部表現に変換し (I)，内部の記憶領域を更新します (G)．質問などの入力を受け取ったら，これも同様に内部表現に変換し (I)，記憶領域から関係する記憶を呼び起こし (O)，これをもとに返答を作成します (R)．この関係を**図 4.4** に示します．記憶ネットワークのモデル化で特徴的なのは，記憶情報を扱う部分です．記憶情報を

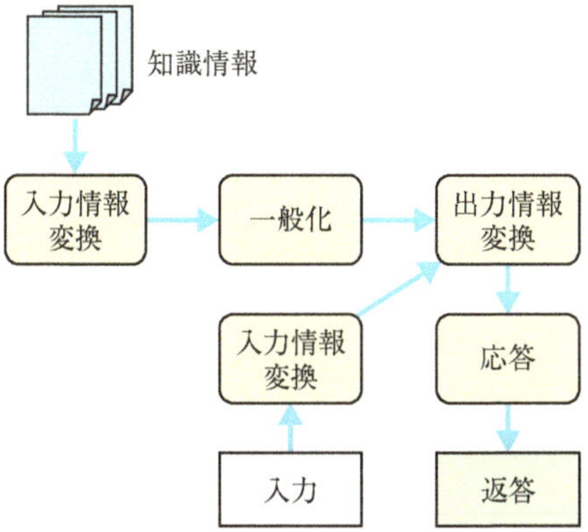

図 4.4 記憶ネットワークの概略図.

使う一般化の部分を除けば，入力情報変換は符号化器に，出力情報変換と応答が復号化器に対応していると考えることができます.

記憶ネットワーク自体は，このように記憶とそれを呼び起こす仕組みの一般的なモデル化です．そのため知識や入力に関して，必ずしも自然文を仮定しているわけではありません．また，4 つの部品はニューラルネットに限らず，例えばルールベースの手法を組み合わせても実装することができるでしょう.

4.2.2 教師あり記憶ネットワーク

記憶ネットワークを訓練データを使って学習することを考えます．この学習の難しさは，複数の部品が互いに複雑に情報をやり取りしているところです．まず，記憶情報，入力，返答のすべてが揃っていることを仮定します．加えてより問題を簡単に解けるように，ここでは返答を生成するためにどの記憶情報を利用する必要があるかの**根拠情報** (supporting fact) も与えられることを仮定します．ここでは，根拠情報をもとに学習する**教師あり記憶ネットワーク**について解説します．特に，後述の根拠情報を使わない end-to-end 記憶ネットワークと区別して，**強教師あり記憶ネットワーク** (strongly supervised memory networks) とも呼ばれます.

対象とする情報として，単語列としての文を受け取り，単語で返答を行うシステムとします．入力情報変換によって入力された情報は，D 次元ベクトルに変換して内部情報とし扱います．また，記憶情報の各要素も同様に，$\boldsymbol{m}_i \in \mathbb{R}^D$ とします．

全体の方針はそれほど難しくはありません．入力となる質問が与えられたら，その質問に答えるのに重要な記憶情報を探し出します．そして，探し当てた記憶情報をもとに，返答を選択します．

まず，入力情報変換では文（ここでは単語列とします）を D 次元ベクトルに変換します．さまざまな変換の方法が考えられますが，単純に埋め込みベクトルの和の形で変換します．

$$I(\boldsymbol{x}) = \sum \boldsymbol{E}\boldsymbol{x} \tag{4.20}$$

次に，一般化では単純に新しい記憶情報を追加します．これは，知識源として入力された記憶情報を $\boldsymbol{m}_N$ に $\boldsymbol{m}_N \leftarrow \boldsymbol{x}$ と代入するだけです．

全体を通じて一番重要なのは出力情報変換です．この部分が，記憶情報をもとにして返答を「考える」部分となります．返答するのに必要な情報か否かを判定するスコア関数 s_O があるとします．これを使って，入力 $\boldsymbol{x} \in \mathbb{R}^D$ に対してスコア上位 κ 件を記憶 $\boldsymbol{M}$ から探します．ここでは $\kappa = 2$ とします．まず，もっとも関係の深い情報を，

$$o_1 = O_1(\boldsymbol{x}, \boldsymbol{M}) = \mathop{\mathrm{argmax}}_{i=1,\ldots,N} s_O(\boldsymbol{x}, \boldsymbol{m}_i) \tag{4.21}$$

として探索します．2 番目以降の記憶も同様に，

$$o_2 = O_2(\boldsymbol{x}, \boldsymbol{M}) = \mathop{\mathrm{argmax}}_{i=1,\ldots,N} s_O((\boldsymbol{x}, \boldsymbol{m}_{o_1}), \boldsymbol{m}_i) \tag{4.22}$$

とします．ここで s_O は第一引数として，複数の文書を扱えるものとします．例として，それぞれの文書ベクトルの平均を計算するなどです．このようにして探索された κ 個の情報を利用して，返答を生成します．返答は，$\boldsymbol{x}, \boldsymbol{m}_1, \boldsymbol{m}_2$ の 3 つの情報から生成します．ここでは単純に単語を 1 つ答えるので，語彙集合 $\mathcal{V}$ の中からスコア s_R が最大となる単語を探します．

$$r = \mathop{\mathrm{argmax}}_{w \in \mathcal{V}} s_R((\boldsymbol{x}, \boldsymbol{m}_{o_1}, \boldsymbol{m}_{o_2}), w) \tag{4.23}$$

以上の 2 つのスコア関数 s_{O} と s_{R} は天下り的に与えましたが，訓練データ

に基づいて以降で最適化させます．2つのスコア関数はいずれも以下のように同じ形式をとります．

$$s(\boldsymbol{x}, \boldsymbol{y}) = \Phi^{(\mathrm{x})}(\boldsymbol{x})^\top \boldsymbol{U}^\top \boldsymbol{U} \Phi^{(\mathrm{y})}(\boldsymbol{y}) \tag{4.24}$$

ここで，$\boldsymbol{U}$ は $\boldsymbol{U} \in R^{N \times D}$ の行列パラメータで，s_O と s_R で別々のパラメータ $\boldsymbol{U}^{(\mathrm{O})}$ と $\boldsymbol{U}^{(\mathrm{R})}$ を使います．Φ はそれぞれの入力情報を D 次元ベクトルの特徴ベクトルに変換する関数です．RNN など，さまざまな方法が考えられますが，一番簡単なのは単語の埋め込みベクトルの和を使う方法です．ただし，$s_O((\boldsymbol{x}, \boldsymbol{m}_{o_1}), \boldsymbol{m}_i)$ の $\boldsymbol{x}$，$\boldsymbol{m}_{o_1}, \boldsymbol{m}_i$ のそれぞれに対して別々の埋め込みベクトルを使います．s_R も同様です．

学習は教師あり学習で行います．式 (4.21)，(4.22)，(4.23) のそれぞれで最大値をとるべき候補が，それぞれ o_1^*, o_2^*, r^* として訓練データに与えられるものとします．特に，o_1^* と o_2^* が前述した根拠情報となります．このとき，以下の式を最小化します．

$$\begin{aligned}
&\sum_{o \in \{1,\ldots,N\} \backslash \{o_1^*\}} \max(0, \gamma - s_O(\boldsymbol{x}, \boldsymbol{m}_{o_1^*}) + s_O(\boldsymbol{x}, \boldsymbol{m}_o)) \\
&\quad + \sum_{o \in \{1,\ldots,N\} \backslash \{o_2^*\}} \max(0, \gamma - s_O((\boldsymbol{x}, \boldsymbol{m}_{o_1^*}), \boldsymbol{m}_{o_2^*}) + s_O((x, \boldsymbol{m}_{o_1^*}), \boldsymbol{m}_o)) \\
&\quad + \sum_{r \in \mathcal{V} \backslash \{r^*\}} \max(0, \gamma - s_R((\boldsymbol{x}, \boldsymbol{m}_{o_1^*}, \boldsymbol{m}_{o_2^*}), r^*) + s_R((\boldsymbol{x}, \boldsymbol{m}_{o_1^*}, \boldsymbol{m}_{o_2^*}), r))
\end{aligned} \tag{4.25}$$

ここで，o, o, r はそれぞれ正解情報以外のすべての選択肢をとるということです．この手法はもっとも基本的な方法ですから，さまざまに拡張することができるでしょう．

この学習には，途中途中の各 argmax でいずれを選択したかの情報を利用しているという点には注意が必要です．例えば，対話のログとそれに必要な知識が与えられたとしても，各発話者がどの知識を参照して対話したのかは陽にはわかりません．特に複数の記憶を参照しなければ返答できないような質問を考えたときに，どの記憶を参照したかを含めたデータが必要です．

実験のために，限定された世界の中で，限定されたエンティティ（人や場所など）が，限定された行動をとるようなシミュレーションを行います．この行動に対応した文を生成して，それに対する質問と回答を自動生成されたタスクセットが作成されています．特に，文献[156] ではこうした質問応答のタスクの性能を測るために，bAbI タスクという新しい単純なタスクを提案しています．これの詳細に関しては，5.4.3 節で質問応答の具体的なタスクとして紹介します．

4.2.3 end-to-end 記憶ネットワーク

先の学習手法では，どの記憶を参照するかという中間的な部分課題の解がすべてわかっていると仮定して学習を行いました．一方で現実の質問応答のタスクを考えたときに，このような中間的な課題の解が明示的にわかることはまれで，また対話ログのような人間のやり取りのデータに対してこのような情報が付与されることは期待できなさそうです．中間的な課題の解を一切使わずに，4 つの部品全体を一度に学習することはできないでしょうか．もし可能であれば，知識源となる文書と，質問応答の過去の履歴だけから，自動応答システムが学習できることになります．こうしたタスクはすでに取り組まれています．基本的な考えは，すべての部品を微分可能な関数の形で記述できるようにすることです．そうすると根拠情報のない入出力の情報のみをもつ訓練データを使って，途中途中でどのように振る舞うかを end-to-end で学習させることができます．この手法は **end-to-end 記憶ネットワーク** (end-to-end memory network) と呼ばれます [138]．問題となるのは，教師ありの設定で与えた根拠情報，つまりどの知識を参照するかの部分です．end-to-end 記憶ネットワークでは，記憶集合に対して注意機構を利用して情報を引き出します．

入力情報変換は，教師あり記憶ネットワークの場合と同じです．入力文 $\boldsymbol{x}_i$ は，$D \times |\mathcal{V}|$ の埋め込み行列 $\boldsymbol{A} \in \mathbb{R}^{D \times \mathcal{V}}$ を使って，単一のベクトル $\boldsymbol{m}_i$ に符号化します．$\boldsymbol{m}_i$ は，単純に各単語の埋め込みベクトルの総和で表現します．

$$\boldsymbol{m}_i = \sum_j \boldsymbol{A}\boldsymbol{x}_{ij} \tag{4.26}$$

質問文 q が与えられると，同様に $D \times |\mathcal{V}|$ の埋め込み行列 $\boldsymbol{B} \in \mathbb{R}^{D \times |\mathcal{V}|}$ を使って，同様に単一のベクトル $\boldsymbol{u}$ に符号化します．

$$\boldsymbol{u} = \sum_j \boldsymbol{B}\boldsymbol{q}_j \tag{4.27}$$

さて，この $\boldsymbol{u}$ を使って記憶情報を参照します．まず N 個の記憶情報 $\{\boldsymbol{m}_1, \ldots, \boldsymbol{m}_N\}$ のそれぞれに対して，$\boldsymbol{u}$ にとっての重要度 $\{p_1, \ldots, p_N\}$ を計算します．p_i の値の大きな記憶情報が重要な情報ということです．具体的には，次式のように $\boldsymbol{u}$ と各 $\boldsymbol{m}_i$ との内積のソフトマックスをとることで，各入力の重要度 $p_i \in \mathbb{R}$ を計算します．

$$p_i = \frac{\exp(\boldsymbol{u} \cdot \boldsymbol{m}_i)}{\sum_{j=1}^{N} \exp(\boldsymbol{u} \cdot \boldsymbol{m}_j)} \tag{4.28}$$

回答に利用する出力の情報は，$\boldsymbol{m}_i$ とは別のベクトル $\boldsymbol{c}_i$ を作ります．$\boldsymbol{c}_i$ は $\boldsymbol{m}_i$ とは別の行列 $\boldsymbol{C} \in \mathbb{R}^{D \times |\mathcal{V}|}$ を使って符号化しますが，要領は同じです．

$$\boldsymbol{c}_i = \sum_j \boldsymbol{C}\boldsymbol{x}_{ij} \tag{4.29}$$

この出力情報 $\boldsymbol{c}_i$ を，さきほど計算した重要度 p_i で重み付けして，全体の出力情報 $\boldsymbol{o} \in \mathbb{R}^D$ とします．

$$\boldsymbol{o} = \sum_{i=1}^{N} p_i \boldsymbol{c}_i \tag{4.30}$$

このように，複数の情報源があったときにそれぞれの情報源に対する重みを計算して，重み付き平均をとる仕組みは 4.1.1 節で説明したソフト注意機構そのものです．

最後に，$\boldsymbol{u}$ と $\boldsymbol{o}$ の情報を使って返答を選択します．返答の選択は，$|\mathcal{V}| \times D$ 行列 $\boldsymbol{W} \in \mathbb{R}^{|\mathcal{V}| \times D}$ を使って各返答単語に対するスコアを計算し，全体で 1 になるようにソフトマックス関数を適用します．

$$\hat{\boldsymbol{a}} = \mathtt{softmax}\left(\boldsymbol{W}(\boldsymbol{o} + \boldsymbol{u})\right) \tag{4.31}$$

以上の過程を模式図で表すと，**図 4.5** のようになります．これまで操作はすべて微分可能な関数のみで構成されています．したがって，記憶に用いた入力情報 $\{\boldsymbol{x}_i\}_{i=1}^{N}$，質問文 $\boldsymbol{q}$，正しい返答 a が与えられれば，a と $\hat{\boldsymbol{a}}$ の

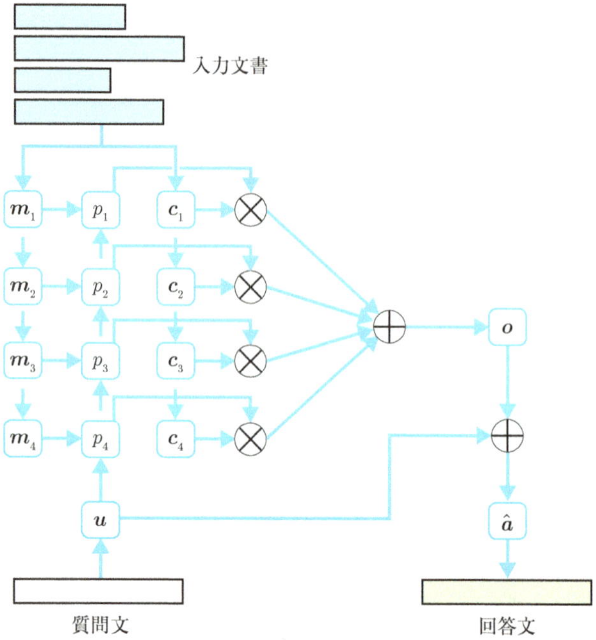

図 4.5 end-to-end 記憶ネットワークの模式図.

交差エントロピーを損失として全体を一度に最適化することができます.

4.2.4 動的記憶ネットワーク

動的記憶ネットワーク (dynamic memory networks; DMN)[82] は，記憶ネットワークの一種で，返答を選択するのに必要な知識を繰り返し問い合わせる，エピソード記憶モジュールに特徴があります．複数の知識を組み合わせることで，知識を使った推論に近い機構をモデル化しています.

動的記憶ネットワークは，以下の 5 つのモジュールからなります (図 4.6).

入力 (input module) 外部からの情報を内部表現に変換します.

意味記憶 (sementic memory module) 一般的な知識や常識を格納します.

質問 (question module) 質問を内部表現に変換します.

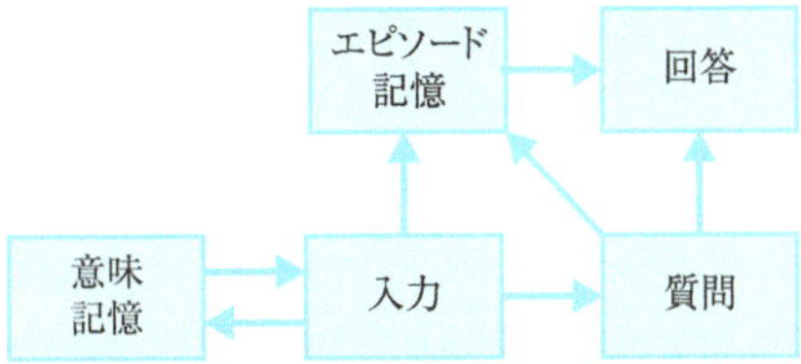

図 4.6 動的記憶ネットワークの各モジュール感のやり取り.

エピソード記憶 (episodic memory module) DMN の中心的なモジュールで，入力された知識を記憶して，質問に応じて情報を引き出します.

回答 (answer module) エピソード記憶が導き出した回答の内部表現から，文などの返答のため表現を生成します.

DMN の各モジュールは，記憶ネットワークのそれとおおむね対応しています．知識源となる入力情報は，入力モジュールで固定長のベクトルに符号化されます．問い合わせの文は，質問モジュールによって，同じく固定長のベクトルに符号化されます．自然文に対しては，いずれも GRU を使って符号化します．意味記憶モジュールは単語の概念などを保持しますが，例えば 3.3 節で見たような単語の分散表現ベクトルを保持します．特徴的なのはエピソード記憶モジュールです．入力モジュールで符号化された記憶は，エピソード記憶モジュールに保存され，質問ベクトルを使って，記憶ネットワーク同様，注意機構を使って情報を選択します．このとき，何度もエピソード記憶から情報を選択することで，推論を必要とするような質問に応えられるようにします．例えば，“Where is the football?” という質問に対して，最初のパスでは “John put down the football” という記憶を発見することができたとします．2 回目の情報選択の際には，ここから John がどこにいるのかという情報を探しに行くという寸法です．また，時間的な前後関係を考慮して，エピソード記憶のベクトル集合に対してソフト注意機構を適用するのではなく，符号化されたベクトルを新しい記憶から順番に GRU で符号化していきます．こうすることで，必要となる情報を発見したタイミングで，知識を引き出すことができます．こうしてできたベクトル使って，最後に回答モジュールが返答を選択します.

4.3 出力層の高速化

これまで見た多くの手法は，式 (2.2) で定義した交差エントロピー損失関数を目的関数として利用しました．例えば3.2節の言語モデル，3.3節の埋め込みベクトル，そして3.4節の系列変換モデルでは，単語の予測に対してこの損失関数を利用していました．交差エントロピー損失関数は，全語彙集合に対するソフトマックス関数の対数を計算します．この計算は，数万～100万という膨大な語彙を対象とする場合に計算が極めて重くなることが問題になります．この問題は大規模語彙を対象とする自然言語処理では避けられない問題でしょう．本節では大規模なソフトマックス関数による損失関数の処理を効率化するための技術について解説します．

4.3.1 巨大なソフトマックス関数の課題

式 (2.2) で定義した交差エントロピー損失関数を思い出しましょう．入力情報 $\boldsymbol{x}$ と予測対象 $y \in \mathcal{Y}$ に対して，

$$l_{\boldsymbol{\theta}}^{\text{softmax}}(\boldsymbol{x}, y) = -\log \frac{\exp(f_{\boldsymbol{\theta}}(\boldsymbol{x}, y))}{\sum_{\tilde{y} \in \mathcal{Y}} \exp(f_{\boldsymbol{\theta}}(\boldsymbol{x}, \tilde{y}))} \tag{4.32}$$

で定義されました．これらの問題において y は予測対象の単語であり，$\mathcal{Y}$ は全語彙集合 $\mathcal{V}$ となります．そのため，$|\mathcal{Y}|$ は膨大で，分母の計算は非常に重くなります．

また，この損失関数は，ソフトマックス関数により定義される確率分布の最尤推定を行っているとも解釈できます．つまり，

$$P(y|\boldsymbol{x}) = \frac{\exp(f_{\boldsymbol{\theta}}(\boldsymbol{x}, y))}{\sum_{\tilde{y} \in \mathcal{Y}} \exp(f_{\boldsymbol{\theta}}(\boldsymbol{x}, \tilde{y}))} \tag{4.33}$$

とおくと，

$$l_{\boldsymbol{\theta}}^{\text{softmax}}(\boldsymbol{x}, y) = -\log P(y|\boldsymbol{x}) \tag{4.34}$$

ですから，損失関数の最小化は対数尤度を最大化していると解釈できます．この分布の確率密度関数を $p(\cdot)$ とおきましょう．

いま $\boldsymbol{x}$ と θ は議論の焦点ではないので，省略して

$$s(y) = f_\theta(\boldsymbol{x}, y) \tag{4.35}$$

と書きます．ここで，

$$Z(\mathcal{Y}) = \sum_{\tilde{y} \in \mathcal{Y}} s(\tilde{y}) \tag{4.36}$$

とおくと，

$$l_{\boldsymbol{\theta}}^{\text{softmax}}(\boldsymbol{x}, y) = -s(y) + \log Z(\mathcal{Y}) \tag{4.37}$$

と書けます．この Z のことを**分配関数** (partition function) と呼びます．最適化には，この損失関数をパラメータ $\boldsymbol{\theta}$ で微分した勾配が必要になります．

$$\nabla l_{\boldsymbol{\theta}}^{\text{softmax}}(y) = -\nabla s(y) + \nabla \log Z(\mathcal{Y}) \tag{4.38}$$

簡単のため，$\nabla s(\cdot)$ を $s'(\cdot)$ と書きます．ここで，式 (4.38) の第 2 項は

$$\begin{aligned}\nabla \log Z(\mathcal{Y}) &= \sum_{\tilde{y} \in \mathcal{Y}} \frac{\exp(s(\tilde{y}))}{Z(\mathcal{Y})} s'(\tilde{y}) \\ &= \sum_{\tilde{y} \in \mathcal{Y}} p(\tilde{y}) s'(\tilde{y}) \\ &= \mathbb{E}_{Y \sim p}[s'(Y)] \end{aligned} \tag{4.39}$$

となります．ただし，Y は $p(\cdot)$ を確率密度関数とする分布に従う確率変数です．したがって，

$$\nabla l_{\boldsymbol{\theta}}^{\text{softmax}}(y) = -s'(y) + \mathbb{E}_p[s'(Y)] \tag{4.40}$$

となります．この勾配の計算時に問題になるのが，第 2 項の $\mathbb{E}_p[s'(Y)]$ です．語彙数 $|\mathcal{Y}|$ が巨大なときに，第 2 項の計算はすべての語彙に対して計算する必要があるので，非常に重くなります．そこで，$|\mathcal{Y}|$ に比例しない計算量で近似する手法が考案されています．以下では時間計算量を減らす工夫を紹介します．

4.3.2 重点サンプリング

式 (4.40) の計算で問題になったのは s の勾配の期待値 $\mathbb{E}[s'(Y)]$ の計算でした．これは全単語集合に対して勾配 $s'(\cdot)$ の計算が必要になるためです．

そこで，少数の標本を利用して近似計算を行うことを，ここでは考えます．

まず，Y の分布 p に従って独立に T 個の標本 $\{\bar{y}_1, \ldots, \bar{y}_T\}$ を無作為抽出します．このとき，$\mathbb{E}[s'(Y)]$ の近似値として，

$$\mathbb{E}[s'(Y)] \approx \frac{1}{T}\sum_{i=1}^{T} s'(\bar{y}_i) \tag{4.41}$$

を利用することができます．各 $\bar{y}_i$ はいずれも独立に p の分布に従うため，$s'(\bar{y}_i)$ の期待値はいずれも $\mathbb{E}[s'(Y)]$ に一致します．したがって，その標本平均 $\sum_{i=1}^{T} s'(\bar{y}_i)/T$ の期待値も $\mathbb{E}[s'(Y)]$ に一致します．期待値の計算にモンテカルロ法を利用することで，全単語に対して $s'(\cdot)$ を計算せずとも，少数の標本に対して計算すれば期待値を近似計算できることがわかります．

モンテカルロ法は確率分布からの標本を利用して計算するため，p の分布からの無作為抽出が効率的に行える必要があります．ところが，単語の出現確率は，分配関数 Z を計算しなければ求まりません．少数の標本で近似できたのに，その標本を得るのに同等の計算時間がかかってしまっては元も子もありません．

対象の分布からの無作為抽出が難しいときに利用される手法の 1 つが，**重点サンプリング** (importance sampling) です．無作為抽出が容易な分布の確率密度関数 $q(\cdot)$ があるとします．容易な分布の例としては一様分布や，対象が単語の場合は単純に出現頻度に比例した分布などです．このとき，q の分布に従う確率変数 Y' の元での $s'(Y')p(Y')/q(Y')$ の期待値は，p の分布に従う Y の元での $s'(Y)$ の期待値と一致します．すなわち，

$$\mathbb{E}_{Y\sim p}[s'(Y)] = \mathbb{E}_{Y'\sim q}\left[s'(Y')\frac{p(Y')}{q(Y')}\right] \tag{4.42}$$

が成り立ちます．

これは簡単に証明できます．式 (4.42) の右辺を定義に従って展開すれば，

$$\begin{aligned}
\mathbb{E}_{Y'\sim q}\left[s'(Y')\frac{p(Y')}{q(Y')}\right] &= \sum_{\tilde{y}\in\mathcal{Y}} s'(\tilde{y})\frac{p(\tilde{y})}{q(\tilde{y})}q(\tilde{y}) \\
&= \sum_{\tilde{y}\in\mathcal{Y}} s'(\tilde{y})p(\tilde{y}) \\
&= \mathbb{E}_{Y\sim p}[s'(Y)]
\end{aligned} \tag{4.43}$$

となるためです．

q の分布のことを，**提案分布** (proposal distribution) と呼びます．提案分布 q の元での $s'(Y')p(Y')/q(Y')$ の期待値 $\mathbb{E}_q\left[s'(Y')p(Y')/q(Y')\right]$ を，さきほどの式 (4.41) と同様にモンテカルロ近似するとどうでしょう．すなわち，確率密度関数 $q(\cdot)$ に従う分布から T 個の標本 $\{\bar{y}_1, \ldots, \bar{y}_T\}$ を無作為抽出し，

$$\mathbb{E}_p[s'(Y)] \approx \frac{1}{T}\sum_{i=1}^{T} s'(\bar{y}_i)\frac{p(\bar{y}_i)}{q(\bar{y}_i)} \tag{4.44}$$

と近似します．この期待値は，先の議論のとおり $\mathbb{E}_p[s'(Y)]$ に一致します．また，$q(\cdot)$ は抽出しやすいように設計したため，効率的に標本を得ることができます．したがって，全体の過程は効率的に行えます．このように，元の確率分布とは異なる分布での標本を利用して期待値を近似計算する手法を重点サンプリングと呼びます *2.

さて，話はここで終わりません．提案分布 q からの標本は効率的に抽出できましたが，肝心の $s'(\bar{y}_i)p(\bar{y}_i)/q(\bar{y}_i)$ の計算に出てくる $p(\cdot)$ の計算には依然として分配関数 $Z(\mathcal{Y})$ の計算が必要になります．そのため，この計算は全体としてはまだ語彙数に比例した計算時間を必要とします．そこで， Z の代わりに q からの標本に対する総和 $\hat{Z}$ を利用して近似します [12].

語彙数 $|\mathcal{Y}|$ としたときに， $u(x) = 1/|\mathcal{Y}|$ を確率密度関数とする一様分布を考えます．この分布に従う確率変数 X に対して， $\exp(s(X))$ の期待値は $\mathbb{E}_{X\sim u}[\exp(s(X))] = \sum_{\tilde{x}\in\mathcal{V}} \exp(s(\tilde{x}))/|\mathcal{V}|$ ですから，

$$Z(\mathcal{Y}) = |\mathcal{V}|\mathbb{E}_u[\exp(s(X))] \tag{4.45}$$

と見なすことができます．

ここで， $Z(\mathcal{Y})$ の近似値 $\hat{Z}$ も， q の分布のもとで重点サンプリングして，

*2 本題ではないので割愛しますが，重点サンプリングはモンテカルロ近似の分散を小さくする目的でも使われます．標本平均の期待値は提案分布 q によらずに元の分布の真の期待値と一致しますが，分散は q に依存します．そのため，適切な分布を選択することによって，単純なモンテカルロ法を使った場合より，標本平均と真の期待値との乖離を抑えることができます．

$$
\begin{aligned}
Z(\mathcal{Y}) &= |\mathcal{Y}|\mathbb{E}_{X\sim u}[\exp(s(X))] \\
&= |\mathcal{Y}|\mathbb{E}_{Y'\sim q}\left[\exp(s(Y'))\frac{u(Y')}{q(Y')}\right] \\
&= \mathbb{E}_{Y'\sim q}\left[\frac{\exp(s(Y'))}{q(Y')}\right] \\
&\approx \frac{1}{T}\sum_{i=1}^{T}\frac{\exp(s(\bar{y}_i))}{q(\bar{y}_i)} \\
&= \hat{Z}
\end{aligned} \tag{4.46}
$$

とします．そして，$p(y) = \exp(s(y))/Z(\mathcal{Y}) \approx \exp(s(y))/\hat{Z}$ で近似します．これを使って，

$$
\begin{aligned}
s'(y)\frac{p(y)}{q(y)} &\approx s'(y)\frac{\exp(s(y))/\hat{Z}}{q(y)} \\
&= s'(y)\frac{\exp(s(y))/q(y)}{(1/T)\sum_{i=1}^{T}\exp(s(\bar{y}_i))/q(\bar{y}_i)}
\end{aligned} \tag{4.47}
$$

と近似します．この関数の分布 q における期待値を，さらにモンテカルロ近似することで，最終的に元の関数の近似とするのです．

$$
\begin{aligned}
\mathbb{E}_p[s'(Y)] &= \mathbb{E}_q\left[s'(Y')\frac{p(Y')}{q(Y')}\right] \\
&\approx \frac{\sum_{i=1}^{T}s'(\bar{y}_i)\exp(s(\bar{y}_i))/q(\bar{y}_i)}{\sum_{i=1}^{T}\exp(s(\bar{y}_i))/q(\bar{y}_i)}
\end{aligned} \tag{4.48}
$$

ここで，各 $\bar{y}_i$ は q の分布からの標本で，$\hat{Z}$ の計算のための標本と同じものを使っています．

最終的に式 (4.40) にこの近似を代入して，

$$
\nabla l_{\boldsymbol{\theta}}^{\mathrm{softmax}}(y) \approx -\nabla s(y) + \frac{\sum_{i=1}^{T}\nabla s(\bar{y}_i)\exp(s(\bar{y}_i))/q(\bar{y}_i)}{\sum_{i=1}^{T}\exp(s(\bar{y}_i))/q(\bar{y}_i)} \tag{4.49}
$$

を勾配の近似として利用します．式 (4.49) の中には，p に依存した標本も，$p(\cdot)$ の計算も含まれていません．そのため，語彙数 $|\mathcal{Y}|$ に依存した計算時間のかかる項をすべて取り除くことができました．

4.3.3 雑音対照推定 (NCE)

重点サンプリングでは分配関数 Z の計算をいかに近似するかを考えました．発想を変えて，Z も未知のパラメータとして学習によって推定できないでしょうか．すなわち，新たにパラメータ c をおいて $p(y) = \exp(s(y) + c)$ が $\sum p(y) = 1$ を満たすようにパラメータを推定することを考えます．もし可能なのであれば $p(y)$ の計算に分配関数 Z の計算が不要になります．これは通常の最尤推定，すなわち負の対数尤度 $-\log p(y)$ を最小化することでは不可能なのは明らかです．なぜなら，$c \to \infty$ とすれば $p(y)$ はいくらでも大きくなってしまい，確率の条件を満たしません．しかし，通常の最尤推定とは異なる目的関数を設定することによって，この推定ができることが知られています．**雑音対照推定** (noise contrasive estimation; NCE)[60] では，訓練データと無作為に生成したノイズを区別するような目的関数を使うことで，パラメータ c を含めたパラメータ推定が行えます．

NCE では，学習対象のデータと，ノイズの分布からの標本を識別するような分類器を考えます．確率密度関数 $q(\cdot)$ に従う分布から，訓練データとは異なるノイズの標本を得るものとし，訓練データとノイズの標本が混ざって観測されるものとします．確率変数 D は 0 か 1 をとるとして，訓練データであれば $D = 1$ であり，ノイズから抽出された標本であるときは $D = 0$ となるとします．ここで，ノイズは訓練データよりも k 倍出現しやすいと仮定します．すなわち，$P(D = 1) = 1/(k+1), P(D = 0) = k/(k+1)$ とします．すると，D と Y の同時確率は，D の値に対してそれぞれ，

$$P(D = 1, Y = y) = \frac{1}{k+1}p(y) \tag{4.50}$$

$$P(D = 0, Y = y) = \frac{k}{k+1}q(y) \tag{4.51}$$

と書けます．したがって，単語 Y がノイズからの標本である確率は，

$$\begin{aligned} P(D = 0|Y = y) &= \frac{P(D = 0, Y = y)}{P(Y = y)} \\ &= \frac{\frac{k}{k+1}q(y)}{\frac{1}{k+1}p(y) + \frac{k}{k+1}q(y)} \\ &= \frac{kq(y)}{p(y) + kq(y)} \end{aligned} \tag{4.52}$$

となります．同様に，訓練データである確率は，

$$P(D=1|Y=y)=\frac{p(y)}{p(y)+kq(y)} \tag{4.53}$$

となります．

ここで，1つの訓練データ y に対して，ノイズ分布 q からの k 個の標本 $\bar{\mathcal{D}}=\{\bar{y}_1,\ldots,\bar{y}_k\}$ を無作為抽出します．この $k+1$ 個の事例に対する D の負の対数尤度，すなわち以下の関数 $l_{\boldsymbol{\theta}}^{\mathrm{NCE}}(y)$ を最小化します．

$$\begin{aligned}
l_{\boldsymbol{\theta}}^{\mathrm{NCE}}(y) &= -\log P(D=1|y)-\sum_{\bar{y}\in\bar{\mathcal{D}}}\log P(D=0|\bar{y}) \\
&= -\log\frac{p(y)}{p(y)+kq(y)}-\sum_{\bar{y}\in\bar{\mathcal{D}}}\log\frac{kq(\bar{y})}{p(\bar{y})+kq(\bar{y})}
\end{aligned} \tag{4.54}$$

ここで，$\boldsymbol{\theta}$ は関数 p で使われるパラメータです．

さて，もともと $p(y)=\exp(s(y))/Z(\mathcal{Y})$ の Z の計算に時間がかかることが大きな問題でした．NCE ではこの Z もパラメータとして学習してしまいます．そうすることで，全語彙集合に対して和をとる計算が不要になります．新たな正規化パラメータ c を導入して，

$$p(y)=\exp(s(y))\exp(c) \tag{4.55}$$

とおきます．この c も学習対象のパラメータとするわけです．

ところが，文献[109] では新たなパラメータをおかずに $Z(\mathcal{Y})=1$ と仮定して最適化をさぼっても，結果に大きな変化がないことが発見されました．すなわち，$Z=1$ とおいて，$p(y)=\exp(s(y))$ に置き換えた目的関数

$$l_{\boldsymbol{\theta}}^{\mathrm{NCE}}(y)\approx-\log\frac{\exp(s(y))}{\exp(s(y))+kq(y)}-\sum_{\bar{y}\in\bar{\mathcal{D}}}\log\frac{kq(\bar{y})}{\exp(s(\bar{y}))+kq(\bar{y})} \tag{4.56}$$

を最小化すればよいことになります．式 (4.56) の中には Z の計算のような，語彙数に依存する計算は出てきません．したがって目的関数の値の計算も，その勾配も効率的に計算することができます．NCE のこのような性質は，**自己正規化** (self-normalization) と呼ばれます．

補足 4.1 NCEのように自己正規化の特徴をもった手法を使う以外にも，明示的に自己正規化を目指す方法もあります．文献[34] では，$\log^2(Z)$ を罰則項として目的関数に足し合わせて最小化することで，$\log Z$ を 0 に近づけることが提案されています．明示的な自己正規化は，このように目的関数に罰則項を追加するだけなので，学習自体が高速になるわけではありません．一方，NCEは学習を高速にすることを目的として提案し，副次的に自己正規化の特徴があることがわかったといえます．

また，自己正規化がなされていると，学習後に対象のデータに対する確率の計算が高速になります．通常対数尤度を計算するには，正規化するために分配関数 Z の計算が必要でした．自己正規化がなされているのであれば，計算したい対象のラベルのみの計算をすればよく，他のすべての確率値の計算は必要なくなります．

4.3.4 負例サンプリング

NCEをより単純化させた手法が，3.3.3節の**負例サンプリング** (negative sampling) です [105]．負例サンプリングでもNCEと同様，1つの学習事例 y ごとにランダムに生成した k 個のノイズ $\bar{\mathcal{D}} = \{\bar{y}_1, \ldots, \bar{y}_k\}$ とを識別するように学習します．ただし，この識別にシグモイド関数 $\texttt{sigmoid}(x) = 1/(1+\exp(-x))$ を使います．この目的関数は以下のように書けます．

$$
\begin{aligned}
l_{\boldsymbol{\theta}}^{\mathrm{NS}}(y) &= -\log\{\texttt{sigmoid}(s(y))\} - \sum_{\bar{y}\in\bar{\mathcal{D}}} \log\{1 - \texttt{sigmoid}(s(\bar{y}))\} \\
&= -\log \frac{\exp(s(y))}{\exp(s(y))+1} - \sum_{\bar{y}\in\bar{\mathcal{D}}} \log \frac{1}{\exp(s(\bar{y}))+1}
\end{aligned}
\tag{4.57}
$$

この目的関数は，NCEの目的関数式 (4.56) に，$k = |\mathcal{Y}|$，かつNCEの目的関数上のノイズの分布が一様分布すなわち任意の y に対して $q(y) = 1/|\mathcal{Y}|$ とおいたときとほぼ同じ式になります．利用するノイズの標本 $\bar{\mathcal{D}}$ 自体は何かしらの分布 q からの標本で，一様分布からではない点で異なります．

ノイズ分布 q としてどのような分布を利用したらよいでしょうか．もっとも単純なのは，一様分布，すなわち $q(y) = 1/|\mathcal{Y}|$ とすることです．また，訓

練データ中での各 y の出現頻度に比例した分布も簡単に計算できます．出現頻度に比例した分布の確率は，**ユニグラム確率**とも呼ばれます．文献[105]では，ユニグラム確率の 3/4 乗を利用したほうが，単純なユニグラム確率や一様分布を利用した場合に比べて優位に性能が上がることを実験的に示しています．

負例サンプリングは実装が単純で動作が早く，特に単語分散表現の学習に使われています．負例サンプリングを使った単語分散表現の学習は 3.3.3 節を参照してください．

4.3.5 ブラックアウト

無作為抽出した標本を利用する手法で最後に紹介するのは，**ブラックアウト** (black-out) という手法です [73]．ブラックアウトでも NCE 同様，最尤推定ではなく，q から無作為抽出された k 個のノイズ $\bar{\mathcal{D}} = \{\bar{y}_1, \ldots, \bar{y}_k\}$ を利用した新しい損失関数 $l_{\boldsymbol{\theta}}^{\text{blackout}}(y)$ を考えて，これを最小化します．

$$l_{\boldsymbol{\theta}}^{\text{blackout}}(y) = -\log \tilde{p}(y) - \sum_{\bar{y} \in \bar{\mathcal{D}}} \log(1 - \tilde{p}(\bar{y})) \tag{4.58}$$

ただし，$\bar{\mathcal{D}}$ は y を含みません．このとき，$1/q(\cdot)$ で重み付けされた重み付きソフトマックス $\tilde{p}$ を以下のように定義します．

$$\tilde{p}(y) = \frac{\exp(s(y))/q(y)}{\exp(s(y))/q(y) + \sum_{\bar{y} \in \bar{\mathcal{D}}} \exp(s(\bar{y}))/q(\bar{y})} \tag{4.59}$$

ここまでの定義を見ると，$\tilde{p}$ にも損失関数 $l_{\boldsymbol{\theta}}^{\text{blackout}}$ にも，語彙集合 $\mathcal{Y}$ を利用せず，無作為抽出した少数の標本 $\bar{\mathcal{D}}$ しか利用していません．また，負例サンプリングでも文献[105] で指摘されているように，負例の抽出に利用する分布 $q(\cdot)$ は，ユニグラム確率の α 乗 $(\alpha \leqq 1)$ を使ってなました方がよいと報告されています．

$\tilde{p}$ が何を示しているのか理解するために，式 (4.59) の対数，すなわち対数尤度を微分してみます．$\bar{\mathcal{D}}' = \bar{\mathcal{D}} \cup \{y\}$ とすると，$\tilde{p}$ の対数は，

$$\log \tilde{p}(y) = s(y) - \log(q(y)) - \log \left\{ \sum_{\bar{y} \in \bar{\mathcal{D}}'} \frac{\exp(s(\bar{y}))}{q(\bar{y})} \right\} \tag{4.60}$$

となります．これを p のパラメータ $\boldsymbol{\theta}$ で微分します．q は $\boldsymbol{\theta}$ に依存しない点に注意すると，

$$\begin{aligned}\nabla \log \tilde{p}(y) &= \nabla s(y) - \nabla \log \sum_{\bar{y}\in\bar{\mathcal{D}}'} \frac{\exp(s(\bar{y}))\nabla s(\bar{y})}{q(\bar{y})} \\ &= \nabla s(y) - \frac{\sum_{\bar{y}\in\bar{\mathcal{D}}'} q(\bar{y})\exp(s(\bar{y}))\nabla s(\bar{y})/q(\bar{y})}{\sum_{\bar{y}\in\bar{\mathcal{D}}'} q(\bar{y})\exp(s(\bar{y}))/q(\bar{y})}\end{aligned} \tag{4.61}$$

となります．式 (4.61) は，式 (4.49) で示した重点サンプリングによる目的関数の勾配の近似計算と同じになります．すなわちブラックアウトにおける重み付きソフトマックス $\tilde{p}$ は，重点サンプリングによって近似計算された勾配を積分して，確率値を復元した関数といえます．ブラックアウトを重点サンプリングと比較した場合，ブラックアウトでは識別的な目的関数を使っている点が大きく異なります．

ブラックアウトは NCE の一種として解釈することもできます．NCE では，訓練データと，ノイズからの標本を区別するように学習しました．天下り的ですが，関数 $\tilde{q}$ を以下のようにおきます．

$$\tilde{q}(y) = \frac{1}{k}\sum_{\bar{y}\in\bar{\mathcal{D}}} \frac{q(y)}{q(\bar{y})} p(\bar{y}) \tag{4.62}$$

この関数 $\tilde{q}$ を NCE におけるノイズ分布の確率密度関数に利用します．式 (4.53) の NCE における D の事後確率分布

$$P(D=1|y) = \frac{p(y)}{p(y)+k\tilde{q}(y)} \tag{4.63}$$

に式 (4.62) を代入すると，

$$\begin{aligned}P(D=1|y) &= \frac{p(y)/q(y)}{p(y)/q(y) + \sum_{\bar{y}\in\bar{\mathcal{D}}} p(\bar{y})/q(\bar{y})} \\ &= \frac{\exp(s(y))/q(y)}{\exp(s(y))/q(y) + \sum_{\bar{y}\in\bar{\mathcal{D}}} \exp(s(\bar{y}))/q(\bar{y})}\end{aligned} \tag{4.64}$$

が得られます．この確率密度関数は，式 (4.59) で定義したブラックアウトの重み付きソフトマックス $\tilde{p}$ に一致します．ただし，利用するノイズの標本 $\bar{\mathcal{D}}$ は NCE で利用しているノイズ分布 $\tilde{q}$ からの標本ではなく，q からの標本で

ある点で異なります．

オリジナルの NCE では分配関数 Z に対応するパラメータ c を割り当てたり，Z を 1 とするなどの仮定をおいていましたが，ブラックアウトではこれらは必要ありません．上記のようにノイズ分布の確率密度関数 $\tilde{q}$ の定義に p が使われているおかげで，モデルと同じ分配関数が分母にくるように設計されています．そのため，式 (4.64) において，分母と分子で Z はキャンセルされてしまうからです．

4.3.6 階層的ソフトマックス

階層的ソフトマックス (hierarchical softmax; HSM)[51,112] は，$|\mathcal{V}|$ 個のラベルを階層的な分類の連続だとして，二値分類器を連続させる方法です．通常のソフトマックスの場合，全語彙集合の中から 1 つを選ぶ単一のソフトマックス関数を使って損失を計算しました．階層的ソフトマックスでは，少ない数のラベルから 1 つを選択する多値分類を繰り返し（特に二値分類），最終的に 1 つのラベルを選択する方法です．この分類の過程が木構造になるため，おおよそ全語彙数の対数程度の分類回数で済むため，全体の計算効率を著しく向上させることができます．

葉ノードの数が語彙数 $|\mathcal{V}|$ 個となり，それぞれに単語が対応するような木が与えられるとします．各ノードには一意のインデックスが割り振られているとします．ここでは二分木に限定して考えますが，任意個の分岐を許すことも可能です．この木は単語を階層的にクラスタリングすることでも得られますし，もっと単純に出現頻度によって**ハフマン符号化** (Huffman coding) することで木を構成する方法もとられます．このような木の例を，**図 4.7** に示します．二分木ですから葉ノード以外のノードは $|\mathcal{V}| - 1$ 個あり，それぞれに 2 つの子ノードがあることになります．ある語彙 y が選択されたとき，対応する葉ノードまでの経路を考えます．この経路の長さを $L(y)$ とします．経路上のノードの各インデックスを $(\pi_1(y), \ldots, \pi_{L(y)}(y))$ とします．ルートノードから葉ノード y までの各ノードでは 2 つの子ノードのいずれかをたどるかを示す符号が，各ノードで $\{0, 1\}$ で与えられます．これは，各単語に対してビット列 $(b_1(y), \ldots, b_{L(y)}(y))$ を割り振ることにも相当します．例えば図中では，単語 w_3 に対して $(1, 0, 1)$ というビット列が割り当てられています．ビット列の長さは葉ノードの深さに一致しますが，これは単語ご

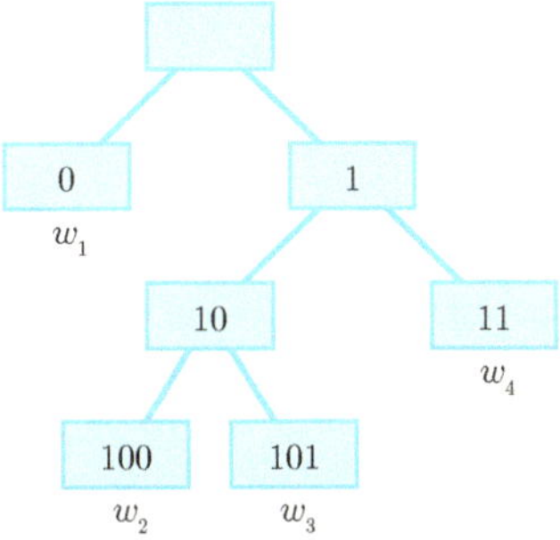

図 4.7 階層的ソフトマックスの木の例.

とに異なります.

階層的ソフトマックスはこのようにして作った木の上で，割り振られた符号によって分類を繰り返すモデルです．各単語が確率的に選択されるとして，その確率は単語 y に対応する葉ノードからルートノードまでのパス上で，各符号を選択する確率の積で表されます．経路の長さ $L(y)$ に対して，葉ノード y が選択される確率を，各ノードでの分岐の確率の積で表します．

$$P(y) = \prod_{j=1}^{L(y)} p(\pi_j(y), b_j(y)) \tag{4.65}$$

ここで，各ノード $\pi_j(y)$ のビット値 $b_j(y)$ にロジスティック回帰モデルを適用します．各ノードに対応する特徴ベクトルを $f_{\boldsymbol{\theta}}(\pi_j(y))$ とすると，

$$\begin{aligned} p(\pi_j(y), b_j(y)) &= \mathtt{sigmoid}((2b_j(y)-1)f_{\boldsymbol{\theta}}(\pi_j(y))) \\ &= \frac{1}{1+\exp((2b_j(y)-1)f_{\boldsymbol{\theta}}(\pi_j(y)))} \end{aligned} \tag{4.66}$$

と表現できます．$\{0,1\}$ を選択する確率の積になっているため，すべての単語に対して割り当てられた確率の総和 $\sum_y P(y)$ は 1 になります．したがって，各語彙をこの確率分布に従ってサンプリングするには，木のノードに沿って確率的に $\{0,1\}$ の符号を選択することを繰り返すことで実現します．階層的ソフトマックスでは，この負の対数尤度 $-\log P(y)$ を最大化するように最適化します．

階層的ソフトマックスの性質について考えてみましょう．対象となる単語に対応する葉ノードからルートノードまでの各ノードのパラメータのみを利用します．この経路の長さは，すべての葉ノードからルートノードまでの経路長が同じ完全二分木であれば $O(\log|\mathcal{V}|)$ です．順伝播時も逆伝播時も同じノードのみを利用するため，計算量は同じです．各節では二値分類のロジスティック回帰を行いますので，この時間計算量は順伝播時も逆伝播時も，語彙数には依存しません．したがって，1 つの単語の出現に対する損失と勾配の時間計算量は $O(\log|\mathcal{V}|)$ となり，元の計算量の対数程度で済みます．

また，木のノードの数は，$|\mathcal{V}|-1$ です．各ノードにロジスティック回帰を行いますから，ノードごとのパラメータ数は特徴次元数 D に一致します．したがって全体のパラメータ数は $D(|\mathcal{V}|-1)$ となり，もともとの線形重みによるパラメータ数 $D|\mathcal{V}|$ とほとんど変わらないことがわかります．

階層的ソフトマックスは，前述したとおりクラスタリングなどを使ってあらかじめ木構造を与える必要があること，木構造に依存して結果が変わることには注意が必要です．また，語彙によってルートノードから葉ノードまでの経路の深さが違うため，複数の事例に対して並列計算する場合は多少工夫が必要なことも注意しなければなりません．

階層的ソフトマックスの分布からの無作為抽出は，各ノードの二値分類を繰り返すことで実行できます．各二値分類は語彙数に依存しない時間計算量で実施できるため，1 つの単語を抽出するのもおよそ語彙数の対数時間で実行できます．分布の中から確率最大となる単語を選択する場合は，ルートノードからいずれかの葉ノードまでの最短路を探す問題と等価になります．これはダイクストラ法などを利用して効率的に計算することができます．

4.3.7 高速化手法の比較

それぞれの手法はどのような差をもっているのか比較してみましょう．まず，重点サンプリングによる手法は，もともとの目的関数の方針を変えずに，計算の重い勾配の期待値計算を近似によって軽くしています．一方 NCE と，その簡易版である負例サンプリングは，分配関数を陽に計算しなくてよいように新しいパラメータをおいて，新しい目的関数で推定を行っています．ブラックアウトも同じように分配関数を計算しない目的関数を設計していますが，パラメータをおくのではなくて分配関数が割り算によってキャンセルさ

れるよう，巧妙に目的関数を設計しています．そのため，NCE，負例サンプリング，ブラックアウトは，もともとの最尤推定とは大きく異なる目的関数を設定しています．また，結果的にはこれら 4 つの手法はいずれも，何らかの分布からの少数の無作為抽出結果だけを利用することで，学習時の計算量を落としています．そのため時間計算量は，語彙数 $|\mathcal{V}|$ ではなく，利用する標本数に依存した計算量となります．一般的には無作為抽出には語彙数に比例した時間がかかりますが，効率的に実装できるため大きな問題にはなりません．無作為抽出の効率的な実装方法については 7.3.2 節と 7.3.3 節で議論します．一方で，パラメータの形式は元のソフトマックスと変わらないため，利用時には通常のソフトマックスの計算と同等の計算時間が必要です．ただし，NCE には自己正規化という特徴があるため，利用時に分配関数を計算しなくてもよいという特徴をもっています．

階層的ソフトマックスは他の手法とは大きく異なり，巨大なソフトマックス関数を小さなソフトマックス関数の積の形に表現することで，必要な計算自体を落としています．無作為抽出による近似を行うのではなく，モデルそのものを大きく変えています．また，計算量は木の深さに依存するため，おおむね語彙数 $|\mathcal{V}|$ の対数 $O(\log|\mathcal{V}|)$ 程度になります．一方，パラメータの意味合いが大きく変わるため，利用する場合の方法は大きく異なります．

ソフトマックスの高速化手法の研究は，ここで紹介された手法以降にもさらに新しい手法が年々提案されています [24, 53]．目的関数がどのように変わるか，どのような近似を利用しているか，利用するときにどのような工夫が必要かといった点は，これらを比較する場合に重要になります．

Chapter 5

応用

本章では，深層学習による発展を遂げた言語生成に関連する応用を紹介します．機械翻訳（5.1 節）において系列変換モデルが従来の統計翻訳の方法を超える翻訳精度を示し，従来に比べて流暢な生成が行えるといったその性質が明らかになるにつれ，文書要約（5.2 節），対話（5.3 節），質問応答（5.4 節）への応用が模索されるようになりました．対話での発話者の表現方法や質問応答での知識源の表現方法など，それぞれのタスクごとの拡張や課題なども本章で取り上げます．

5.1 機械翻訳

本節では，深層学習を用いた機械翻訳について説明します．

5.1.1 「統計」翻訳と「ニューラル」翻訳

コンピュータを用いて人手を介さず自動的にある言語の文章を別の言語の文章に翻訳する方法論を総称して，**機械翻訳** (machine translation; MT) と呼びます．歴史的には，ルールベース翻訳，用例ベース翻訳，**統計翻訳** (statistical machine translation; SMT) と，時代とともに主たる方法論の推移がありました．自然言語処理の分野では，2014 年以降，3.4 節で解説した系列変換モデルの枠組みを使った機械翻訳を総称して，**ニューラル翻訳** (neural machine translation; NMT) と呼ぶ場合が散見されます．本書でも，この流れに合わせて以下のように用語を定義します．

定義 5.1 （ニューラル翻訳/ニューラル翻訳モデル）

特に，系列変換モデルのように1つのニューラルネットで翻訳モデルを構成するような機械翻訳方式を，総称してニューラル翻訳と呼びます．

補足 5.1 一般に，ニューラル翻訳 (NMT) という用語は，統計翻訳 (SMT) との対比として使われる用語です．しかし，最近では，系列変換モデルを使った機械翻訳の総称として使われるようになりました．ただし，自然言語処理分野以外の人に対してモデルを説明する場合は，「ニューラル翻訳モデル」ではなく，「系列変換モデル」という他分野でも通用する呼び名を使うことが望ましいと考えられます．また，英語略記はNMTなので，「ニューラル機械翻訳」と訳すほうが正しいかもしれませんが，ニューラル翻訳という用語がすでに定着しつつあります．

2015年，2016年で，これまで主流だった統計翻訳から，ニューラル翻訳への研究の大きな移行が起こりました．さまざまな要因があると思われますが，コンテスト形式の機械翻訳国際会議[*1]であるWMT15[*2]，WMT16[*3]においてニューラル翻訳システムが統計翻訳システムを大きく上回る結果を挙げたことが主たるきっかけであると考える人が多いです．これ以外にも，系列変換モデルが最初に発表された当時は，何をやっているのか理解が難しいと考えられていましたが，徐々に研究発表が増えノウハウが蓄積されることで，どのようにすればよい翻訳が得られるのかが，一部の研究者だけではなく，多くの研究者にわかるようになったからと考えられます．

自然言語処理分野では，機械翻訳タスクでの系列変換モデルの発展研究が現在の主流の1つになっています．その意味で，機械翻訳に関わる深層学

*1 2016年にワークショップから国際会議に昇格し，第一回会議となっています．
*2 http://www.statmt.org/wmt15/
*3 http://www.statmt.org/wmt16/

習/ニューラルネットの研究は毎年非常に多くの研究成果が報告されています．ここでは，それらのすべてを網羅するのは無理なので，2017年1月時点でニューラル翻訳に関する研究論文の比較対象となる技術（ベースライン技術）として扱われている部分までに絞って解説します．

5.1.2 典型的なモデル構成

現在，ニューラル翻訳で用いられている「典型的なモデル」を1つ紹介します．注意機構付き系列変換モデルがニューラル翻訳を含めた機械翻訳のベースラインと考えられるようになってきました．もちろんweb上に公開されているニューラル翻訳のツール類が増えてきたことも，ベースラインとして使われるようになった一因だと思われます．

ここでは，現時点で論文中のベースラインとしてよく利用されるツールを2種類ほど取り上げてみます．

- GroundHog*4 (RNNSearch)
  モントリオール大学からリリースされています．現在，メンテナンスなどはすでに終了しており，新しいコードを使うことが推奨されています．これまで発表された論文中のベースラインとして多く使われてきた経緯から，取り上げました．GroundHogの実装は，注意機構なしとありの両方の場合を含みます．よって，「GroundHog」という用語は実装の名前でもありますが，論文の実験のセクションでは「RNNEncDec」と同義である第1世代のNMT，つまり，注意機構なしのseq2seqモデルを指して使われる場合があります．「RNNSearch」という用語は，注意機構付きの第2世代のNMTを指して使われます．このような用語の使い分けは注意が必要です．

- OpenNMT*5
  ハーバード大学からリリースされています．前身はseq2seq-attnという実装名でした（2016年12月に現在の名前に変更されました）．よって，論文によっては，「seq2seq-attn」で参照されている場合があります．

---

*4 Python+Theano https://github.com/lisa-groundhog/GroundHog
*5 lua+Torch http://opennmt.net

現時点で，速度，メモリ使用量，最終的な翻訳精度で優れているといわれています．

ここでは，理解を深めるため，実際に OpenNMT で採用されているモデルを 1 つ取り上げ，具体的に解説します．

まず，符号化部分を解説します．ここでは，符号化器再帰層に **2 層双方向 LSTM** を使う例で説明します．**アルゴリズム 5.1** に擬似コードを示します．$\Psi(\cdot)$ を LSTM の処理を表す関数とします．**図 5.1** にアルゴリズム 5.1 に相当する計算の概略図を示します．

次に，復号化器再帰層に 2 層 LSTM を使う例で，**アルゴリズム 5.2** に学習時の復号化処理の擬似コードを示します．**図 5.2** にアルゴリズム 5.2 に相当する計算の概略図を示します．

最後に，学習後に未知データに対して適用する際（評価時）の復号化処理の擬似コードを**アルゴリズム 5.3** に示します．

ここで，学習時と評価時の処理の違いについて触れておきます．学習時は正解を用いて現在のパラメータの損失を計算し，その損失に基づいてパラメータ更新します．それに対して，評価時は正解がわからないので，前の時刻 $j-1$ の予測結果を利用して時刻 j の予測を行うという処理を繰り返します．また，学習時は，正解の単語数と文末の仮想単語 EOS を処理するため事前に $J+1$ 回繰り返し処理を行えばよいことがわかります．一方，評価時は，正解がわからないので，EOS が出力されるまで繰り返すという処理になります．評価時の復号化器の概略図は，これらの違いを意識しながら学習時のもの（図 5.2）を参照してください．

評価時の復号化処理は，3.4.4 節にあるように，一般的にビーム探索を用いて処理を行うことが多いです．上記のアルゴリズムはビームが 1 の時と等価なアルゴリズムになっている点に注意してください．

アルゴリズム 5.1 2 層双方向 LSTM による符号化器の計算アルゴリズム例

Input: $\boldsymbol{X} = (\boldsymbol{x}_i)_{i=1}^{I}$
begin
  $\boldsymbol{h}_0^{\mathrm{fw1}} \leftarrow \boldsymbol{0},\ \boldsymbol{h}_0^{\mathrm{fw2}} \leftarrow \boldsymbol{0},\ \boldsymbol{h}_{I+1}^{\mathrm{bw1}} \leftarrow \boldsymbol{0},\ \boldsymbol{h}_{I+1}^{\mathrm{bw2}} \leftarrow \boldsymbol{0}$ // 初期化
  $\bar{\boldsymbol{X}} \leftarrow \boldsymbol{E}^{\mathrm{s}}\boldsymbol{X}$ // 対応する埋め込みベクトルを取得
  for $i \leftarrow 1$ **to** I **do**
    $\boldsymbol{h}_i^{\mathrm{fw1}} \leftarrow \Psi^{\mathrm{fw1}}(\bar{\boldsymbol{x}}_i, \boldsymbol{h}_{i-1}^{\mathrm{fw1}})$ // 前向き 1 層目 LSTM の計算
    $\boldsymbol{h}_i^{\mathrm{fw2}} \leftarrow \Psi^{\mathrm{fw2}}(\boldsymbol{h}_i^{\mathrm{fw1}}, \boldsymbol{h}_{i-1}^{\mathrm{fw2}})$ // 前向き 2 層目 LSTM の計算
  end
  for $i \leftarrow 1$ **to** I **do**
    $i' \leftarrow I + 1 - i$
    $\boldsymbol{h}_{i'}^{\mathrm{bw1}} \leftarrow \Psi^{\mathrm{bw1}}(\bar{\boldsymbol{x}}_{i'}, \boldsymbol{h}_{i'+1}^{\mathrm{bw1}})$ // 後向き 1 層目 LSTM の計算
    $\boldsymbol{h}_{i'}^{\mathrm{bw2}} \leftarrow \Psi^{\mathrm{bw2}}(\boldsymbol{h}_{i'}^{\mathrm{bw1}}, \boldsymbol{h}_{i'+1}^{\mathrm{bw2}})$ // 後向き 2 層目 LSTM の計算
    $\boldsymbol{h}_{i'}^{\mathrm{s}} = \boldsymbol{h}_{i'}^{\mathrm{fw2}} + \boldsymbol{h}_{i'}^{\mathrm{bw2}}$ // 最終隠れ状態の計算
  end
end
Output: $\boldsymbol{H}^{\mathrm{s}} = (\boldsymbol{h}_i^{\mathrm{s}})_{i=1}^{I},\ \boldsymbol{h}_I^{\mathrm{fw1}},\ \boldsymbol{h}_I^{\mathrm{fw2}},\ \boldsymbol{h}_1^{\mathrm{bw1}},\ \boldsymbol{h}_1^{\mathrm{bw2}}$

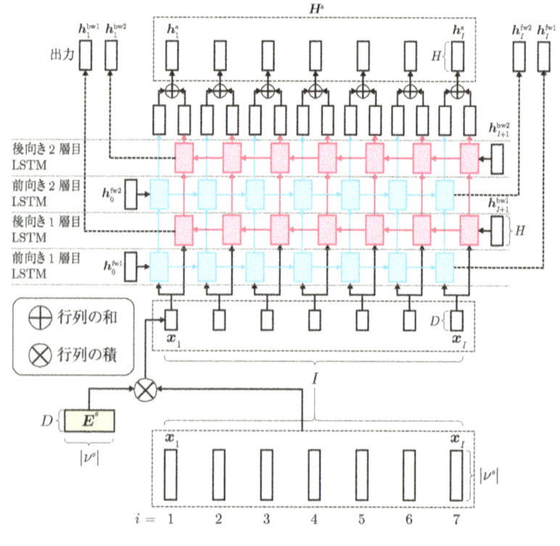

図 5.1 符号化器の計算手順.

アルゴリズム 5.2 2 層 LSTM による復号化器の計算アルゴリズム例（学習時）

Input: $\boldsymbol{H}^{\mathrm{s}} = (\boldsymbol{h}_i)_{i=1}^{I}$, $\boldsymbol{h}_I^{\mathrm{fw1}}$, $\boldsymbol{h}_I^{\mathrm{fw2}}$, $\boldsymbol{h}_1^{\mathrm{bw1}}$, $\boldsymbol{h}_1^{\mathrm{bw2}}$, $\boldsymbol{Y} = (\boldsymbol{y}_j)_{j=1}^{J}$

begin

$\boldsymbol{z}_0^{\mathrm{fw1}} \leftarrow \boldsymbol{h}_I^{\mathrm{fw1}} + \boldsymbol{h}_1^{\mathrm{bw1}}$, // 前向き 1 層目の隠れ状態初期化

$\boldsymbol{z}_0^{\mathrm{fw2}} \leftarrow \boldsymbol{h}_I^{\mathrm{fw2}} + \boldsymbol{h}_1^{\mathrm{bw2}}$, // 前向き 2 層目の隠れ状態初期化

$\boldsymbol{y}_0 \leftarrow \boldsymbol{y}^{(\mathrm{BOS})}$, $\boldsymbol{y}_{J+1} \leftarrow \boldsymbol{y}^{(\mathrm{EOS})}$, // 文頭・文末用の特殊単語で初期化

$\boldsymbol{c}_0 \leftarrow \boldsymbol{0}$ // Input feed の初期値

for $j \leftarrow 1$ **to** $J+1$ **do**

$\bar{\boldsymbol{y}}_j \leftarrow \boldsymbol{E}^{\mathrm{t}} \boldsymbol{y}_{j-1}$ // 対応する埋め込みベクトルを取得

$\boldsymbol{z}_j^0 \leftarrow \mathtt{concat}(\boldsymbol{c}_{j-1}, \bar{\boldsymbol{y}}_j)$ // Input feed

$\boldsymbol{z}_j^{\mathrm{fw1}} \leftarrow \Psi^{\mathrm{fw1}}(\boldsymbol{z}_j^0, \boldsymbol{z}_{j-1}^{\mathrm{fw1}})$ // 前向き 1 層目 LSTM の計算

$\boldsymbol{z}_j^{\mathrm{fw2}} \leftarrow \Psi^{\mathrm{fw2}}(\boldsymbol{z}_j^{\mathrm{fw1}}, \boldsymbol{z}_{j-1}^{\mathrm{fw2}})$ // 前向き 2 層目 LSTM の計算

$\boldsymbol{h}_j^{\mathrm{t}} \leftarrow \boldsymbol{z}_j^{\mathrm{fw2}}$ // （可読性向上のため記号置き換え）

$\boldsymbol{a}_j \leftarrow \mathtt{softmax}\big((\boldsymbol{H}^{\mathrm{s}})^{\top} \boldsymbol{W}_2^{\mathrm{a}} \boldsymbol{h}_j^{\mathrm{t}}\big)$ // 双線形モデルによる注意機構

$\boldsymbol{c}'_j \leftarrow \boldsymbol{H}^{\mathrm{s}} \boldsymbol{a}_j$ // $\boldsymbol{H}^{\mathrm{s}}$ の $\boldsymbol{a}_j$ による重み付き線形結合

$\tilde{\boldsymbol{c}}_j \leftarrow \mathtt{concat}(\boldsymbol{c}'_j, \boldsymbol{h}_j^{\mathrm{t}})$ // ベクトル $\boldsymbol{c}'_j$ と $\boldsymbol{h}_j^{\mathrm{t}}$ の連結

$\boldsymbol{c}_j \leftarrow \mathtt{tanh}(\boldsymbol{W}_1^{\mathrm{a}} \tilde{\boldsymbol{c}}_j)$ // 最終隠れ状態ベクトルの取得

end

for $j \leftarrow 1$ **to** $J+1$ **do**

$\boldsymbol{o}_j \leftarrow \mathtt{softmax}(\boldsymbol{W}^{\mathrm{o}} \boldsymbol{c}_j)$ // 出力単語の確率（スコア）計算

$\mathrm{loss}_j \leftarrow \mathtt{nll}(\boldsymbol{o}_j, \boldsymbol{y}_j)$ // 正解 $\boldsymbol{y}_j$ の $\boldsymbol{o}_j$ での負の対数尤度計算

end

$\mathrm{loss} \leftarrow \sum_{j=1}^{J+1} \mathrm{loss}_j$ // 損失の合計取得

end

Output: loss

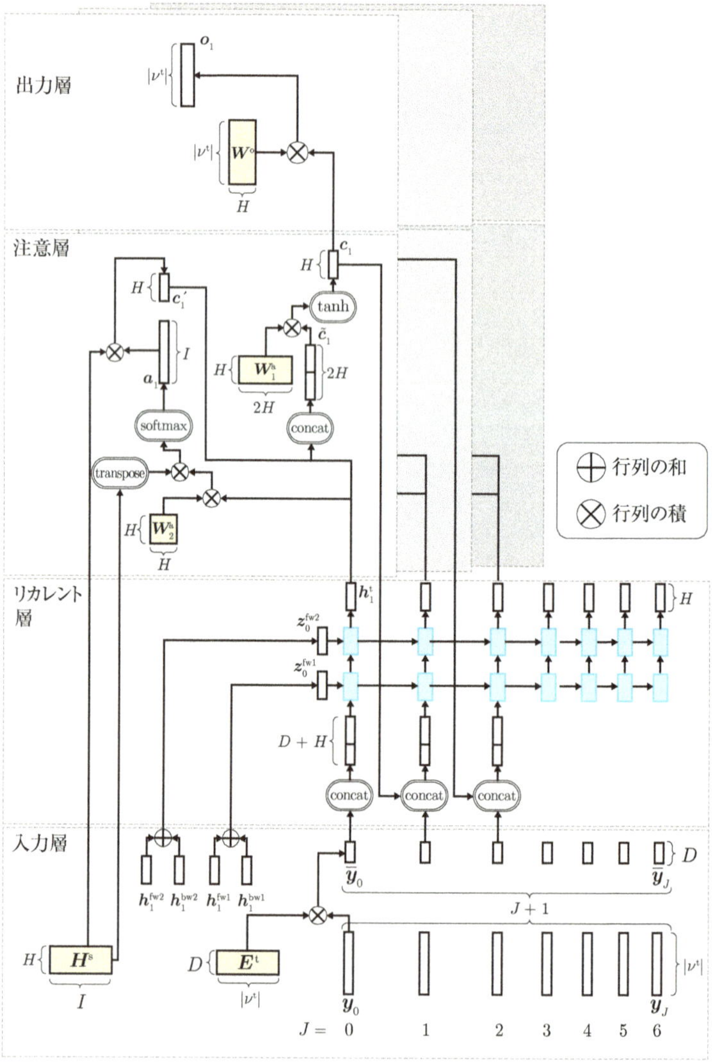

図 5.2 復号化器（学習時）の計算手順.

アルゴリズム 5.3 2 層 LSTM による復号化器の計算アルゴリズム例（評価時）

Input: $\boldsymbol{H}^{\mathrm{s}} = (\boldsymbol{h}_i)_{i=1}^{I}$, $\boldsymbol{h}_I^{\mathrm{fw1}}$, $\boldsymbol{h}_I^{\mathrm{fw2}}$, $\boldsymbol{h}_1^{\mathrm{bw1}}$, $\boldsymbol{h}_1^{\mathrm{bw2}}$

begin

- $\boldsymbol{z}_0^{\mathrm{fw1}} \leftarrow \boldsymbol{h}_I^{\mathrm{fw1}} + \boldsymbol{h}_1^{\mathrm{bw1}}$,　// 前向き 1 層目の隠れ状態初期化
- $\boldsymbol{z}_0^{\mathrm{fw2}} \leftarrow \boldsymbol{h}_I^{\mathrm{fw2}} + \boldsymbol{h}_1^{\mathrm{bw2}}$,　// 前向き 2 層目の隠れ状態初期化
- $\hat{\boldsymbol{y}}_0 \leftarrow \boldsymbol{y}^{(\mathrm{BOS})}$,　// 文頭の特殊単語で初期化
- $\boldsymbol{c}_0 \leftarrow \boldsymbol{0}$,　// `Input feed` の初期値
- $j = 0$　// ループカウンタの初期化
- **repeat**
  - $j \leftarrow j + 1$　// ループカウンタ更新
  - $\bar{\boldsymbol{y}}_j \leftarrow \boldsymbol{E}^{\mathrm{t}} \hat{\boldsymbol{y}}_{j-1}$　// 対応する埋め込みベクトルを取得
  - $\boldsymbol{z}_j^{0} \leftarrow \mathtt{concat}(\boldsymbol{c}_{j-1}, \bar{\boldsymbol{y}}_j)$　// `Input feed`
  - $\boldsymbol{z}_j^{\mathrm{fw1}} \leftarrow \Psi^{\mathrm{fw1}}(\boldsymbol{z}_j^{0}, \boldsymbol{z}_{j-1}^{\mathrm{fw1}})$　// 前向き 1 層目 LSTM の計算
  - $\boldsymbol{z}_j^{\mathrm{fw2}} \leftarrow \Psi^{\mathrm{fw2}}(\boldsymbol{z}_j^{\mathrm{fw1}}, \boldsymbol{z}_{j-1}^{\mathrm{fw2}})$　// 前向き 2 層目 LSTM の計算
  - $\boldsymbol{h}_j^{\mathrm{t}} \leftarrow \boldsymbol{z}_j^{\mathrm{fw2}}$　// （可読性向上のため記号置き換え）
  - $\boldsymbol{a}_j \leftarrow \mathtt{softmax}\big((\boldsymbol{H}^{\mathrm{s}})^{\top} \boldsymbol{W}_2^{\mathrm{a}} \boldsymbol{h}_j^{\mathrm{t}}\big)$　// 双線形モデルによる注意機構
  - $\boldsymbol{c}'_j \leftarrow \boldsymbol{H}^{\mathrm{s}} \boldsymbol{a}_j$　// $\boldsymbol{H}^{\mathrm{s}}$ の $\boldsymbol{a}_j$ による重み付き線形結合
  - $\tilde{\boldsymbol{c}}_j \leftarrow \mathtt{concat}\big(\boldsymbol{c}'_j, \boldsymbol{h}_j^{\mathrm{t}}\big)$　// ベクトル $\boldsymbol{c}'_j$ と $\boldsymbol{h}_j^{\mathrm{t}}$ の連結
  - $\boldsymbol{c}_j \leftarrow \mathtt{tanh}\big(\boldsymbol{W}_1^{\mathrm{a}} \tilde{\boldsymbol{c}}_j\big)$　// 最終隠れ状態ベクトルの取得
  - $\boldsymbol{o}_j \leftarrow \boldsymbol{W}^{\mathrm{o}} \boldsymbol{c}_j$　// 出力単語のスコア計算
  - $\hat{\boldsymbol{y}}_j \leftarrow \sigma'_m(\boldsymbol{o}_j)$　// 予測
- **until** $\hat{\boldsymbol{y}}_j = \boldsymbol{y}^{(\mathrm{EOS})}$
- $J \leftarrow j - 1$　// 代入

end

Output: $\hat{\boldsymbol{Y}} = (\hat{\boldsymbol{y}}_j)_{j=1}^{J}$

5.1.3 入出力の処理単位／未知語に対する改良

機械翻訳タスクに限った話ではないですが，系列変換モデルに基づくニューラル翻訳システムの弱点の 1 つに，語彙数の問題があります．これは，3.3 節の分散表現で，ニューラル言語モデルの弱点に対処するために分散表現の独自の獲得法が研究されたことと課題背景は同じになります．つまり，扱う語彙数を多くすると計算量が大きくなりすぎて現実的な速度での学習や評価ができなくなるということです．また，語彙数が多くなるということは，語彙選択問題がより難しくなるため，不用意に低頻度の語彙を増やしても，

翻訳精度が低下するだけという結果も往々にして起こります．さらに，イベント名，商品名など時間とともに新語が出現するので，本質的に未知語を完全になくすことは不可能です．つまり，機械翻訳タスク *6 では，未知語をどのようにうまく扱うかは永遠のテーマとなっています．

前述のように，ニューラル翻訳に移行してからは，計算量的な観点で大規模な語彙を扱うのがより難しいため，統計翻訳より扱う語彙数は基本的に少なくなっているのが現状です．その意味でも，ニューラル翻訳でも，未知語をどのように扱うかは大きな課題です．

統計翻訳時代の考え方を踏襲して，未知語と判定されたものを，後処理で何かの語に置き換えるという方法が用いられます（例:文献[95,97]）．いくつかの論文の実験セクションでは，「UnkRep」のような用語を使って，その結果を示しています．

一方，ニューラル翻訳に移行してから，新しい考え方も使われるようになってきました．1つは，入出力の単位を「単語」ではなくて「文字」にしてしまうという方法です [28]．この考え方の根底にあるのは，「文字」であれば，使われる文字集合は事前に網羅でき，かつ，増えることはないという仮定をおいてもそれほど非現実的ではないからです *7．しかも，単語の場合は，最低でも数万単語の語彙が必要ですが，文字であれば，特定の訓練データに出現する異なり文字数は多くても数1000文字程度ということがほとんどです．よって，個々の文字を選択する問題は，候補の数（語彙数）の観点では問題を簡単にできていると解釈できます．一方，個々の文字選択問題は簡単になっても，系列長は単語のときと比べて圧倒的に長くなるので，そちらで予測誤りが多くなる問題が発生します．このあたりのトレードオフの見極めはまだなされていません．

次に，文字単位はあまりにも細かすぎるという考えから，文字単位と単語単位の丁度中間に相当する方法論として，**バイト対符号化** (byte pair encoding; BPE) という方法も提案されています [129]．この方法は，ニューラル翻訳を行う前処理として，与えられたデータを使い出現頻度が最も大きい文字ペアを1つの文字としてまとめるという処理を繰り返し行い，事前に決めた

---

*6 もちろん機械翻訳タスクのみならず，多くの自然言語処理の実タスクでの共通課題です．

*7 現実的には新語同様，新文字もあり得ます．しかし，単語などと比較して新文字の出現確率は非常に低いと見積もれるので，前提としては「ない」と考えてよいとしています．

語彙数になるまでその処理を続けるという方法です．バイト対符号化で得られた文字の結合ルールは，未知の文に対しても，得られた順番で適用していけば，必ず一意に同じ符号化された文を獲得することができます．この方法により，文字単位の処理と単語単位の処理の丁度中間の都合のよい語彙数で学習ができるようになります．

文字単位，バイト対符号化，単語単位の 3 種類のうち，どれが翻訳精度や計算時間などで総合的に優れているかの決着は，現時点ではまだついていません．

5.1.4 被覆に関する改良

ニューラル翻訳の既知の弱点として，同じ単語やフレーズを繰り返し生成してしまう問題，**過剰生成問題** (over-generation problem) と，元の文の必要な語やフレーズを無視してしまう**不足生成問題** (under-generation problem) があります．

これは，注意機構を使っていたとしても，復号化器が実際に入力文のどの部分を翻訳したかという情報を知らないため引き起こされる問題です．この問題を解決するために，**被覆** (coverage) という概念を導入する方法が提案されています [101, 148]．

この被覆の考えは，統計翻訳時代には普通に使われていた概念です．しかし，ニューラル翻訳に移行した際に，いったん忘れられていました．それは，ニューラル翻訳に被覆の概念をうまく導入する方法はそれほど自明ではなかったためです．ただ，機械翻訳タスクは，タスクの定義として「入力文の意味をそのまま過不足なく保持したまま翻訳文を生成するタスク」といえるので，被覆の概念は非常に適しているといえます．このような背景から，ニューラル翻訳でも，被覆の概念が復活し，新たに取り入れられました．

具体的には，注意機構で計算される注意確率を利用します．注意機構で計算される確率は，復号化器の時刻 j で得られた固定長ベクトルが，入力文のどの部分と適合するかの確率を計算したものになります．つまり，この確率の合計が復号化器の処理が終わった際に，何らかの値（例えばすべて 1 のベクトル）になるように学習を行います *8．

*8 実際は，ニューラル翻訳では分散表現のような形で被覆を管理するため，統計翻訳の被覆ベクトルとは扱いが違います．

5.1.5 今後の発展

機械翻訳タスクは，現在の自然言語処理分野の深層学習/ニューラルネットワーク研究の中心的な位置を占めていると考えられます．前述のとおり，非常に多くの研究成果が国際会議にて報告されており，同時に玉石混交の状態です．どの技術が最終的に生き残るのか，現状は見極めが難しい側面があります．

しかし，2015 年，2016 年で，ニューラル翻訳の基礎的な知見と理論ができ上がり，世の中の大多数の研究者が統計翻訳よりも有意によいと認めるに至っています．これまでは，世界中の研究者が 1 つの方法論を育てるという感覚で研究がなされてきたように思いますが，これからは，それぞれの研究機関で独自の路線が出てくるかもしれません．

研究の余地はいまだ非常に多く残されている研究領域です．どのような方向性が有望そうかという感覚を身につけて，独自技術を開発する必要があると考えられます．

5.2 文書要約

本節では，深層学習を用いた文書要約について説明します．

5.2.1 歴史的背景

文書要約 (text summarization) は，自然言語処理分野の重要な応用問題の 1 つとして長い間研究が行われています．有名なところでは，document understanding conference (DUC) にて，日本ですと，test summarization challenge(TSC) といった評価型会議の中で，文書要約に関してさまざまな取り組みがなされてきました．ここでは機械翻訳と同じように，文書要約問題を教師あり学習問題（深層学習には限定しない）として定式化し，文書要約システムを構築する方法論を考えてみます．

しかし残念ながら，文書要約の研究では，教師あり学習の設定で問題に取り組むには，いくつかの大きな壁がありました．もっとも大きな壁と考えられるのは，教師あり学習に必須の訓練用の正解データがあまり整備されていないことです．

では，なぜ文書要約の正解データが整備されてこなかったのかの理由を考えてみます．非常に似た状況にある機械翻訳タスクと対比した際に，少なくとも以下の 2 点が指摘できると考えられます．

1. **訓練データ獲得に関する課題**

   これまで議論してきたように，深層学習/ニューラルネットを用いた学習がうまくいくかどうかは，正解訓練データを十分な量準備できるかどうかが 1 つの重要な要因となります．機械翻訳タスクでは，通常「1 文」を入力し「1 文」を出力するというシステム構成になります．一方，文書要約では，通常，「文書（複数の文の集まり）」を入力し，「要約文（通常こちらも複数文）」を出力するというシステム構成になります．この違いが示唆することは，文書要約タスクは，機械翻訳タスクよりも多くの文章を正解として集める必要があるということです．具体例として，仮に，対象となる文書が平均 10 文で構成されていると仮定すると，訓練データ量という観点では，機械翻訳と同等の数 100 万文対規模のデータ量を用意するならば，単純計算で 10 倍の数 1000 万文規模のデータを用意しなくてはいけないという計算になります．しかし，これまでよく扱われてきた文書要約の研究では，せいぜい数 10 文書しか正解が付与されたデータは整備されていない状況です．しかも，これらの正解データは通常は評価用として扱われるため，本書で議論している深層学習のような教師あり学習では，量的な観点でほとんど役に立たないデータ量しかありませんでした．

2. **タスク定義の曖昧さの課題**

   機械翻訳の場合は，「入力された文の内容を過不足なく含む翻訳先の言語の文」が正解の翻訳であると，概念的には誰もが納得できる問題の定義が可能です．しかし，文書要約の場合は，与えられた文書に対して「どの程度要約するのが適切なのか？」という，いわゆる「要約率」は，それぞれの文書要約システムが利用される場面により決定される要素であるため，機械翻訳タスクと違い，だれもが納得できる問題の定義が困難といえます．例えば，要約率を規定せずに「適切だと思う長さで要約を作れ」といった場合，人によってでき上がる要約文の要約率はまちまちになると思われます．つまり，「どの程度の要約を正解と考えるかは人による」という状況になってしまいます．実用上は，実用時の要求に合わせた要約率の正解を用意するといった運用が必要になります．つまり，学習に必要な正解データの作成基準に状況依存の要素が含まれるため，正解データを用意するのが難しいタスク設定になっています．

まとめると，機械翻訳タスクの正解データとなる**対訳文対**（通称**パラレルコーパス** (parallel corpus)）は，たとえ獲得するのにそれなりのコストがかかるとはいえ，手間と時間さえかければ比較的安定的に準備可能なのに対して，文書要約タスクの正解データは，誰もが納得する明確な正解を定義すること自体が難しいため，手間と時間をかけたとしても，得られるとは限らないという違いがあります．

補足 5.2 機械翻訳タスクは，「入力が日本語」「出力が英語」のように入力と出力の言語が違います．それに対して，一般的に文書要約タスクは入力も出力も同一の言語です．人間の通常の感覚からすると入力と出力の言語が違うので，機械翻訳タスクのほうが文書要約タスクよりも圧倒的に難しいように感じられます．入力または出力のどちらか一方の言語が非母国語であり，十分に習得していない状況を想定すれば，特にそう感じると思います．しかし，「符号化復号化モデル」（あるいは「系列変換モデル」）という観点では，必ずしもこの感覚は正しくありません．コンピュータにとっては言語が同じか違うかという事象は困難性の要因としては瑣末なものであり，符号化復号化モデルによる学習の枠組み自体が言語依存の大部分をモデル内で吸収してしまうためです．符号化復号化方式が条件付き言語と見なせることも大きく寄与しています．

5.2.2 短文生成タスク／見出し生成タスク

前述のとおり，従来の文書要約問題を深層学習の枠組みで扱うのは，原理的には機械翻訳タスクとほぼ同じモデル化が可能であると考えられる一方，問題の定義やデータの整備具合から現状比較的難しいです．そこで，もう少し問題を簡易にした文書要約問題として，ニュース記事の 1 文目を入力とし，そこから見出し（ヘッドライン）を生成する要約問題に対して，符号化/復号化型のニューラルネットを用いた文書要約法が，2015 年に文献[125] により提案されました．

「ニュース記事の 1 文目を与えて見出し（ヘッドライン）を生成する」というタスクは通称**見出し生成タスク** (headline generation task) と呼ばれ，文書要約研究の中で比較的簡単なタスク設定という位置付けで，これまで取り組まれてきました [9, 162]．また同様に，前述の国際会議 DUC-2003, 2004 の中でも，「very short summary」と呼ばれる平均 10 単語といった非常に短い要約文を生成するタスク設定があり *9，これが見出し生成タスクとほぼ同じようなタスク設定になります．

見出し生成タスクが深層学習技術に適していると考えられる理由は，ニュース記事の 1 文目と見出しの正解入出力ペアは，新聞記事の電子データさえあれば比較的容易かつ大量に取得できるからです．つまり，前述した「要約文書を大量に集めるのが困難である」という課題を，見出し生成タスクであれば克服できることになります．また，1 文から（より短い）1 文を生成するタスクなので，機械翻訳タスクと同等のデータ量で文書要約タスクの評価を行うことができると考えられます．実際に，文献[125] では，Linguistic data consosiam(LDC)*10 から発行されている Annotated Gigaword コーパス *11 に対して，自動で 1 文目と見出しを抽出してきて，合計約 440 万対の入出力ペアを取得しています．これを，訓練データ約 360 万文，開発データ約 40 万文，評価データ約 40 万文に分割し，見出し生成タスクの実験を行っています *12．ただし，実際の評価には 1951 文で要約性能を評価することが標準となっています *13．

文献[125] では，3.2.3 節の順伝播型ニューラル言語モデルと，4.1 節の注意

*9 http://duc.nist.gov/duc2003/tasks.html, http://duc.nist.gov/duc2004/tasks.html

*10 https://www.ldc.upenn.edu

*11 https://catalog.ldc.upenn.edu/ldc2012t21

*12 実験で使われたデータは著者が公開しているツール https://github.com/facebookarchive/NAMAS に含まれるデータ生成スクリプトを用いることで獲得できます．

*13 文献[26] 内で，文献[125] では 2000 文と記載していましたが，その後空行を含んでいたことがわかり，それを除いた 1951 文で評価されるようになりました．

機構を組み合わせた形の符号化器を用いて，見出し生成モデルを構成しています．このモデルを Gigaword コーパスを用いて学習を行い，DUC-2004 の見出し生成タスク [118] の評価データで，2004 年のコンテスト当時のもっともよい結果が得られたシステム Topiary[163] よりも自動評価法 ROUGE[90] でよい結果が得られたことが報告されています．この論文に関する実装は公開されており，学習や評価データの作成方法手順も揃っています．そのため，以降，生成型の文書要約のベンチマークデータとして広く利用されるようになりました．例えば，文献[4,26,58,78,115,143] などが挙げられます．その意味で，深層学習/ニューラルネットによる生成型の文書要約の先駆けとなる論文といえます．

以降では，文書要約タスクとして，深層学習/ニューラルネットを適用するのに適していると考えられる見出し生成タスクに焦点を当て，文書要約タスク特有の深層学習の発展を見てみます．

5.2.3 文書要約タスクでの符号化復号化方式の発展

ここでは，これまで見出し生成タスクにおいて，符号化器と復号化器を組み合わせたモデルがどのように利用されてきたかを簡単に追ってみます．

(1) 注意機構を用いるモデル

前述したように，文献[125] では，見出し生成タスクに対する符号化復号化方式の 1 番目のモデルとして，3.2.3 節の順伝播型ニューラル言語モデルと，4.1 節の注意機構を組み合わせた形の符号化器を組み合わせた見出し生成モデルが提案されています．論文中では，**Attention Based Summarization** (ABS) と名付けられています．

見出し生成タスクは文章要約タスクの一種なので，もちろん入力文長より出力（要約）文長のほうが短いことを仮定します．つまり，入力文長が I で，出力（要約）文長が J のときに，$I > J$ の関係があることを仮定します．このとき ABS では，入力文 $\boldsymbol{X}$ が与えられたときの要約文 $\boldsymbol{Y}$ の条件付き確率を以下の計算式に従ってモデル化します．

$$P_{\text{abs}}(\boldsymbol{Y}|\boldsymbol{X}) = \prod_{j=1}^{J+1} P_{\text{abs}}(\boldsymbol{y}_j|\boldsymbol{X}, \boldsymbol{Y}_{[j-C,j-1]}) \tag{5.1}$$

式 (3.32) と比較すると，順伝播型ニューラルネットなので文脈の長さが C で固定になっている *14 以外は，同じ形式ということがわかります．

次に，j 番目の出力単語に関する条件付き確率を以下のように定義しています．

$$P_{\mathrm{abs}}(\boldsymbol{y}_j|\boldsymbol{X},\boldsymbol{Y}_{[j-C,j-1]}) = \mathtt{softmax}(\tilde{\boldsymbol{o}}_j)\cdot\boldsymbol{y}_j \tag{5.2}$$

$$\tilde{\boldsymbol{o}}_j = \mathtt{nnlm}(\boldsymbol{Y}_{[j-C,j-1]}) + \mathtt{enc}(\boldsymbol{X},\boldsymbol{Y}_{[j-C,j-1]}) \tag{5.3}$$

nnlm $(\cdot)$ は順伝播型ニューラル言語モデル [11] と同等のモデルで出力層ベクトルのソフトマックス関数をかける前のベクトルに相当します．式 (3.11) 中でいうと $\boldsymbol{o}$ です．また，enc$(\cdot)$ は注意機構を用いて入力文を符号化したベクトルになります．

nnlm$(\cdot)$ を計算する際の模式図が**図 5.3** になります．ただし，$\boldsymbol{E}$，$\boldsymbol{U}$，$\boldsymbol{O}$ は nnlm$(\cdot)$ 計算時のパラメータ行列です．$|\mathcal{V}^{\mathrm{t}}|$ を出力側の語彙数，D を単語埋め込みベクトルの次元数，H を隠れ状態ベクトルの次元数とすると，それぞれ $\boldsymbol{E}\in\mathbb{R}^{D\times|\mathcal{V}^{\mathrm{t}}|}$，$\boldsymbol{U}\in\mathbb{R}^{H\times(CD)}$，$\boldsymbol{O}\in\mathbb{R}^{|\mathcal{V}^{\mathrm{t}}|\times H}$ です．計算式自体は，式 (3.11) を参照してください．

処理の手順としては，まず入力層の計算を行います．入力層の計算は，出力側の単語に対応する埋め込みベクトル $\boldsymbol{e}_k$ を埋め込み行列 $\boldsymbol{E}$ から取得する処理になります．ここでは，$j-1$ 番目の単語から前 C 個分の埋め込みベクトルを取得します．次に，隠れ層の計算の入力ベクトルを得るために，入力層で得られた埋め込みベクトルを連結します関数 concat$(\cdot)$ は，与えられた複数の列ベクトルを列（縦）方向に連結する関数とします．つまり，式 (3.11) または図 5.3 中の $\tilde{\boldsymbol{y}}_j$ は，$j-C$ から $j-1$ までの C 個の D 次元ベクトルを列（縦）方向に連結したベクトルになります．よって，$\tilde{\boldsymbol{y}}_j$ は CD 次元の列ベクトルです．続いて，隠れ層の計算を行います．隠れ層の計算は，連結したベクトル $\tilde{\boldsymbol{y}}_j$ に対して変換行列 $\boldsymbol{U}$ をかけた後，関数 tanh$(\cdot)$ により非線形変換を行い，$\boldsymbol{h}_j$ を出力します．最後に，出力層の計算を行います．出力層では，$\boldsymbol{h}_j$ を変換行列 $\boldsymbol{O}$ を用いて線形変換することで，最終的に各出力単語に対するスコアを求めています．nnlm$(\cdot)$ は言語モデル部分なので，基本的に出力側の単語のみの情報を使ったモデルになっています．C 単語前までの情

*14 式 (3.32) は，再帰ニューラルネットなので j より前に出現した単語をすべて文脈として利用します．

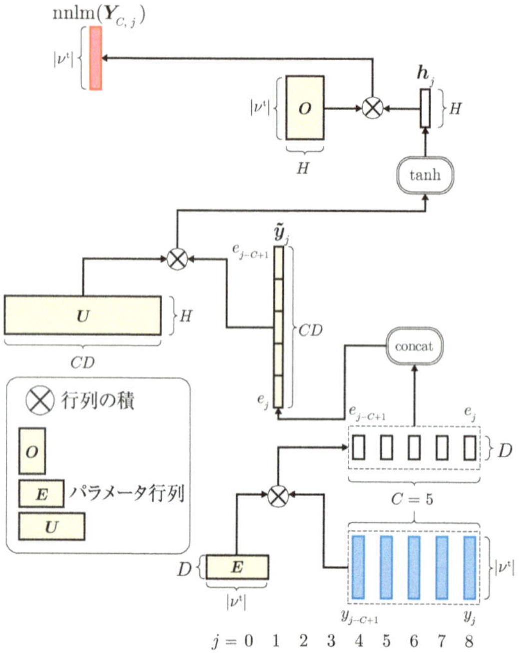

図 5.3 nnlm の計算手順.

報（埋め込みベクトル）を使って，次の単語を予測する典型的な順伝播型のニューラル言語モデルになります．

次に，式 (5.3) 中の enc(·) の計算方法について説明します．**図 5.4** が模式図になります．enc(·) は入出力間の注意機構の計算に相当します．

$$
\begin{aligned}
&\text{(出力層の計算)} && \mathrm{enc}(\boldsymbol{X}, \boldsymbol{Y}_{[j-C,j-1]}) = \boldsymbol{O}'\bar{\boldsymbol{X}}\boldsymbol{p}_j \\
&\text{(注意確率の計算)} && \boldsymbol{p}_j = \mathtt{softmax}(\tilde{\boldsymbol{X}}^{\top}\boldsymbol{P}\tilde{\boldsymbol{y}}'_j) \\
&\text{(行列表記へ変換)} && \bar{\boldsymbol{X}} = [\bar{\boldsymbol{x}}_1, \ldots, \bar{\boldsymbol{x}}_I] \\
&\text{(出力層の計算 2)} && \bar{\boldsymbol{x}}_i = \textstyle\sum_{q=i-Q}^{i+Q} \frac{1}{Q}\tilde{\boldsymbol{x}}_q \\
&\text{(ベクトルの連結処理)} && \tilde{\boldsymbol{y}}'_j = \mathtt{concat}(\boldsymbol{e}'_{j-C}, \ldots, \boldsymbol{e}'_{j-1}) \\
&\text{(埋め込みベクトル取得 1)} && \tilde{\boldsymbol{X}} = \boldsymbol{F}\boldsymbol{X} \\
&\text{(埋め込みベクトル取得 2)} && \boldsymbol{e}'_k = \boldsymbol{E}'\boldsymbol{y}_k \;\; \forall k \in \{j-C, \ldots, j-1\}
\end{aligned}
\tag{5.4}
$$

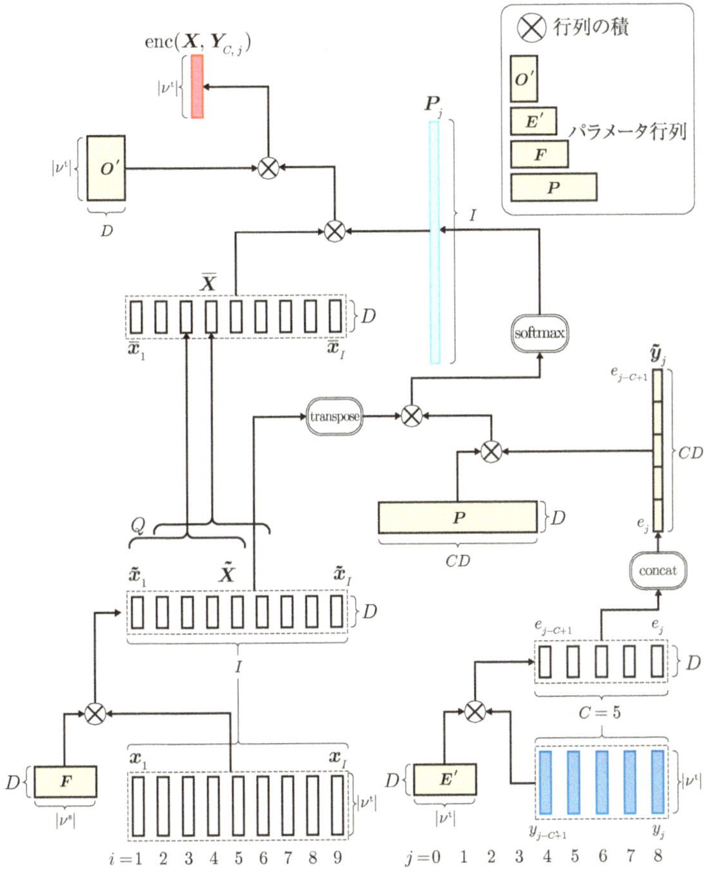

図 5.4 enc の計算手順．

ここで，$\boldsymbol{F}$，$\boldsymbol{E}'$，$\boldsymbol{O}'$，$\boldsymbol{P}$ の 4 つの行列が enc(·) のパラメータ行列になります．$\boldsymbol{F} \in \mathbb{R}^{D\times|\mathcal{V}^{\rm s}|}$ と $\boldsymbol{E}' \in \mathbb{R}^{D\times|\mathcal{V}^{\rm t}|}$ は，入力側と出力側のそれぞれに対応する埋め込み行列です．$\boldsymbol{O}' \in \mathbb{R}^{|\mathcal{V}^{\rm t}|\times D}$ は，出力層の変換行列になります．また，$\boldsymbol{P} \in \mathbb{R}^{D\times(CD)}$ は，注意確率を計算する際に利用される入力と出力の関連度を表現した変換行列です．

まずはじめに，入出力それぞれを埋め込みベクトルに変換します．この処理により，入力側の埋め込みベクトルのリスト $\tilde{\boldsymbol{X}}$ と出力側の $k=j-C$ から $k=j-1$ までの埋め込みベクトル $\boldsymbol{e}'_k$ が得られます．出力 $\boldsymbol{e}_k$ 側は，$j-1$ 番目から前 C 個分の埋め込みベクトルを連結して $\tilde{\boldsymbol{y}}'_j$ を得ます．この処理は，nnlm(·) を計算する際と同じです．ただし，使っている埋め込みベクトルが $\boldsymbol{E}$ と $\boldsymbol{E}'$ で違うので，値自体は別のものになります．次に，$\tilde{\boldsymbol{X}}$ と $\tilde{\boldsymbol{y}}'_j$ を使って注意確率を計算します．ここでの，注意確率の計算は，**双線形** (bilinear) **モデル**が選択されています．例えば，前 C 単語の埋め込みベクトルを連結したベクトル $\tilde{\boldsymbol{y}}'_j$ が，$\tilde{\boldsymbol{x}}_i$ と強く対応する場合，注意確率 $\boldsymbol{p}_j$ の i 番目の要素の値が相対的に大きくなります．最後に，入力側の行列 $\bar{\boldsymbol{X}}$ を，得られた注意確率 $\boldsymbol{p}_j$ の確率分布に従って線形結合し，最後に変換行列 $\boldsymbol{O}'$ によって線形変換した値が各単語を選択する enc(·) のスコアになります．ただし，$\bar{\boldsymbol{X}}$ は，窓幅 Q にある入力層の単語埋め込みベクトルの平均値ベクトルのリストを行列形式にしたものです．

補足 5.3 このように，見出し生成タスク用に一番初めに提案されたモデル ABS は，ニューラル翻訳で主に利用されている系列変換モデルとは違う構成になっています．もともと ABS は，国際会議 ACL2014 のベストペーパー [34] を符号化復号化方式に拡張したモデルという位置づけで提案されています．また 2015 年当時は，注意機構付きの系列変換モデルの性能が翻訳で非常によい性能を出すということはまだ広く知られていなかったため，さまざまなモデルが模索されていたという状況です．符号化復号化モデルにおける注意機構は，2015 年に多く提案されています [6,96]．ABS もその 1 つに数えられます．

(2) 再帰ニューラルネットに基づく拡張

ABS の提案から半年後には，文献[26] で，再帰ニューラルネットを用いた復号化器への拡張が提案されています．また，それとほぼ同時期に，3 番目の見出し生成タスクの論文として文献[114, 115] によって，見出し生成タスクでも，符号化器，復号化器ともに再帰ニューラルネットに基づくモデル化が良さそうという発表がなされました．これ以降は，翻訳タスクに利用される系列変換モデルと，見出し生成タスクで用いられるモデルは，基本的に同じモデルを用いるようになりました．今後，細部においてタスクに合わせて違いが出る可能性はあるにせよ，基本のモデル形式は同じでほぼ問題ないという状態になったと思われます．

補足 5.4 このように文書要約タスクでも，生成側のモデルは再帰ニューラルネットに基づくモデルが順伝播型のモデルよりも良さそうという知見が得られました．実はこれはそれほど自明なことではありません．見出し生成タスクの場合，生成される見出しは，限定された長さ以下で見出しを作成しなくてはいけない都合上，構文構造が通常の文と比べて不自然であったり，体現止めや特殊な表現方法を使ったりする場合が多いです．この影響で，見出し用の言語モデルを作成するのは，通常の文の言語モデルより難しい問題になっています．その観点で，必ずしも再帰ニューラルネットのように過去のすべての情報を使って次の単語を決めるよりも，例えば，順伝播型言語モデルのように，局所情報のみを使ったほうがよいという場合も考えられたわけです．

5.2.4 今後の発展

前に述べたように，ニューラル翻訳で使われる系列変換モデルと文書要約タスク（見出し生成）で使われるモデルは，基本的に同じもので問題ないということがこれまでの研究成果でわかってきました．しかし，文書要約の特徴に合わせてモデルを改良した方法もいくつか提案されています．ここでは，それら特徴的な方法をいくつか簡単に紹介します．具体的な内容に関してはそれぞれの論文を参照してください．

(1) 要約率

1つ目の話題として，要約文長の制御に関する対応があります．これは前に述べた要約率に関わる話題となります．見出し生成タスクにより，正解訓練データを自動かつ大量に取得することができるようになりました．しかし残念なことに，要約率の設定に関して課題があることは見出し生成タスクにおいても変わりません．この要約率の課題に着目し，事前に与えられた文字数（場合によっては単語数）で要約を生成する方法論が文献[78] によって提案されました．この文献の中では，単純な方法から複雑な方法まで，要約の長さを事前に与えられた長さに制御する方法が 4 種類示されています．もっとも効果的な方法の 1 つとして，j 番目の復号化処理の際に，残り文字数の埋め込みベクトルを入力 $\boldsymbol{y}_{j-1}$ と合わせてニューラルネットに代入することで，残り文字数の情報を加味しながら j 番目の単語 $\boldsymbol{y}_j$ を予測することになります．残り文字数の情報が入ることで，例えば，残り文字数が 4 文字だと知っていれば出力単語は 4 文字以下のもっともよい単語を選択すべきといった処理が期待できます．実際に実験では，提案モデルを用いることで，設定した要約文長に適した長さの要約が生成できるようになっています．

ただし，ここでひとつの注意点として，出力の長さ（あるいは要約率）は事前にタスクの定義で与えられていることを想定しています．モデルが自動で最適な要約率を決定してくれる方法論ではありませんし，それを目指した方法論でもないということは誤解しないようにしなくてはなりません．

(2) 意味表現の利用

2つ目の例として，見出し生成タスクの性能向上に有益と考えられる意味情報を利用する方法も提案されています．文献[143] では，**Abstract Meaning Representation** (AMR)[8] と呼ばれる意味表現に対する符号化器を提案し，その意味表現から得られた符号を符号化復号化モデルに追加することで，見出し生成タスクの性能向上に取り組んでいます．AMR では述語（動詞）と中心として，その主語や目的語といった関係，固有名詞と代名詞が同一のものを指しているかといった意味的な情報をグラフ構造で表現します．この AMR のグラフ構造を木構造 LSTM[142] の一種を用いて符号化し，得られた符号を注意機構の枠組みで復号化器に受け渡すようにしています．具体的には，式 (5.3) を以下のように拡張します．

$$\tilde{\boldsymbol{o}}_j = \texttt{nnlm}(\boldsymbol{Y}_{[j-C,j-1]}) + \texttt{enc}(\boldsymbol{X}, \boldsymbol{Y}_{[j-C,j-1]}) + \texttt{encAMR}(\boldsymbol{A}, \boldsymbol{Y}_{[j-C,j-1]}) \tag{5.5}$$

$\texttt{encAMR}(\boldsymbol{A}, \boldsymbol{Y}_{[j-C,j-1]})$ の計算は以下で表されます．

$$\texttt{encAMR}(\boldsymbol{A}, \boldsymbol{Y}_{C,j}) = \boldsymbol{O}''\boldsymbol{A}\boldsymbol{s}_j \tag{5.6}$$

$$s_j = \mathtt{softmax}(\boldsymbol{A}^\top \boldsymbol{S}\tilde{\boldsymbol{y}}'_c) \tag{5.7}$$

ここで，$\boldsymbol{S}$ は式 (5.4) 中の $\boldsymbol{P}$ と同じ役割の変換行列になります．同様に，$\boldsymbol{O}''$ は，式 (5.4) 中の $\boldsymbol{O}'$ と同じ役割の変換行列になります．$\boldsymbol{A}$ を，AMR に従って得られた隠れ状態ベクトルを順番に並べて行列表記したものとします．AMR 中の頂点の数が J のとき，$\boldsymbol{A} = [\boldsymbol{a}_1, \ldots, \boldsymbol{a}_J]$ です．

実験では，意味的に解析した情報を追加することで，見出し生成時に使える情報が増え，結果として見出し生成タスクの性能が向上しています．

(3) コピー機構

3 つ目の例として，文書要約タスクに限った話ではありませんが，文書要約タスクでは入力側に出現した単語そのものを出力として利用することが多いです．例えば機械翻訳タスクと比較すると，文書要約タスクは同じ言語であるがゆえにその割合は圧倒的に大きくなります．その点に着目し，文献[57,58,114] では，入力側の単語を出力側に「コピー」するという処理を仮想的に導入することで，入力側の情報を効果的に出力側で利用する方法論が提案されています．具体的には，注意機構で計算される確率や，各入力単語がコピーされる確率を計算し，その確率に従って，入力単語をそのまま出力するかを決定する方法になっています．

また見出し生成以外の文書要約タスクにニューラルネットを利用する取り組みも当然なされています．例えば，文献[42] では，抽出型の文書要約タスクを深層学習/ニューラルネットを用いてモデル化する方法が提案されています．

このように，機械翻訳タスク同様，深層学習/ニューラルネットを用いた研究は文書要約タスクでも多く見られるようになりました．しかし，前述のとおり，タスクの定義自体が文書要約タスクは機械翻訳タスクより複雑であるので，機械翻訳タスクほどは深層学習/ニューラルネット一色になっているわけでありません．その意味で，文書要約タスクへの効果的な適用方法は，まだ取り組む余地が残された課題といえます．

5.3 対話

本節では，ニューラルネットを用いた対話システムについて説明します．

5.3.1 対話システム

対話システム (dialog system) は，人とコンピュータが会話をすることを目的としたシステムです．対話システムが主に目指すところは，「会話」を人間とコンピュータとのユーザインターフェース (UI) として使うことです．UI としての対話システムは以前は運転中など手で機器を操作できない場合に使われていましたが，非定型な操作を行うための自然な UI として近年特に注目を集めています．

主に旅行案内など特定のタスクを目的としたタスク志向対話システムは言語の認識・対話の状態管理・言語の生成など個別のサブシステムの組み合わせで構成されてきました．しかし，他の応用と同様に，ニューラルネットに基づく手法で人の発話などを入力として応答を出力とするシステムを直接学習することが行われるようになりました．個別のサブシステムのための訓練データなどは不要で，自然な会話の記録があれば学習できることが利点の 1 つです．なお，ニューラルネットが使われる以前にも機械翻訳の枠組みで大規模な対話データを使って対話システムの学習が可能になることは示されていました [124]．そして，機械翻訳で成功を収めた系列変換モデルはすぐに対話システムにも応用されました．文献[151] では社内 IT ヘルプデスクのデータを使い，IT システム利用者からの質問を対話を通して解決できる例を示しました．

参考 5.5 「対話」というと音声を入出力にしたロボットとの対話を思い浮かべる読者もいるかと思います．しかし，2017 年 1 月時点の自然言語処理研究で主に扱われているのはテキスト化された会話であるため，本節でもテキスト化された会話を対象とした研究のみを紹介しています．これらの研究では，ソーシャルネットワークサイトのログや映画の字幕などがテキスト会話データとして使われています．本節ではテキスト会話のみを対象にした研究を紹介しますが，訓練データが揃えばテキストを介さず音声やジェスチャを主とした多様な情報源からなる文脈から音声応答を直接生成するモデルが提案されるかもしれません．機械翻訳ではテキスト翻訳を生成せずに系列変換モデルを使って直接音声翻訳を生成する研究[38]もあり，対話でも同様の発展を遂げる可能性があります．音声を入出力にした対話も系列変換モデルが適用できると考えられますが，テキストによる会話と比べて，音声会話では発話者の認識が自明でないなど特徴が異なるため，異なるアプローチがとられる可能性もあります．

5.3.2 対話モデル

対話モデルの研究で現在主に取り組まれているタスクは対話文脈を参照して適切な応答を予測するタスクです（図 5.5）．話者が替わることを**話者交替** (turn-taking) といい，**対話文脈** (context) とは複数の話者交替で区切られた発話の系列です．そして，最後の話者交替のあとの次の話者がコンピュータ（対話システム）という想定で，返すべき発話（**応答**; response）を予測します．2 人の話者による設定では，この予測された応答に対してもう 1 人の（人間である）話者が応答し，そこまでの発話列を使ってコンピュータが

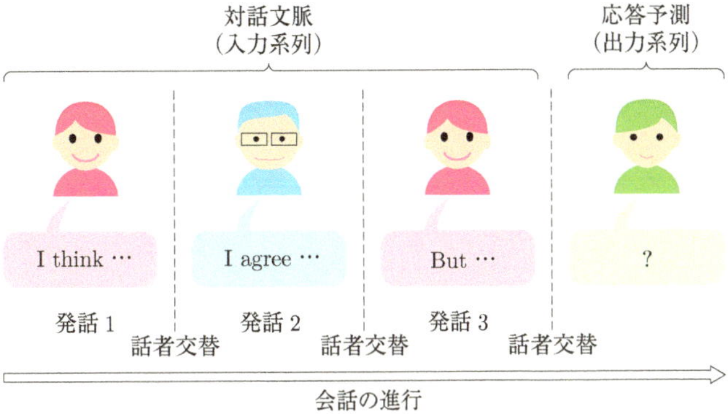

図 5.5 対話タスク．与えられた対話文脈から応答を予測するタスク．

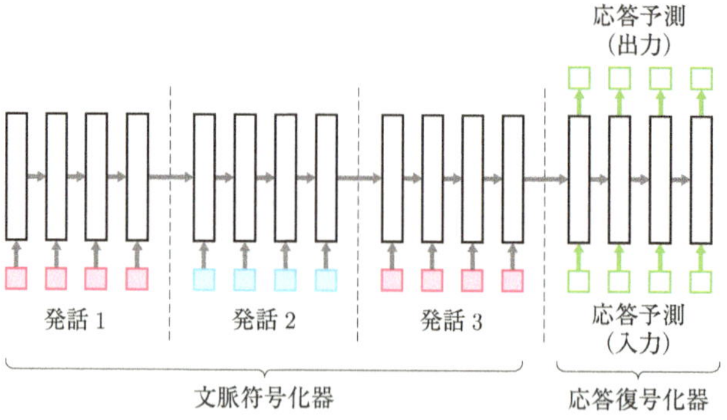

図 5.6 対話タスクへの系列変換モデルの適用．復号化器の点線の箱はシステム予測で 1 時刻前の予測を入力としています．

次の応答をまた予測するということを繰り返すことで対話が行われます．そして「近場のホテルを案内する」など会話に目的がある場合は，目的を達成するか達成できないことがわかるまで対話が続きます．

系列変換モデルの適用では，入力系列を対話文脈として出力系列を応答とします．また条件付き言語モデルとして解釈すると，文脈を C，応答を R とし，文脈が与えられたときの応答の条件付き確率 $P(R|C)$ をモデル化しているともいえます．例えば，1 層 RNN による系列変換モデルは**図 5.6** のようになります．符号化器の入力は文脈の発話を構成する単語列です．複数の発話の単語列は発話順に結合して仮想的に長い単語列と考えて処理されています．なお，会話の切れ目として話者交替がある点が対話タスクの特徴ですので，発話の最後を示す仮単語を挿入したり，発話の最初に話者役割（例えば質問者・回答者など）を表す仮単語を挿入することで話者交代を表現します [151]．応答復号化器は簡単な系列変換モデルと同様に，文脈最後の単語に対応する隠れ状態ベクトルと接続されています．対話タスクに系列変換モデルが適用できると考えると，他の応用に適用されている改良手法も素直に適用できます．例えば，注意機構を用いた手法は文献[131] で提案されています．

一方で，以下で紹介するように対話文脈の特徴である話者交替と発話者を積極的にモデル化した手法も提案されています [87,117,130]．話者交替をモデ

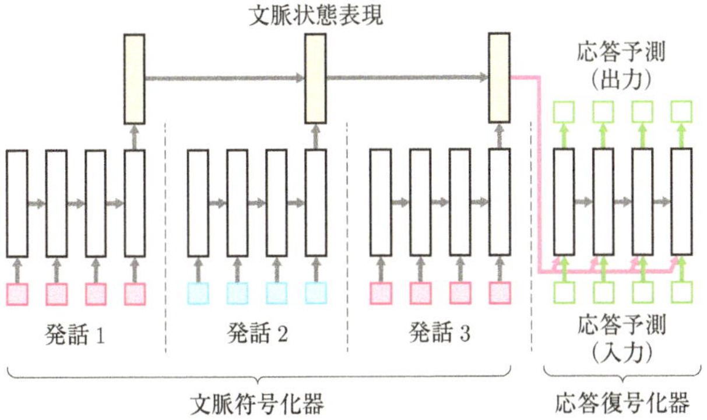

図 5.7 発話単位をモデルに取り入れた階層型再帰系列変換モデル．

ルに組み込んだ手法として文献[130] があります．文献[130] では，単語単位で更新される隠れ状態ベクトルの上位に発話単位で更新される隠れ状態ベクトル（文脈状態）を用意し，文脈の符号化を階層的にした手法を提案しています（**図 5.7**）．明示的に話者交替を組み入れることで，個々の発話の単語数に影響されにくくなり，数発話前への依存関係が学習しやすくなることが期待できます．

発話者のモデル化には，訓練データ内の話者をモデル化した文献[87] と対話内の話者をモデル化した文献[117] があります．文献[87] では，訓練データ中の話者 ID を使って個性（話者の訓練データ内での発話特徴）を反映した応答生成を提案しています．**図 5.8** の例では，応答の単語を予測する際に復号化器で，1 時刻前の予測単語だけでなく，応答する話者 ID をベクトル表現したものを入力にしています．この例では応答復号化器だけに話者 ID を反映していますが，文脈符号化器の入力にも同様に発話している話者 ID を反映する構成も提案しています．文献[87] では，話者 ID を入力に加えることで，「どこの国に住んでいますか」「どの都市に住んでいますか」と関連ある別々の質問に対して同じ話者 ID であれば一貫した応答（例えば，「日本」と「東京」）を返す傾向が見られたと報告しています．

一方文献[117] では，各話者ごとの隠れ状態ベクトルで発話者の状態を表すことで，個々の発話者が 1 つの対話内で一貫した発言をするように工夫して

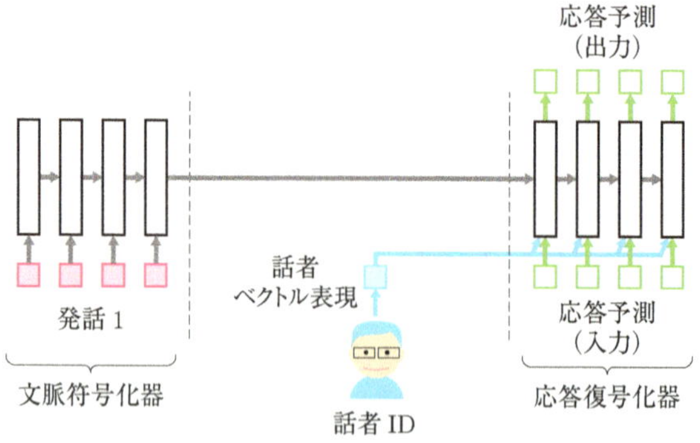

図 5.8 話者 ID も入力として個性を反映したモデル.

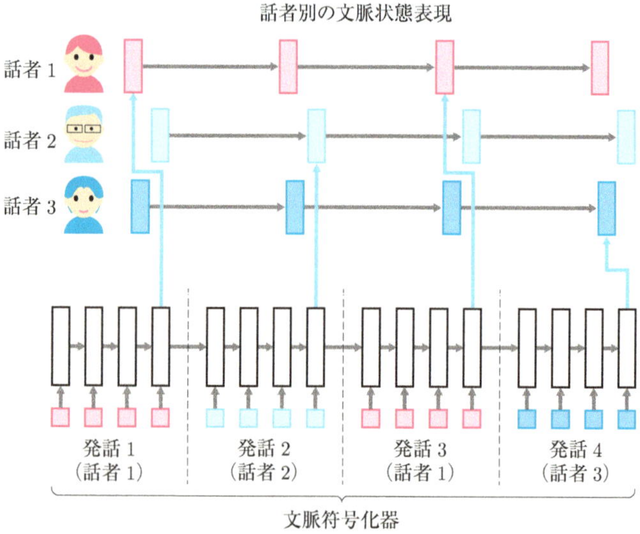

図 5.9 話者別状態モデル.

います（**図 5.9**）. 階層モデル[130]（図 5.7）の文脈状態表現を各話者ごとに分割し，隠れ状態ベクトルはその発話者による発話だけで動的に更新されるように拡張されています．こうすることで，応答選択（後述）精度だけでなく話し相手の特定精度も向上することを報告しています．また，文献[87] では訓練データに出現しなかった話者を適切に表現することはできませんが，文献[117] の手法では発話履歴で話者を表現するため訓練データ以外の話者も適切に表現することができます．

5.3.3 対話モデルの発展

系列変換モデルを使った対話モデルでは，「はい」「ありがとう」「わかりません」など多くの文脈で許容される短い応答を出してしまう課題があります [130,135,151]．これらの短い応答が対話データ中で高頻度に現れることが，モデルが短い応答を選好する 1 つの要因といわれています．例えば，映画字幕データセットの 0.45％ に "I don't know" が含まれています [86]．また，文脈と応答の関係が本質的に曖昧であることも要因といえます．

しかし，現在のモデルでは十分長い文脈を適切に符号し応答を復号する能力が不足しているとも考えられます．文献[130] はもっともスコアが高い応答を返す代わりに，式 (3.15) のように条件付き確率 $P(R|C)$ に従って復号化器で応答単語をサンプリングしたほうが，多様な応答が得られることを報告しています．なお，ビーム探索を使っても，応答単語列全体の大域的なスコアを最大化しても，応答の多様性は得られないことも報告しています．また，文献[86] では文脈 C と応答 R の相互情報量を最大化する応答を生成することで，さまざまな応答が生成されることを示しました．

$$\frac{P(R,C)}{P(R)P(C)} \tag{5.8}$$

ただし，相互情報量の最大化と系列変換モデルの統合は容易でないため，文献[86] では，応答予測モデル $P(R|C)$ で生成した k 個の候補を，応答から文脈の予測を行う系列変換モデル $P(C|R)$ で並び替えるなどで近似します．発展として，相互情報量を報酬として強化学習問題として定式化する方法も提案されています [88]．

5.3.4 対話システムの自動評価

対話システムを機械学習を用いて構築するための大きな課題は自動評価で，2017 年 1 月時点では統一的な見解はありません．対話システムの自動評価が難しいことは以前から知られていましたが，機械学習を用いたシステムでは超パラメータの選択などで何度も学習結果を評価する必要があるため，人手の評価を代替する自動評価手法が特に重要になってきます．

対話は言葉を出力とするタスクの評価という点では翻訳や要約と類似しています．人の応答方法を模倣するタスクという観点では汎用な設定が難しい対話の目的達成を評価する必要はなく，どれだけ人の応答に似た発話が返せたかを評価することになります．大量のデータを使ってさまざまな対話文脈におけるシステムの応答予測性能を評価をするためには，対話の中で自然に記録される人と人，または人とシステムの対話ログデータだけを参照して自動評価できることが理想的です．

しかし，文脈によっては評価データの応答と意味的に反対の内容であっても妥当な応答になり得るため，対話ログを参照して自動評価することが難しくなります．例えば「旅行に行きませんか」という発言に対して「はい，行きたい場所があります．」「いいえ，天気が悪いので映画を見に行きましょう．」は真逆の対応をしていますが，そのどちらも与えられた文脈に対して妥当な応答といえるでしょう．つまり，入力に対する妥当な出力の多様性が非常に多いことが対話の特徴です．そのためか，5.1 節の機械翻訳で使われる評価指標のように 1 つの参照応答との単語の重なりを重視する評価結果は，人手によるシステム応答の評価結果とほとんど相関がないことが知られています [46,91]．これらの自動評価方法は対話モデルの評価に既存研究でも使われていることがありますが，人が評価した結果とまったく異なる結果になる可能性が高いことに注意が必要になります．

文献[46] では，複数の応答候補に人手で点数をつけて，その点数による重み付き評価法を提案しています．提案評価手法は人手の評価と相関が高いことが示されており，評価手法として有望です．ただし，個々の文脈に対して複数の応答候補を人が判定する必要があるため，自然な対話データから大規模な評価データセットを作ることが難しいという課題があります．

生成された応答の自動評価の難しさから，応答生成を直接行わず，複数の応答候補群から正しい参照応答を選択する**応答選択タスク**による評価法も提案されています [93]．与えられた文脈に対して応答候補集合を順序付けする応答選択タスクの評価は，システムが出力した順序の k 番目以内に正しい参照応答が入ってきた割合（再現率@k）で自動評価するのが一般的です．検索

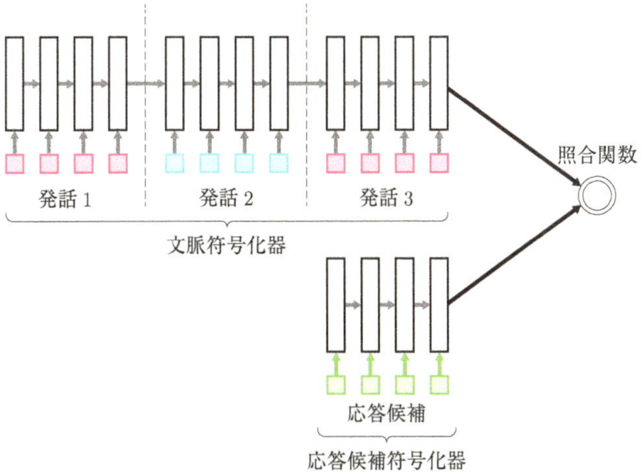

図 5.10 応答選択タスクのための二対符号化器.

システムなどで応答候補群をあらかじめ作成したものから妥当な順に並べ替える使い方を想定した評価方法です．応答候補に復号化器でスコア付けできれば，応答を生成するモデルを間接的に評価することができます．また，文献[93] では，応答選択タスクに特化した**二対符号化器** (dual encoder) を提案しています（**図 5.10**）．文脈の符号化器に加えて応答候補の符号化器を使って文脈と応答候補の両方をベクトル表現し，対話文脈と応答候補のベクトル表現の照合を行う関数を学習します．文脈側の隠れ状態ベクトルを $\boldsymbol{h}_c$，応答候補側の隠れ状態ベクトルを $\boldsymbol{h}_r$ とすると，照合関数は $\mathtt{sigmoid}\left(\boldsymbol{h}_c^\top \boldsymbol{W} \boldsymbol{h}_r\right)$ とシグモイド関数でモデル化し，交差エントロピー損失関数を最小化するように学習します．ただし，$\boldsymbol{W}$ はパラメータです．

応答選択タスクは人とシステムの比較が容易なことも利点の 1 つです．文献[94] では人が応答選択タスクを解いた場合，対話内容に詳しい専門家の再現率@1 の値は約 70 %～88 % と報告しています．なお，これらの再現率は 5 つの応答候補から 1 つ選んだ結果が偶然当たる可能性（再現率@1=20 %）よりはかなり高く，対話システムを評価するのに妥当なタスクであるといえます．なお，応答選択タスクは候補の中の不正解応答の作り方に課題があります．人が見て妥当な応答が不正解として出題される可能性は依然あります．

または，無作為に不正解を選ぶことが一般的ですが，その不正解候補は会話のトピックから大きく離れている可能性が高く会話の流れの理解などの評価になっていない可能性があります．

このように，人の応答を模倣する対話システムの自動評価方法もまだ発展途上といえます．上述した人による評価結果との乖離だけでなく，既存研究の多くでは 1 回の発話に対する応答予測を評価単位としていることにも課題があります．実際の対話は発話の繰り返しですので一連の応答全体を評価するほうが自然です．例えば，既存の評価データでは対話文脈として与えられるのは人の発話だけですが，実応用ではシステム自身の応答が文脈にも入ってくるので，対話の最初のほうに見当違いの応答を生成してしまうと，それを文脈として受け取って妥当ではない応答を繰り返してしまう恐れがあります．

一連の応答を評価することで，このような誤りの伝播が起きてしまう現象を評価することができます．一方で，対話ログの人による応答と違う応答を予測した場合の人の応答は対話ログにはありませんので，正しくは予測応答ごとに人が介在して対話文脈を構築する必要があり自動評価がより困難になります．そのため，より長い文脈での自動評価は，より一層研究が必要な課題の 1 つです．

文献[88] ではつまらない応答 (dull response) が出たり，類似した発話を繰り返す前までの発話数を自動評価指標の 1 つとして使用しています．興味深い話題が続くことを対話モデルの目的とすると，この発話数が短い対話は人が見ても興味深い対話になっているとはいえないためです．なお，つまらない応答はあらかじめ定義した “I don’t know” などの応答としては文脈によらず使われやすい 8 つの句で，発話の繰り返しの判定は前の発話と単語が 80％以上重複していることとしています．

また，既存の評価では話者交替が明示的に与えられた状況を仮定していますが，実際には話者交替は話者同士の相互作用によって起こります．相手の誤解を訂正するなど話に割って入ることが自然な場面では，対話システムが話者交替する（応答する）タイミングを適切に予測する必要があります．また，一対一の会話 (two-party conversation) よりも複数人の会話 (multi-party conversation) では話者交替がより複雑になります．例えば，複数人会話では，対面では話し相手を見るなどの合図を送り，またテキストや音声のみの場合は話し相手の名前を呼びかけることで話し相手を明示することが一般的です．同様に，対話システムを複数人会話に適用するには話しかけている相手も明示する必要があります．そのため，文献[117]では，応答選択とともに話し相手を選択する複数人会話タスクを提案しています．話し相手も予測することで，同意する発話をしたときに誰の意見に対しての同意なのかなどが明らかになるため，複数人対話が円滑になることが期待できます．

5.4 質問応答

質問応答 (question answering; QA) とは，自然言語で与えられた質問に対して，自然言語で回答を行うタスクのことです．一口に質問といっても，さまざまな種類があります．もっとも典型的な質問は，"Who" や "Where" や "When" に答えるもので，回答が具体的な名詞となるものです．これは，**事実型質問応答** (factoid QA) と呼ばれます．「日本で一番高い山は？」といった質問がこれに当たります．それ以外の質問，つまり "Why" や "How" に答えるものは，**非事実型質問応答** (non-factoid QA) と呼ばれます．「おいしいカレーの作り方は？」といった質問がこれに当たります．一般的には事実型よりも，非事実型のほうが難易度が高いとされています．

それ以外にも，対象とする分野の違いによる区分もあり，特定の分野に限った場合を**クローズドドメイン質問応答** (closed-domain question answering) と呼び，反対に分野に限定をおかない場合を**オープンドメイン質問応答** (open-domain question answering) と呼びます．また，近年新たに画像に対して質問応答を行う**画像質問応答** (visual question answering; visual QA; VQA) や，文書の内容を理解しないと答えられないような質問に答える**文書読解** (reading comprehension) などの新しいタスクも出現しています．例えば，VQA の場合，画像中に写っているものに対して質問を行います．「画像中の人の目の色は何色ですか？」といった質問です．この質問に応えるためには，単に画像の色を調べるだけではなく，質問文が目の色を聞いているという質問文の解析や，対応する画像の解析が必要であることがわかるでしょう．

このように，一口に質問応答といっても対象とするデータや問題の種類によって，解くべきタスクや難しさが異なってくることがわかります．極端にいってしまえば,「"This is a pen" の日本語訳は何でしょう？」という質問も，質問応答といえなくはありません．質問応答システムを作ろうとする場合，それがどのような種類の質問に答えるのか，どのような回答を目指すのかをはっきりさせる必要があるでしょう．ここでは，質問応答やその部分課題の中で使われている深層学習技術の応用例を解説します．

5.4.1 回答選択タスク

質問応答は非常に複雑なので，いくつかの処理に分解されて実行されることが多いです．典型的には，どのような質問なのかの解析が行われ（**質問解析**; question analysis)，それに応じて検索システムによって関連文書を検索します（文書検索)．検索結果から回答候補の抽出を行い（回答抽出)，最後にそこから回答を選択します（**回答選択**; answer selection)．この過程は，大量の文書集合から適切な粒度かつ高速に必要な情報を絞り込む検索部分と，候補集合からより高い精度で回答を選択する回答選択部分に別れます．検索部分は，主に情報検索の技術を応用して作られます．そして，回答選択部分に深層学習を利用して，より高精度にする研究が盛んに行われています．回答選択の粒度は，対象とする問題によって異なります．単純な事実型質問応答の場合，回答候補は固有表現や名詞句となることが一般的ですが，非事実型質問応答の場合，回答候補は文や節になるでしょう．ここでは，質問応答の回答選択タスクに絞って解説します．

回答選択問題を定式化しましょう．質問文 q と，N 個の回答候補 $\{a_1, \ldots, a_N\}$ が与えられます．システムは q の適切な回答を，回答候補の中から選択します．この問題は N 個の回答候補から 1 つを選択する分類問題の一種と捉えることもできます．深層学習を回答選択タスクに適用する場合，多くの手法は質問文と回答候補をそれぞれベクトル化し，できたベクトルを使って回答としてふさわしいかの得点を計算します．回答する際は，得点が最大となる回答候補を選択するという方法をとります．工夫の鍵となるのは，質問文や回答候補をベクトル化する方法と，できたベクトルから得点を計算する部分となります．

ベクトル化の方法としては，双方向 LSTM[144, 153] や，木構造再帰ニューラルネット [72]，あるいは畳み込みニューラルネット [41, 161] といった手法を用いて，文のベクトルを単一のベクトルに符号化します．より発展させて，畳み込みニューラルネットでできた複数ベクトルに対して LSTM の再帰ニューラルネットを適用したり [144]，注意機構と組み合わせたり [159]，パラメータの異なる畳み込みニューラルネットの結果を組み合わせる [62] などの工夫も見られます．最近の傾向としては，畳込みニューラルネットをより精緻にしたモデルが高い精度を出してきています．しかし，毎年のように新たな手法がいくつも出ている状況では，今後も新たなモデルが提案されていくでしょう．このように，文レベルの符号化の方法には工夫の余地が大きいのも深層学習の特徴ともいえます．

質問文と回答文候補のベクトルを作ることができたら，これらを使って損失を計算します．まず質問文ベクトル $\boldsymbol{v}^{(\mathrm{q})}$ と回答文ベクトル $\boldsymbol{v}^{(\mathrm{a})}$ に対して，類似度関数 f によって類似度 $f(\boldsymbol{v}^{(\mathrm{q})}, \boldsymbol{v}^{(\mathrm{a})})$ を計算します．この類似度が各回答候補の良し悪しを決める得点となります．類似度関数は例えば cos 類似度を利用します．この類似度を使って損失を計算するわけですが，この作り方も手法によってさまざまです．ここでは，多くの文献で利用されている損失関数を紹介します．まず，正解事例を a^+ とします．事前に定めたマージンを $m \in \mathbb{R}$ として，

$$f\left(\boldsymbol{v}^{(\mathrm{q})}, \boldsymbol{v}^{(\mathrm{a}^+)}\right) < m + f\left(\boldsymbol{v}^{(\mathrm{q})}, \boldsymbol{v}^{(\mathrm{a}^-)}\right) \tag{5.9}$$

を満たす負例 a^- を全回答候補の中から無作為に抽出します．そしてこの負例を使って，損失関数を，

$$\begin{aligned} & l\left(\boldsymbol{v}^{(\mathrm{q})}, \boldsymbol{v}^{(\mathrm{a}^+)}, \boldsymbol{v}^{(\mathrm{a}^-)}, m\right) \\ & \quad = \max\left\{0, m - f\left(\boldsymbol{v}^{(\mathrm{q})}, \boldsymbol{v}^{(\mathrm{a}^+)}\right) + f\left(\boldsymbol{v}^{(\mathrm{q})}, \boldsymbol{v}^{(\mathrm{a}^-)}\right)\right\} \end{aligned} \tag{5.10}$$

と定義します．この損失関数を目的関数として最小化します [157]．この損失関数は**重み付き近似順位ペアワイズ損失** (weighted approximate-rank pairwise loss; WARP loss)[155] の重みの部分が省略された形になっています．

文の符号化の部分と損失の計算の部分を組み合わせると，全体で単一のニューラルネットになります．そして，このネットワークを end-to-end に学習させることができます．このように，符号化の部分と損失計算の部分をそれぞれ独自に設計することができるため，モデルの設計の工夫の余地が大きくなります．

質問応答のタスクは，Text REtrieval Conference (TREC) の Question Answering Track のタスクとして長年研究されてきました．特に，回答選択のタスクとして，文献[154] で過去の TREC のタスクから回答文候補と正解の回答文を与えたデータセットが公開されており，広く比較用のデータとして使われています．また，文献[72] ではクイズボウルと呼ばれる，回答が固有名詞となるようなクイズを解いており，このデータセットも公開されています．前者が文を，後者が固有名詞を扱うなど問題の傾向は異なります．

5.4.2 回答選択問題の評価方法

回答選択問題の評価は，**平均適合率の平均** (mean average precision; MAP) や**平均逆順位** (mean reciprocal rank; MRR) で評価されることが一般的です．これらは情報検索など，順位を扱う分野でよく使われる評価尺度です．

まず MAP について説明します．全体で N 件の正解候補があり，このうち M 件が正解であるとします．そしてシステムが S 個の候補を正解として選択し，そのうちの T 件が実際に正解であったとします．T/S を**適合率** (precision) と呼びます．適合率は，システムの出力がどれくらい正しいかを示す指標になります．一方で， T/M のことを**再現率** (recall) と呼びます．再現率は正解候補をどれくらい漏れなく検出できたかの指標となります．

さて，情報検索や質問応答のタスクでは，システムは回答を順位付きで出力することが一般的です．この順位付けの善し悪しを決める基準として，**平均適合率** (average precision; AP) が使われます．システムは各回答候補に得点をつけて，確信度の高い順に並べます．ここで上位 k 件の中での適合率のことを，**適合率@**k(precision at k; P@k) と呼びます．例えば**表 5.1** のように，全部で 6 件の回答候補の中で正解の回答候補が 2 件あり，それぞれ 2 番目と 5 番目であったとします．上位 1 件中での適合率は 0/1，上位 2 件では 1/2 となります．さらに正解回答候補の順位の適合率@k の平均を，平均適合率と呼びます．正解は 2 番と 5 番なので，平均適合率は $(1/2+2/5)/2 = 0.45$ となります．通常，実験用のデータセットには複数の質問文があるため，それらの中で，MAP を計算し，全体の指標として使います．

MRR は正解の回答候補の中でもっとも高い順位の逆数を使います．正解の候補文の中で一番よい順位を r とします．このとき $1/r$ を**逆順位** (recip-

表 5.1 適合率と逆順位の例.

順位	1	2	3	4	5	6
正解		✓			✓	
適合率@k	0/1	**1/2**	1/3	1/4	**2/5**	2/6
逆順位	1/1	**1/2**	1/3	1/4	1/5	1/6

rocal rank) と呼びます．例えば表 5.1 の中では，もっともよい順位は 2 なので，この逆順位 $1/2 = 0.5$ です．複数の質問文のデータセットがあるときに，各質問に対する逆順位の平均を計算したものが MRR です．MAP がすべての正解候補の順位を考慮に入れるのと違って，MRR は順位の一番よかった正解候補のみを使う点が大きく異なります．

5.4.3 end-to-end の質問応答

回答選択のように，質問応答の部分問題に深層学習を適用する研究がある一方で，質問応答全体を単一のニューラルネットで解決しようとする研究もあります．この場合，質問応答を実施するための知識源の情報もニューラルネットで扱う必要があります．そこで，知識のもとになる外部の情報を扱うために，4.2 節で紹介した記憶ネットワークを質問応答のタスクに適用する研究が行われています．

bAbI タスク [156] は質問応答のタスクを解くことを通じて，自然文の理解と推論の能力を測ることを目的として作られたタスクセットです．各データは，例えば**表 5.2** のように，時系列順に並んだ簡単な文の羅列，質問，その正解の回答からなります．このデータは人工的に作られています．まず，人工的な世界の中で，エージェントを無作為に行動させるシミュレーションを行います．そして，起こした行動に対応する文を，文のひな形を使って機械的に生成します．そのためデータ中の文は非常に簡単で，多様性は少ないです．また，各問題を答えるのに必要な推論能力ごとに分類しているのも特徴です．もっとも簡単なタスクは，1 つの文のみをみれば回答が得られる種類で，表 5.2 の例も 3 文目を読むだけで答えは明らかです．複数の文から推論する必要があったり，時間や空間に関する推論がなければ解けない質問もあります．このタスクセットは記憶ネットワーク系の手法の評価によく使われます [82, 138, 158]．bAbI タスクは人工的で，非常に単純な文しか出現しませ

表 5.2 bAbI タスクのデータ例.

Mary went to the bathroom.
John moved to the hallway.
Mary travelled to the office.
Q: Where is Mary?
A: office

んが，LSTMなどの記憶のモデルをもたない手法では，このタスクを精度よく解くことは難しく，記憶ネットワークなどを用いることで初めて高精度で解くことができることが確認されています．

また，限定されたタスクではなくて，オープンドメインの質問応答に記憶ネットワークを適用する研究も行われています．特に，オープンドメイン質問応答では，対象となる質問の話題に限定がないため，広範な知識を扱う必要があります．そのため知識源として，Web 文書や，より構造化された知識ベースが使われます．**知識ベース** (knowledge base; KB) とは，機械可読な形で知識に相当する情報を蓄えた仕組みのことです．具体的な知識ベースの例として，Freebase*15 や DBpedia*16 といったデータが整備されています．Freebase は利用者の貢献によってメンテナンスされている大規模な知識ベースです．DBpedia は Wikipedia から抽出した情報を，構造化して公開している知識ベースです．いずれの知識ベースも，主語，述語，目的語の3つ組の巨大な集合となっています．これは，主語や目的語を節とし，その間を述語のラベルのついた枝が張られた大規模なグラフデータと見なすこともできます．文献[17] では，知識ベース上の単一の3つ組のみから回答できる事実型質問応答タスクを simple QA と呼んで，これを記憶ネットワークで解く方法を提案しています．Freebase を知識源として記憶ネットワークに入力するため，3つ組のそれぞれを BoW 表現でベクトル化して記憶として使います．

*15 https://developers.google.com/freebase/
*16 http://wiki.dbpedia.org/

Chapter 6

汎化性能を向上させる技術

非常に多くの深層学習関連手法が提案されていますので，闇雲にすべてを試すことは不可能です．本章では，汎化誤差を 3 つに分解し，それぞれの誤差低減に効果のある手法を紹介します．

6.1 汎化誤差の分解

機械学習では，訓練に使用する限られた事例での誤差を小さくするのではなく，母集団での**汎化誤差** (generalization error) を最小にすることを目的とします．汎化誤差は，**近似誤差** (approximation error)・**推定誤差** (estimation error)・**最適化誤差** (optimization error) の 3 つに分解して考えることができます [18]．

1. 近似誤差: モデルの表現力が足りないことによる誤差
2. 推定誤差: 偏った事例を使ったことによる誤差
3. 最適化誤差: 目的関数を最小化するアルゴリズムによる誤差

それぞれの誤差が大きいときの典型的な対処方法として，近似誤差が大きい場合はパラメータを増やして自由度を上げる，推定誤差が大きいときは訓練データを増やすかパラメータを減らして自由度を下げる，最適化誤差が大きいときは洗練された最適化アルゴリズムを使うなどの対処方法があります．

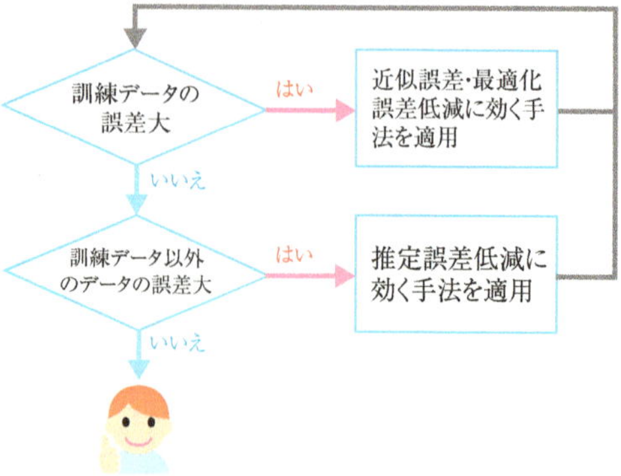

図 6.1 直面している誤差の種類の判断と対処方法.

取り組んでいるタスクにおいて，どの誤差が大きいかを明らかにすることによって，性能改善へ優先的に取り組むべき課題が明らかになります．**図 6.1** に訓練データと訓練データ以外のデータ（開発データ）を使った誤差への対処方法をまとめます．訓練データと開発データでの性能を比較することで，訓練データの性能は非常によいにもかかわらず開発データでの性能評価結果が思わしくない場合は，推定誤差が大きいと判断することができます．なお，推定誤差が大きい状態を（訓練データへの）**過学習** (overfitting) と呼ぶことがあります．

一方，近似誤差と最適化誤差は訓練データでの性能だけで判断することができます．一般的にパラメータ数を増やすことで自由度が上がるので，隠れ層の変数（幅）の数を増やすことで訓練データでの性能改善があれば近似誤差が大きいと考えることができますが，自由度を増やしても性能改善がなければ最適化誤差が大きい可能性が高いといえます．なお，深層学習の場合は近似誤差を疑って隠れ層の数を増やすことでも表現力を上げることが可能ですが，同時に最適化も難しくなります．現状の確認としては隠れ状態ベクトルの次元数を増やすほうが判別がしやすいでしょう．また，深さを増やす場合には同時に最適化誤差を減らす方法の採用も検討したほうがよいでしょう．

近似誤差は幅や深さを増やすことで比較的容易に減らすことができ，深層学習ではそれほど問題になることがありません．次節以降では，推定誤差と最適化誤差を減らす手法を紹介します．

汎化誤差を減らすことが機械学習手法の主な目的といっても過言ではありません．それぞれの誤差を減らすためにさまざまな手法が開発されてきました．次節以降で説明する手法は深層学習を含む機械学習全般に適用できる手法もありますが，深層学習の研究ではネットワーク構造を工夫することで誤差を減らすための手法も多く開発されてきました．深層学習に特化した本書の特徴としてネットワーク構造の工夫による解決方法も取り上げます．

6.2 推定誤差低減に効く手法

本節では推定誤差を減らし訓練データへの過学習を防ぐ手法を紹介します．訓練データでの誤差を減らすことを目的としないこれらの手法は**正則化** (regularization) と呼ばれます．推定誤差に効く手法の共通点は，訓練データの少しの違いで予測結果が大きく変わらないようにばらつきを抑えることで訓練データ量の問題を回避する点です．また，多くの手法では訓練データが足りないことを補うために事前知識を用いて特定の仮定をおいていますので，何を仮定しているかを理解することも重要です．

なお，紹介する手法はそれぞれ最適化アルゴリズムによっては調整できない**超パラメータ** (hyper-parameter) を適切に設定する必要がありますが，その超パラメータは推定誤差が小さくなる値を選ぶ必要があります．推定誤差は訓練データの偏りに基づく誤差であるので，訓練データだけを使って評価していたのでは推定誤差を減らすことはできません．訓練データ以外のデータ（開発データ）などで推定誤差を近似し，訓練データ以外の評価結果がよい値を選ぶことが重要です．また，以下の手法は排他的ではなく，ほとんどの場合複数の手法を組み合わせて使用されています．

6.2.1 ネットワーク構造の選択

6.2.2 節以降とは違い，本節では手法というよりも心構えのような内容であることをあらかじめご理解ください．

ネットワーク構造とは，主に層の数や状態変数の数，順伝播型ニューラルネット・CNN・RNN などのニューラルネットの接続方法の違いのことです．ニューラルネットは汎用な関数近似器であり特徴抽出も自動的に行ってくれることが長所で，1つの汎用なネットワーク構造，例えば順伝播型ニューラルネットだけを使ってすべてのタスクに対応できることが理想的です．しかし，汎用なニューラルネットで所望の関数が表現できたとしても，限られた数の訓練データでは必ずしもその最適な関数を学習することは困難です．もし，汎用なニューラルネットで表現できる関数の一部だけしか表現できないが，タスクを解くのに必要十分な自由度最小限のニューラルネットを設計できたとします．すると，タスクを解くのに適切でないパラメータ値の組合せも減るので汎用なニューラルネットに比べて訓練データだけの性能が高くなるパラメータを学習してしまう確率は下がります．

本来直線で分類できる**図 6.2** の二値分類問題を例として，曲線（多項式モデル）で分離した場合と直線（線形モデル）で分離した場合を考えます．（訓練データとして）図上の限られたデータだけを分離する（直線を含む）曲線を描く場合の数を考えると，曲線のほうが描ける分離面が直線に比べて多くあることが想像できるかと思います．このように描ける場合の数が多いモデルは「ばらつきが大きいモデル」といいます．ばらつきが大きいモデルは訓練データが1つ増減するだけでその形がガラッと変わってしまう可能性が高く，訓練データ不足からくる推定誤差が大きい傾向にあります．一方，訓練データを分離する直線の場合の数は曲線に比べて少ないのでばらつきが小さいモデルと言えます．訓練データを1つ減らしたとしてもその形は大きくは

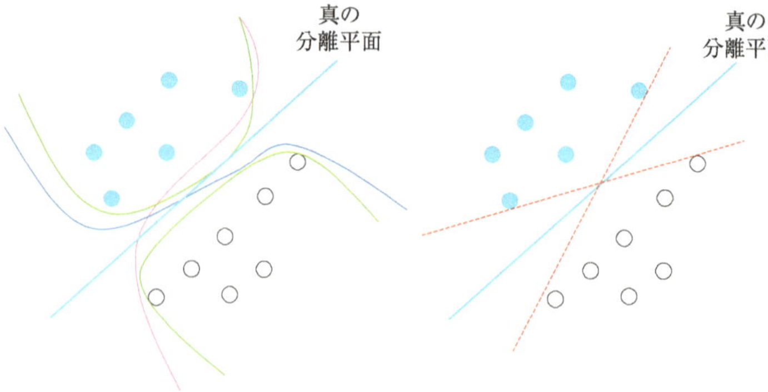

図 6.2　直線で分離できる分類問題．曲線から分離平面を選ぶよりも直線から分離平面を選んだほうが真の分離平面に近い．

変わらないだろうことが想像できます.

この例の場合は特に，直線から分離面を選ぶことで真の分離面に近い，つまり訓練データ以外も正しく分離できる分離面が選べる可能性が高まります．直線で分離できるデータでは直線に絞り込むのが妥当なのは当たり前に思われるかもしれません．実はそのとおりで，真の関数の形がわかっていればその関数を表すのに最低限のパラメータだけを調整すればよいので，少ない訓練データでも推定誤差の少ない学習結果を得ることができます．ニューラルネットは複雑な関数を表現できるため訓練データでの誤差を最小にする関数は比較的簡単に得られますが，この例のように関数の形（例では直線）を真の分離平面に近いものに絞り込んだほうが訓練データ以外での誤差も低い関数が選ばれやすくなります．あるタスクに特定のネットワーク構造が経験的に有効であることを報告した研究が数多く存在していますが，タスクに合った関数の形を見つけることが推定誤差を減らし，タスクでの精度を上げるために重要であるためです.

ただし，取り組むタスクごとに適切なネットワーク構造を選ぶのは簡単ではありませんので，類似した性質をもつタスク群に共通で使えるネットワーク構造が開発されてきました．代表的な例として画像分類における CNN があります．順伝播型ニューラルネットを使って画像を分類することはできますが，特殊なネットワーク構造に制限した CNN のほうが（訓練データ以外も）分類性能が高いことが知られています．これは画像を平行移動しても同じ画像ラベルになるという画像分類の事前知識をもとにネットワーク構造を設計した例といえます.

今後の研究でより多くのタスクで有効なネットワーク構造が発明される可能性はありますが，タスクの性質を事前知識として陽に反映したネットワーク構造が有利であることには変わらないでしょう．そのため類似した性質をもつタスクで有効であったネットワーク構造を試すなど，タスクに合ったネットワーク構造を選ぶことが推定誤差を減らすのに有効です.

参考 6.1 **特徴工学** (feature engineering) または**特徴設計** (feature design) がいらなくなるというのが深層学習が注目を集める大きな理由でした．特徴工学はある応用に対しての分野知識を活用して新しい特徴表現を創造する工程のことです．機械学習を使って結果を出すためによい訓練データに並んで特徴工学が重要なことは，研究者・実務家の間でもよく知られていました．一方で，試行錯誤を繰り返す必要があり泥臭い作業で，新しい理論や新しいアルゴリズムの提案に比べて，新しい特徴量の提案は評価されにくいため特徴工学はできれば避けたい工程でもありました．

深層学習は個別に特徴抽出を人手で設計することなく，元入力から暗黙に特徴抽出を行うことができるため，特徴工学なしでも高い性能を示しています．そのため「特徴工学が不要になる夢の技術」といわれることがありますが，実際には特徴工学の代わりに「ネットワーク構造工学」が必要になったと感じます．どのようなネットワーク構造が適切か推測することは難しく，深層学習で万事解決というよりは，さまざまなネットワーク構造を応用ごとに試行錯誤して適切な構造を探しているのが現状だと思います．

6.2.2 L2 正則化

L2 正則化 (L2 regularization) は推定誤差を減らすためのもっとも基本的な手法で，パラメータの値が大きくなることに罰則を与える正則化項を式 (2.1) の目的関数に追加します [68].

$$L(\boldsymbol{\theta}) + \frac{\lambda}{2}\|\boldsymbol{\theta}\|^2 \tag{6.1}$$

ここで，$\lambda \geq 0$ は正則化の強さを調整するパラメータです．

L2 正則化は，パラメータ間の値のばらつきが小さく，極端に絶対値が大きな値をとらないモデルのほうが推定誤差が小さいことを仮定します．特定のパラメータの絶対値が大きいということは対応する特定の入力だけを判断材料に使う学習結果を意味しますので，直感的には訓練データにたまたま出現した特定の入力パターンに特化しているリスクが高いといえます．例えば，訓練データに 1，2 回しか出現しない単語と予測対象の関係は観測回数が少ないため偶然なのか関係があるのか判断が難しいので，その低頻度語と予測対象を強く結びつけることは危険です．

L2 正則化は特定の入力パターンに特化しないように，パラメータの値が学習中に動く範囲を制限します．大きな λ はパラメータ間のばらつきが小さいことを仮定しており，大きすぎるとパラメータの値がほとんど動かず学習が進みません．λ は訓練データ以外でのタスク性能評価をして適切な値を選びます．なお，λ はパラメータの要素ごとに設定してもよいのですが，要素ごとの調整が困難であるため，パラメータ間で共通の値を使うことが一般的です．

勾配法での更新式を確認すると，L2 正則化がいかにパラメータ値を抑える効果があるかがわかります．正則化項の偏微分は

$$\frac{\partial \frac{\lambda}{2}\|\boldsymbol{\theta}\|^2}{\partial \boldsymbol{\theta}} = \lambda \boldsymbol{\theta} \tag{6.2}$$

と書けます．この偏微分を損失関数と合わせた勾配法での更新式は以下のように，現在のパラメータから $L(\boldsymbol{\theta}^{(\mathrm{k})})$ の偏微分を引くだけでなく，$\boldsymbol{\theta}$ を $1 - \eta\lambda \leq 1$ 倍するものであることがわかります．

$$\begin{aligned} \boldsymbol{\theta}^{(\mathrm{k+1})} &= \boldsymbol{\theta}^{(\mathrm{k})} - \eta \partial L(\boldsymbol{\theta}^{(\mathrm{k})}) - \eta\lambda\boldsymbol{\theta}^{(\mathrm{k})} \\ &= (1 - \eta\lambda)\,\boldsymbol{\theta}^{(\mathrm{k})} - \eta \partial L(\boldsymbol{\theta}^{(\mathrm{k})}) \end{aligned} \tag{6.3}$$

更新のたびに元のパラメータの値から $1 - \eta\lambda$ 倍縮小することで，パラメータの絶対値が小さい要素に比べて大きい要素は相対的に縮小幅が大きくなります．また，パラメータ行列の要素の値が大きくなると勾配爆発が発生しやすくなりますので，それを抑える効果もあります．

6.2.3 早期終了

早期終了 (early stopping) は，勾配法による更新を繰り返す中で定期的に開発データなどでの性能評価を実施して改善が見られない場合は停止し，開発データなどでの性能評価がよかったパラメータを学習結果とする簡単な手法です [121]．推定誤差が大きい場合は**図 6.3** のように勾配法による更新を繰り返すことで訓練データの誤差は基本的には下がり続けますが，開発データでの誤差は途中から増え始めます．この開発データでの誤差が増え始める直前のパラメータを使うことで，未知データに対してもよい性能が得られることが期待できます．

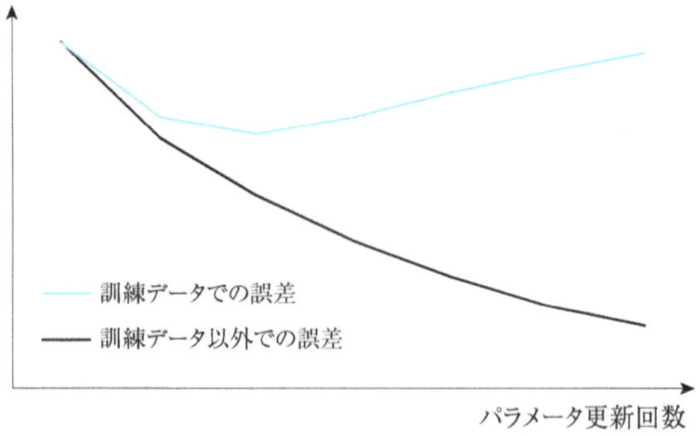

図 6.3 更新回数と誤差の関係.

早期終了は開発データでの誤差が増え始める前までにパラメータの動く範囲を制限している点では L2 正則化と似ていますが，L2 正則化は動く範囲を 0 の周辺に制約するのに対して早期終了はパラメータの初期値の周辺に動く範囲を制限しています [15]．パラメータの初期値からそれほど離れていない領域に推定誤差が低いパラメータがあることを仮定しています．パラメータの初期値から大きく離れた開発データでの誤差が改善しない領域のさきに実はもっとよい解がある可能性はあります．しかし，この手法ではそれはないことを仮定しているといえます．そのため，開発データでの誤差が一度増えたとしてもしばらく更新を続け，誤差がまた減り出すようなことがないかを確認するためにしばらく学習を続けるのが一般的です．

6.2.4 学習率減衰

学習率減衰 (learning rate decay) は，勾配法による更新を繰り返す中で定期的に開発データなどでの性能評価を実施して，改善が見られない場合は更新率を下げる手法です [37,45]．開発データでの誤差が増え始めたときに更新率を下げることで訓練データに過適応が進行することを抑えることができる早期終了と並び，簡単ですが効率的な手法です．L2 正則化ではパラメータが動く範囲を 0 の周辺に制約するのに対して，学習率減衰は開発データでの誤差が下がっている間は自由にパラメータが動きますが，開発データでの誤差が増え始めるとその直前のパラメータの周辺に動く範囲を制限します．学習率減衰では開発データでの誤差が増え始める直前の，その時点では一番よいパラメータの周辺に，よりよいパラメータがあることを仮定します．

6.2.5 パラメータ共有

パラメータ共有 (parameter sharing) はニューラルネットの複数の要素で同じパラメータを使う手法の総称です．パラメータを複数の要素で共有することで事前知識としての要素間の依存関係を表すとともに，複数の目的に対して同じパラメータを使うことで1つの要素にだけ入力される特定のパターンに特化しにくくなります．パラメータを共有する複数の要素のすべてに対して有効なパラメータ領域だけにパラメータが動く範囲を制限しているともいえます．ただし，共有するのは複数の「類似した目的」をもった要素である必要があり，まったく違う働きをする要素間でパラメータを共有しても有効なパラメータ領域に重複がなく学習は進みません．つまり，適切な要素を指定するためには，事前知識などに基づく類似要素の仮定が必要になることに注意が必要です．なお，パラメータ共有は推定誤差を減らす効果だけでなく，共有することでパラメータ数を削減しメモリ使用量を抑える効果もあります．

パラメータ共有に分類できる手法はたくさんあります．2 章で取り上げた再帰ニューラルネット (RNN) や畳み込みニューラルネット (CNN) もパラメータ共有をしている例です．RNN は系列データを入力としますが，そのパラメータは系列中の位置（時刻）に依存せず共通です．つまり，時刻の情報は隠れ状態ベクトルには表現されているかもしれませんが，隠れ状態ベクトルの遷移の仕方は時刻に非依存であることを仮定しています．CNN も系列データや 2 次元の入力に対して局所的な入力範囲に対する計算は，その要素位置にかかわらず同じパラメータを使用します．つまり局所的な情報の表現の仕方はどこでも同じことを仮定しています．入力要素数が多い RNN と CNN は時刻・位置ごとにパラメータを保持するのは不可能に近いためパラメータ共有をすることは必然ともいえますが，パラメータ共有をしていることによって推定誤差を下げる効果も期待できます．

また，再帰ニューラル言語モデルにおいて，入力単語と出力層の出力単語のパラメータ行列を共有したモデルの性能がよいことが報告されています[69,122]．再帰ニューラル言語モデルの出力層の計算（式 (2.9) 参照）に使

われるパラメータ行列 $\boldsymbol{W}^{(\mathrm{o})}$ の大きさは $|Y| \times N^{(\mathrm{L})}$ です．一方，入力層のパラメータ行列 $\boldsymbol{W}^{(1)}$ の入力 $\boldsymbol{h}_t^{(0)} = \boldsymbol{x}_t$ に対応するパラメータ行列 $\boldsymbol{W}^{(\mathrm{x})}$ の大きさは $N^{(1)} \times |X|$ です．言語モデルの場合，入力も出力も単語であるため次元が共通 ($|X| = |Y|$) で要素の対応付けができます．さらに一番上の隠れ状態ベクトルと一番下の隠れ状態ベクトルが同じになるように設計すること，つまり $N^{(\mathrm{L})} = N^{(1)}$ とすると $\boldsymbol{W}^{(\mathrm{x})}$ の転置と $\boldsymbol{W}^{(\mathrm{o})}$ の行列の大きさは同じになるので $\boldsymbol{W}^{(\mathrm{x})}$ と $\boldsymbol{W}^{(\mathrm{o})}$ を共有することが可能になります．入力層のパラメータ行列 $\boldsymbol{W}^{(\mathrm{x})}$ は単語をサイズ $N^{(1)}$ のベクトル表現に符号化する役目をもち，出力層のパラメータ行列は $N^{(\mathrm{L})}$ のベクトル表現から単語に復号化するためのスコアを計算する役目をもっています．ここでのパラメータ共有では単語の符号化と復号化が対称性をもっていることを仮定していることになります．

複数のタスクの類似性を仮定して複数のタスクを同時に学習する**マルチタスク学習** (multitask learning) でもパラメータ共有がしばしば使われます．文献[43] では，異なる言語対間の翻訳で共通の符号化器・復号化器・注意機構を使うことで，個々の言語対のデータだけを使って学習するよりもすべての言語対での翻訳が改善することを報告しています．この研究では通常言語の組み合わせごとに別々に学習する系列変換モデルを，符号化器は各原言語ごと，復号化器は各目的言語ごと，注意機構は原言語・目的言語によらず共通の要素を使うことで，言語数に比例した要素数で他言語翻訳が可能になることを示しました．ここでの仮定は，原言語を表現するための符号化器は目的言語によらないこと，目的言語を生成するための復号化器は原言語によらないこと，注意機構は符号化器と復号化器による隠れ状態ベクトル表現が言語によらないことです．

文献[75] でも，2 つの言語対のデータを使って共通の系列変換モデルを学習することによって，1 つの言語対のデータだけを使って翻訳を学習するよりもそれぞれの言語対の翻訳が改善することを示しました．この研究では異なる言語対翻訳というマルチタスクをすべての要素が共有されたニューラルネット，つまり 1 つのネットワークだけを使って解いている点で興味深いものです．ただし，この報告はドイツ語とフランス語や日本語と韓国語のように類似した原言語から英語への機械翻訳における実験結果で，タスクが十分類似しているからこそ共通で使っている符号化器の働きが類似しているという仮定が成り立った可能性もあります.

以上のように，パラメータ共有では対応づける要素の類似性の仮定が重要になります．また，パラメータ共有に似た手法に**パラメータ結束** (parameter tying) があります．完全に同じパラメータを使うのではなく，2つのパラメータが近くなるような制約を目的関数に追加することで緩いパラメータの関係を表現します．例えば，2つのパラメータ行列 $\boldsymbol{W}^{(\mathrm{a})}$ と $\boldsymbol{W}^{(\mathrm{b})}$ の要素ごとの差の和である**フロベニウスノルム** (Frobenius norm) の2乗 $||\boldsymbol{W}^{(\mathrm{a})} - \boldsymbol{W}^{(\mathrm{b})}||^2$ を目的関数に追加することで，対応する要素同士が異なる値をとることにペナルティを与えることができます．なお，パラメータ結束もパラメータ共有と同じで対応づける要素の類似していることが仮定となります.

6.2.6 事前学習

事前学習 (pre-training) は別の補助タスクで学習したパラメータを，主タスクのニューラルネットの一部として使う手法です．ニューラルネットの出力層は各タスクで予測するものが違うため，補助タスクで学習した出力層以外のパラメータを事前学習しておきます．補助タスクで学習したパラメータは，主タスクのニューラルネットで固定して使う場合や，パラメータ結束する場合，学習するときの初期値にして主タスクの損失を減らすようにさらに更新する場合（**ファインチューニング**; fine tuning）があります.

事前学習はマルチタスク学習と同じで補助タスクと主タスクがある程度類似していることを事前知識として仮定しています．補助タスクのパラメータが主タスクでも有効であることを仮定して，そのパラメータを使う，またはそのパラメータを出発点として周辺を探索するようにパラメータの範囲を限定しているということもできます.

自然言語処理でもっとも広く使われている事前学習は，3.3 節で述べた単語埋め込みベクトルを使うことです．自然言語処理での入力は大抵単語（列）ですので，入力層のパラメータを事前学習した単語埋め込みベクトルで固定または初期化することがよく行われます．目的を限定しないテキストは大規模データを入手しやすいため，主タスクに比べて大規模データで学習した単語埋め込みベクトルを使うことで，主タスクでも大規模データの恩恵を受けられる可能性があります．また，単語埋め込みベクトルは文法的・意味的に近い単語が近くなるように学習されているため，この特性が主タスクでも有効であることが期待できます．

ニューラルネット全体を事前学習する例としては，対話モデルを強化学習する前に教師あり学習で学習したパラメータを使った研究があります [88]．強化学習と教師あり学習では応答を生成する点ではタスクとして同じで，損失関数と訓練データだけが違うためニューラルネット全体のパラメータを事前学習することが可能になっています．

6.2.7 アンサンブル法

アンサンブル法 (ensemble method) は複数モデルを組み合わせて予測することによって予測のばらつきを減らすための手法で，**コミッティマシン** (committee machines)，**モデル平均化法** (model averaging) とも呼ばれます．ニューラルネットのように複雑なモデルは少しの違いによって学習結果が大きく異なる（ばらつく）傾向にあり，少数の訓練事例に特化してしまいやすい（推定誤差が大きい）ため，アンサンブル法は特に有効です．ただし，複数のモデルを用意して個々の予測の多数決や平均を計算するだけなので非常に容易ですが，複数モデルの学習・予測が必要になるため計算・領域計算量は大きくなります．

アンサンブル法のよさを直感的にいうと，複数モデルの過半数が間違う可能性は低いというものです．平均的には 1 つのモデルだけに比べてアンサンブル法がよいことを以下で示します．M 個のモデルの予測の多数決を考えます．二値分類問題の場合，多数決では半分以上の $D = \lfloor \frac{M}{2} \rfloor + 1$ 個以上のモデルが正しく答えることができれば正解できます．また，多数決が正しく予測する確率は D 個すべてが正解する確率，$D+1$ 個すべてが正解する確率，...，M 個すべて正解する確率を足した確率になります．個々のモデル m が正しく予測する確率を $p > 0.5$ であることと個々のモデルの予測が独立だと仮定すると，以下のように多数決が正しく予測する確率は個々の正解率より高くなります．

$$p_{多数決} = \sum_{m=D}^{\mathrm{M}} \binom{M}{m} p^m (1-p)^{M-m} > p \tag{6.4}$$

アンサンブル法が有効であるための仮定は，個々のモデルがランダムな予測ではないこと（二値分類の場合 $p > 0.5$）で，個々のモデルの予測がばらつく（独立である）ことです．

複数モデルを作るにはさまざまな方法が使われます．ニューラルネットは初期値によって学習結果のばらつきが大きいので，同じ設定・同じ訓練データで初期値だけを変えて学習したモデルを複数用意することがよく行われています．それ以外にも，2.4.2 節の確率的勾配法などで学習中のモデルを定期的に保存しておき，それぞれを違うモデルとして用意する方法や，状態変数の数など設定の違うモデルを別々に学習して複数使うこともあります．また，訓練データから部分集合を何回も無作為抽出し，それぞれの部分集合を使って異なるモデルを学習する**バギング** (bootstrap aggregating; bagging)[20] と呼ばれる手法もあります．

モデルの数は数個から数 10 個程度であっても十分効果があります．理論上は多ければ多いほどモデルを組み合わせたときのばらつきは減るのですが，モデル数が増えると学習・予測のコストが大きくなります．組み合わせたモデル数が多いことによる効果と提案手法の効果を区別するため，論文などにおいてはアンサンブル法を使った場合と使ってない場合の両方の実験結果を提示するのが一般的です．

学習過程においては，もともとさまざまな設定を試す超パラメータ選択をすることが一般に必要なので，その結果複数のモデルを学習することになり，そのモデル群をアンサンブル法に利用することができます．しかし，予測時にそのすべてのモデルを使うことは計算量の観点から実応用において許容できないことがあるため，超パラメータ選択のために学習したモデルより少数のモデルを使うことが普通です．例えば，個々のモデルがそこそこよいことを保証するために，予測時には，開発データなどで評価した結果がよいモデル上位 M 個だけを使ってアンサンブル法を適用することがあります．また，複数モデルを適用する代わりに複数モデルのパラメータを平均した 1 つのモデルで，複数モデルの予測を近似することもあります．

6.2.8 ドロップアウト

ドロップアウト (dropout)[137] は訓練時に状態変数の一部をランダムに 0 に設定することによって，特定の状態変数だけを重視した学習を防ぐ手法です．隠れ状態ベクトルの要素をランダムに 0 にする操作は，確率 p で 1，確

率 $1-p$ で 0 の値をとるベクトル $\boldsymbol{\zeta}^{(l)} \in \{0,1\}^{N^{(l)}}$ を隠れ状態ベクトルに要素ごとにかけることに相当します．

$$\boldsymbol{h}^{(l)} = \boldsymbol{\zeta}^{(l)} \odot \boldsymbol{h}^{(l-1)} \tag{6.5}$$

ここで，$\odot$ は要素ごとの積です．状態変数の値が 0 になるということは，その状態変数を使って計算される他の状態変数にその状態変数が影響しなくなります．また，その状態変数の値を計算するのに使っていた他の状態変数の値もその 0 となった状態変数に影響しなくなります．その結果，計算グラフ上の 0 となった状態変数につながっている経路が消えた部分構造だけが残ることになります（図 6.4）．

$\boldsymbol{\zeta}^{(l)}$ はドロップアウトマスクと呼ばれ，学習中の微分計算のたびに別々の値を無作為抽出します．微分計算のたびに異なるドロップアウトマスクを使用するため，別の部分構造を毎回評価しパラメータを更新していることに相当します．そのため，特定のネットワーク構造に依存しない学習ができると期待できます．

ドロップアウトではドロップアウトマスクを無作為抽出するたびにニューラルネットの評価結果（予測結果）が変わります．しかし，学習後に予測をする場合には乱数を使わず決定的な予測をしたい場合があります．決定的な予測をしたい場合にはドロップアウトマスクをかける代わりに，p 倍して縮約した値を使うことができます．

$$\boldsymbol{h}^{(l)} = p\boldsymbol{h}^{(l-1)} \tag{6.6}$$

確率 p で変わらず h_i の値をとり，確率 $1-p$ で 0 になる隠れ状態ベクトルの期待値 $p\boldsymbol{h}$ を決定的に利用することに相当します．期待値計算は確率分布に従った重み付き平均ですので，この予測方法には状態変数それぞれが $\{0, h_i\}$ の 2 つの値をとる複数モデルを組み合わせたアンサンブル効果があると言われています [7]．また，$\boldsymbol{h}^{(l)}$ にパラメータ行列 $\boldsymbol{W}^{(l+1)}$ をかけて $l+1$ 層の状態変数を計算する場合は，パラメータ行列を p 倍しても計算結果は変わりません．

$$\begin{aligned}\boldsymbol{h}^{(l+1)} &= a^{(l+1)}(\boldsymbol{W}^{(l+1)}p\boldsymbol{h}^{(l-1)} + \boldsymbol{b}^{(l+1)}) \\ &= a^{(l+1)}(\tilde{\boldsymbol{W}}^{(l+1)}\boldsymbol{h}^{(l-1)} + \boldsymbol{b}^{(l+1)})\end{aligned} \tag{6.7}$$

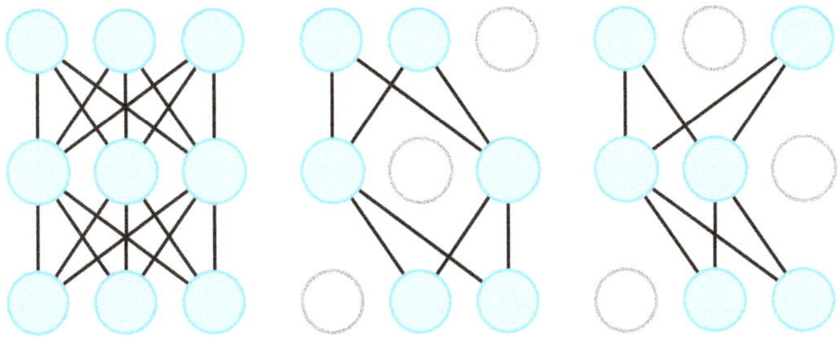

図 6.4 元のニューラルネット（左）とドロップアウトマスクを適用したニューラルネットの例（中央・右）.

ここで，$\tilde{\boldsymbol{W}}^{(l+1)} = p\boldsymbol{W}^{(l+1)}$ です．パラメータ行列の p 倍は入力に関わらずあらかじめ計算しておけますので，ドロップアウト層の計算なしに予測が実施できることになります．

上述の予測方法以外に，同じ入力に対して複数のドロップアウトマスクを適用した予測結果を組み合わせる方法があります [137]．つまり，あるドロップアウトマスクで構成された部分構造を 1 つのモデルと考えて，複数のモデルを組み合わせて予測するアンサンブル法を適用することに相当します．一般的なアンサンブル法では，モデルごとに違うパラメータを保持して適用する必要がありますが，複数のドロップアウトマスクを使うだけであればパラメータはモデル 1 つ分で済みます．

文献[45] では，ドロップアウトをパラメータ分布からのサンプリング方法と考え，事後分布を変分近似しているものという解釈を与えました（変分ドロップアウト）．無作為抽出されたドロップアウトマスクによって隠れ状態ベクトルのある要素が 0 になることが，ランダムにパラメータ行列の対応する行すべてと対応するバイアスベクトルの要素が 0 になることに相当すると考えます．この解釈によると，再帰ニューラルネットでは，パラメータは時刻に非依存であるので，時刻に非依存なドロップアウトマスク用ベクトルを用いることになります．評価時には同じ事例に対して異なるドロップアウトマスク用ベクトルを適用した推定結果を平均するモンテカルロドロップアウトが提案されていて，単一のモデルを用いた単語単位の言語モデルにおいて最高水準の性能を示しています [45]．直感的には，モンテカルロドロップアウトは推定時にドロップアウトによって構成された異なるネットワーク構造のアンサンブルをしているため推定誤差が下がることが期待できます．

6.3 最適化誤差低減に効く手法

ここでは主に勾配法に起因する最適化誤差を減らすのに効果のある手法を紹介します．

6.3.1 初期値設定

ニューラルネットではすべてのパラメータ行列 $\boldsymbol{W}$ を同じ値で初期化すると，対応する状態変数の値が同じで勾配や更新量も同じになり，複数の状態変数を使う利点がなくなります．そこで，パラメータ行列 $\boldsymbol{W}$ を異なる値に初期化する必要があり，通常乱数を使って初期化します．

しかし，ランダムであればどのような値でもよいわけではなく，特に勾配法に基づく手法によるニューラルネットの学習は最適化誤差が初期値に非常に強く依存していることが知られています [139]．そのため，一様分布 $U[-C, C]$ からパラメータ行列を生成することとして，複数の C で学習してみて訓練データや訓練データ以外での性能評価結果から C の値を選ぶことも 1 つの方法です（C は通常 0.1〜0.0001）．

また，主に学習の初期に勾配爆発や勾配消失が起きにくいようにパラメータを初期化する手法もいくつか提案されています．**ゼイヴィア** (Xavier) **初期化**とも呼ばれている初期化法では，パラメータ行列を以下の範囲の一様分布から無作為抽出することを推奨しています [47]．

$$U\left[-\sqrt{\frac{6}{N^{(l-1)}+N^{(l)}}}, \sqrt{\frac{6}{N^{(l-1)}+N^{(l)}}}\right] \tag{6.8}$$

ここで，$N^{(l-1)}$ は入力となる隠れ状態ベクトル $\boldsymbol{h}^{(l-1)}$ の数，$N^{(l)}$ は出力となる $\boldsymbol{h}^{(l)}$ の数です．非線形の活性化関数を使わない場合に各層の状態変数の分散と勾配の分散が一定に保たれることを狙った方法で，非線形の場合には理論的な裏付けはありませんが，広く使われている初期化法です．一方，文献[63] では，活性化関数が ReLU 関数であるときに限って勾配の分散が一定に保たれる初期化法が提案されています．入力の隠れ状態ベクトルの数

$N^{(l-1)}$ または出力の数 $N^{(l)}$ に比例した分散をもつ正規分布 $N\left(0, \frac{2}{N^{(l-1)}}\right)$ または $N\left(0, \frac{2}{N^{(l)}}\right)$ から初期値を無作為抽出することを提案しています．どちらの方法も各層の勾配の分散が一定になるため，勾配爆発や勾配消失が軽減されることが期待できます．

また，時刻方向に深い再帰ニューラルネットでは特殊な初期値パラメータが使われることもあります．単位行列で一部のパラメータ行列を初期化する手法 [84]（通称 **IRNN**）では，$\boldsymbol{h}_t^{(l)}$ を計算する際に1時刻前の $\boldsymbol{h}_{t-1}^{(l)}$ とかけるパラメータ行列を単位行列に初期化します．単位行列 $\boldsymbol{I}$ は対角成分が1でそれ以外が0の行列でかけても隠れ状態ベクトルは変わらない，つまり $\boldsymbol{I}\boldsymbol{h} = \boldsymbol{h}$ となる行列です．単位行列とすると，RNN の隠れ状態ベクトルの更新は以下のように，$\boldsymbol{h}_{t-1}^{(l)}$ から（活性化関数は経由しますが）$\boldsymbol{h}_t^{(l)}$ へのショートカットができることに相当します．

$$\boldsymbol{h}_t^{(l)} = a^{(l)}\left(\tilde{\boldsymbol{W}}^{(l)}\boldsymbol{h}_t^{(l-1)} + \boldsymbol{h}_{t-1}^{(l)} + \boldsymbol{b}^{(l)}\right) \tag{6.9}$$

ここで，l 層のパラメータ行列のうち $\boldsymbol{h}_t^{(l-1)}$ に対応する部分を $\tilde{\boldsymbol{W}}^{(l)}$ としました．単位行列がパラメータ行列の場合は時刻 t の勾配が活性化関数の微分係数だけをかけて時刻 $t-1$ に足されるため，勾配爆発や勾配消失が軽減され学習の初期において最適化が容易になることが期待できます．

バイアスパラメータは通常0で初期化しますが，LSTM では忘却ゲート $\boldsymbol{f}$ のバイアスパラメータの初期値を大きな値（例えば1）にすることで性能が向上することが知られています [77]．以下でその理由を示します．2.7.2 節の LSTM セルの更新式を再掲すると，次のように忘却ゲート $\boldsymbol{f}$ は時刻 $t-1$ のセルの値を減衰させる役割を果たしています．

$$\boldsymbol{c}_t^{(l)} = \boldsymbol{i}_t^{(l)} \odot \bar{\boldsymbol{h}}_t^{(l)} + \boldsymbol{f}_t^{(l)} \odot \boldsymbol{c}_{t-1}^{(l)} \tag{6.10}$$

忘却ゲートの値が1のときは単純なショートカットと同じになり，2.5.2 節で述べたように勾配消失が起こりにくくなります．忘却ゲートで使われるシグモイド活性化関数 $\texttt{sigmoid}(h) = \frac{1}{1+\exp(-h)}$ は入力が大きな値をとると，出力は1に近づきます（h の前のマイナスに注意）ので，シグモイド関数の入力が大きくなるような初期化によって勾配消失が起こりにくくなります．忘却ゲート $\boldsymbol{f}$ の活性化関数への入力は，以下のような行列演算結果にバイア

スパラメータ $\boldsymbol{b}_f^{(l)}$ を足したものになります．

$$\boldsymbol{f}_t = \boldsymbol{W}_f^{(l)} \begin{bmatrix} \boldsymbol{h}_t^{(l-1)} \\ \boldsymbol{h}_{t-1}^{(l)} \end{bmatrix} + \boldsymbol{b}_f^{(l)} \tag{6.11}$$

バイアスパラメータの初期値を大きな値にすることで，シグモイド関数の入力値は底上げされるので，結果的にシグモイド関数の入力が大きくなり，忘却ゲートの値は 1 に近づきます．よって，バイアスパラメータの初期値を大きな値にすることで勾配消失が軽減され，学習の初期において最適化が容易になることが期待できます．

6.3.2 活性化関数

2.3 節で紹介した**活性化関数**の選択も最適化誤差に影響があります．活性化関数の中でもシグモイド関数やハイパボリックタンジェント関数は出力が $(0, 1)$ や $(-1, 1)$ と有界であり数値計算が安定するという特徴がありますが，

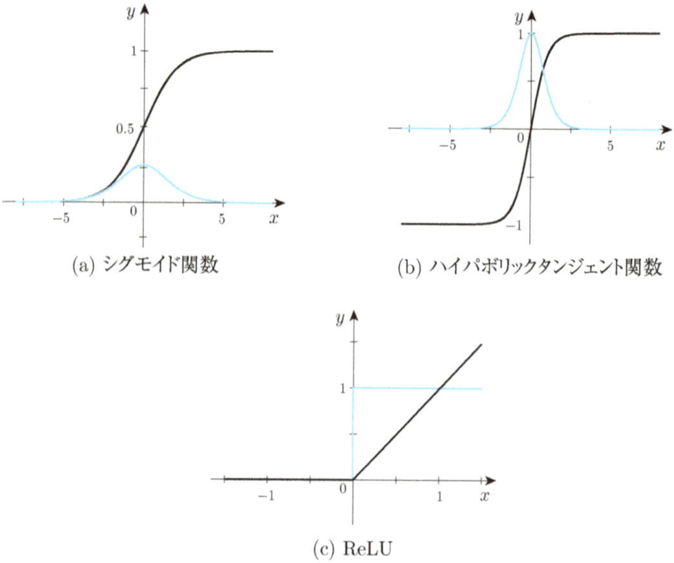

図 6.5 活性化関数（黒線）とその微分（青線）．

微分係数が 1 より小さいため誤差逆伝播法において勾配消失が起きやすくなり，勾配法での最適化が難しくなります（**図 6.5**(a)，図 6.5(b)）．特にシグモイド関数は微分係数が最大でも 0.25 と小さいため，シグモイド関数を経由すると常に勾配が減少することになります．一方，ReLU 関数は正の値をとる入力に対しては線形で微分係数は 1 なので，活性化関数による勾配消失は発生しません（図 6.5(c)）．そのため，近年では ReLU 関数や同様に勾配消失の起きにくい区分線形の**マックスアウト** (maxout)[50] などが順伝播型ニューラルネットや畳み込みニューラルネットではよく使われるようになりました．

6.3.3 カリキュラム学習

カリキュラム学習 (curriculum learning)[10] は簡単な概念の学習から初めて徐々に複雑な概念を学習するように学習過程を設計する方法です．本来の目的関数を近似したなめらかで凸関数に近い目的関数から徐々に本来の目的関数に近づけて行くことで最適化が容易になることが知られています [1]．カリキュラム学習では簡単な訓練事例の損失関数を最小化することから始めて，徐々に難しい事例の損失関数も最小化するように，訓練データの選択をスケジュールすることで同様の効果を狙った手法です．

カリキュラム学習では難易度で事例を並べ替える必要があり，並べ替え方法としていくつかの手法が提案されています．文献[10] では，学習の初期は高頻度の単語のみに文脈と予測対象を限定した訓練データのみを使用し，徐々に文脈と予測対象の単語を増やして訓練データの多様性を増すことで，言語モデルでのカリキュラム学習の有効性を示しました．ここでは，高頻度の単語同士の関係は学習がしやすいという仮定に基づいています．文献[136] では学習の初期は短い文を使い，徐々に長い文を使用することを提案しています．長い文は一般的には文法的にも意味的にも複雑なことが多いため学習が難しいという仮定に基づく手法です．文献[126] では，学習中のモデルを使い簡単な訓練データを選ぶことで質問応答精度が向上することを示しています．学習中のモデルにとって解きやすい訓練データが簡単なデータであるという仮定に基づく手法です．また，タスクの性能が高くなるように単語埋め込みベクトルで学習する順番（訓練データの順序付けモデル）を学習する手法も提案されています [147]．

6.3.4 正規化

勾配は最急降下方向を示しますが，最急降下方向が成り立つのは学習中のある時点のパラメータの局所的な範囲においてのみです．別の言い方をすると，あるパラメータの偏微分が示す方向は他のパラメータが変わらないという仮定のもとでの最急降下方向であり，勾配法では他のパラメータとの関係が考慮されていません．特に多層のニューラルネットについては，下層の隠れ状態ベクトルをもとに上層の隠れ状態ベクトルが決まるため，その値を決める下層と上層のパラメータ間には通常強い相関があります．そのため，すべてのパラメータを同時に更新する勾配法では，パラメータ間に依存関係があると学習率が大きいときに目的関数が下がらず学習が安定しません．パラメータ間の関係が強い場合には，**ニュートン法** (Newton method) などのパラメータ間の関係を考慮した最適化アルゴリズムが有効であることが知られています [100]．しかし，これらの最適化アルゴリズムはパラメータ数の 2 乗に比例した計算時間がかかるため，パラメータ数が多い深層学習への適用は困難です．また，3 層以上のニューラルネットでは 2 つ以上のパラメータに依存関係があることが容易に想像できますが，より高次のパラメータ間の関係については結局考慮できません．

バッチ正規化 (batch normalization)[70] は各層の依存関係によって状態変数の値が大きく変化することを防ぎ，大きな学習率でも勾配法が安定する手法です．そのためにバッチ正規化は元のパラメータ表現 $\boldsymbol{h}^{(l)} = a^{(l)}\left(\boldsymbol{W}^{(l)}\boldsymbol{h}^{(l-1)} + \boldsymbol{b}^{(l)}\right)$ を別のパラメータで次のように書き換えます．

$$\boldsymbol{h}^{(l)} = a^{(l)}\left(\boldsymbol{\psi}^{(l)} \odot \hat{\boldsymbol{h}}^{(l)} + \boldsymbol{\beta}^{(l)}\right) \tag{6.12}$$

$$\hat{\boldsymbol{h}}^{(l)} = \frac{\tilde{\boldsymbol{h}}^{(l)} - \boldsymbol{m}^{(l)}}{\sqrt{\boldsymbol{v}^{(l)} + \epsilon}} \tag{6.13}$$

$$\tilde{\boldsymbol{h}}^{(l)} = \boldsymbol{W}^{(l)}\boldsymbol{h}^{(l-1)} + \boldsymbol{b}^{(l)} \tag{6.14}$$

ここで，$\boldsymbol{\psi}^{(l)}$ と $\boldsymbol{\beta}^{(l)}$ はサイズ $N^{(l)}$ のパラメータベクトルで，式 (6.13) の除算は要素ごとの除算です．また，$\boldsymbol{m}^{(l)}$ と $\boldsymbol{v}^{(l)}$ はミニバッチ内の $\tilde{\boldsymbol{h}}^{(l)}$ の値 $B = \{\tilde{\boldsymbol{h}}_j^{(l)}\}_{j=1}^{|B|}$ の値を使って計算した以下の平均と分散です．

$$m_i^{(1)} = \frac{1}{|B|}\sum_{j=1}^{|B|} \tilde{h}_{i,j}^{(1)} \tag{6.15}$$

$$v_i^{(1)} = \frac{1}{|B|}\sum_{j=1}^{|B|} \left(\tilde{h}_{i,j}^{(1)} - m_i^{(1)}\right)^2 \tag{6.16}$$

つまり，ミニバッチ内の隠れ状態ベクトル $\hat{\boldsymbol{h}}^{(1)}$ の要素は平均 0，分散 1 となるように変換されています．パラメータを増やして同じことをやっているように見えますが，$\boldsymbol{\psi}^{(1)}$ と $\boldsymbol{\beta}^{(1)}$ は平均 0，分散 1 に正規化された各要素に対するスカラー値パラメータですので，学習は比較的容易です．また，一度正規化することで各層での変化が別の層に影響を及ぼしにくくなります．その一方で，正規化する前後で関数としての表現力は同等です．バッチ正規化の重要な工夫として，$m_i^{(1)}$ や $v_i^{(1)}$ もパラメータ $\boldsymbol{W}^{(1)}, \boldsymbol{b}^{(1)}$ に依存していますので，誤差逆伝播法の中でも平均・分散を計算する操作も含めて微分を計算することがあります．平均 0，分散 1 に近づくように微分の値が計算されるので，パラメータを更新した後にパラメータの値を正規化するより効率的です．バッチ正規化は異なるミニバッチごとに異なる結果を返しますが，最後に決定的な予測をするためには，$\boldsymbol{m}^{(1)}$ と $\boldsymbol{v}^{(1)}$ を訓練データ中の複数のミニバッチに対して計算しその平均を使います．

バッチ正規化はミニバッチ内の情報をもとに正規化をしましたが，ミニバッチを使わずに正規分布の入力を仮定して解析的に正規化する方法も提案されています [3]．また，バッチ正則化ではミニバッチ内の $B = \{\tilde{\boldsymbol{h}}_j\}_{j=1}^{|B|}$ の値を使って平均・分散を計算したのに対して，**層正規化** (layer normalization)[5] では各層の隠れ状態ベクトルの要素集合 $\{\tilde{h}_i^{(1)}\}_{i=1}^{N^{(1)}}$ に関して平均・分散を計算します．どちらの方法もミニバッチを必要としないため，バッチ内の各事例の長さが異なることになる，可変長の入力データを扱う再帰ニューラルネットに適した手法です．

6.3.5 確率的勾配法の拡張 (Adam)

勾配法では，すべてのパラメータを共通の学習率で更新することには困難が伴います．そのため深層学習には，更新ごとのパラメータの振動を抑制する**モーメンタム法**や学習率をパラメータごとに調整する **AdaGrad**[36] などが使われており，本シリーズの『オンライン機械学習』で紹介されています．本書では，近年よく使われるようになった **Adam**[80] を紹介します．

Adam も学習率をパラメータごとに調整するアルゴリズムの 1 つです．なお，適応的に (adaptive) 勾配の 1 次・2 次モーメント (moment) を推定してパラメータ更新しているため Adam と命名されています．より具体的には勾配の**指数移動平均** (exponential moving average)$\boldsymbol{m}^{(\mathrm{k})}$ と中心化されていない分散の指数移動平均 $\boldsymbol{v}^{(\mathrm{k})}$ を使用します．

$$\boldsymbol{m}^{(\mathrm{k})} = \beta_1 \boldsymbol{m}^{(\mathrm{k}-1)} + (1-\beta_1)\partial L(\boldsymbol{\theta}^{(\mathrm{k})}) \tag{6.17}$$

$$\boldsymbol{v}^{(\mathrm{k})} = \beta_2 \boldsymbol{v}^{(\mathrm{k}-1)} + (1-\beta_2)\partial L(\boldsymbol{\theta}^{(\mathrm{k})})^2 \tag{6.18}$$

ここで，β_1 と β_2 は超パラメータでそれぞれ 0.9 と 0.999 が推奨値です．平均を使って更新することで，確率的勾配法で与えられる勾配のばらつきを軽減することができます．また，指数移動平均を使って過去の勾配への重みを指数的に減少させることによって，直近の勾配を重視し学習時に変わっていくモデルに追従した更新をすることができます．

上式は学習の初期(kが小さいとき)には $\boldsymbol{m}^{(\mathrm{k})}$ と $\boldsymbol{v}^{(\mathrm{k})}$ の値が初期値 $\boldsymbol{m}^{(0)}$ と $\boldsymbol{v}^{(0)}$ の影響を強く受けてしまう課題があります．そこで，もう 1 つの Adam の特徴として，初期値の影響を補正した次の値をパラメータ更新に使う工夫があります．

$$\hat{\boldsymbol{m}}^{(\mathrm{k})} = \frac{\boldsymbol{m}^{(\mathrm{k})}}{1-\beta_1^k} \tag{6.19}$$

$$\hat{\boldsymbol{v}}^{(\mathrm{k})} = \frac{\boldsymbol{v}^{(\mathrm{k})}}{1-\beta_2^k} \tag{6.20}$$

なお，β_1^k と β_2^k はステップ k を指示するものではなく β_1 と β_2 の k 乗であることにご注意ください．これらの補正した指数移動平均を使って，パラメータを以下のように更新します．

$$\boldsymbol{\theta}^{(\mathrm{k}+1)} = \boldsymbol{\theta}^{(\mathrm{k})} - \eta \frac{\hat{\boldsymbol{m}}^{(\mathrm{k})}}{\sqrt{\hat{\boldsymbol{v}}^{(\mathrm{k})}}+\epsilon} \tag{6.21}$$

ここで，η は学習率で推奨値は 0.001，ϵ は零による割り算を防ぐための値で推奨値は 10^{-8} です．ただし，学習率は調整することがあります．また，更新式 (6.21) で勾配の平均を勾配の標準偏差に相当する $\sqrt{\hat{\boldsymbol{v}}^{(\mathrm{k})}}+\epsilon$ で割っていることで，継続的に勾配が大きいパラメータは学習率を小さくし，勾配が小さいパラメータは学習率を大きくする効果があります．勾配が小さくなかなか学習が進まないパラメータの更新を高速化することができ，全体として学習が速くなることが知られています．

6.4 超パラメータ選択

ニューラルネットは状態変数の数や層の数以外にも 6.2 節や 6.3 節で紹介した手法で使用するパラメータなど，非常に多くの超パラメータが存在しています．複数の超パラメータの候補値のあらゆる組み合わせを開発データなどを使って評価して一番よい組み合わせを選ぶ方法を**グリッド探索** (grid search) と呼びます．例えば，状態変数の数 $\{64, 128, 256\}\times$ 層の数 $\{1, 2, 3\}\times$ 学習率 $\{0.1, 0.01, 0.001\}$ の $3 \times 3 \times 3 = 27$ 通りのすべての組み合わせを試して一番よい組み合わせを見つけます．しかし，深層学習は超パラメータ数が多いためすべての超パラメータに適切な候補値を選んだうえでそのすべての組み合わせを試すことは困難です．

そのため文献[14] では，超パラメータのランダムな値の組み合わせを試す**ランダム探索** (random search) を提案しています．例えば，状態変数の数 $\times$ 層の数 $\times$ 学習率をある設定した範囲からそれぞれランダムに選択します．グリッド探索は複数の候補値をあらかじめ指定する必要がありますが，ランダム探索ではその必要がありません．グリッド探索で候補値の選択に失敗してしまうと，例えば特定の学習率で性能のピークがくる一方で状態変数の数や層の数が性能に影響しない場合でも，性能に影響しない超パラメータも網羅的にすべての候補値を試してしまいます．つまり，グリッド探索では事前に複数の良さそうな候補値を選んでおく必要があり，その選択は簡単ではありません．一方，ランダム探索ではあらかじめよい候補値群を選ぶ必要はなくなるため，同じ試行回数でよい超パラメータの組み合わせを見つけることができます [14]．

毎回の試行の結果を使って，より効率的に探索する方法として**ベイズ的最適化** (Bayesian optimization; BO) があります．ベイズ的最適化は，形のわからない関数の最適化を行う手法です [83]．ベイズ的最適化では，形のわからない関数の事前分布にガウス過程を仮定し，ブラックボックス関数の事後

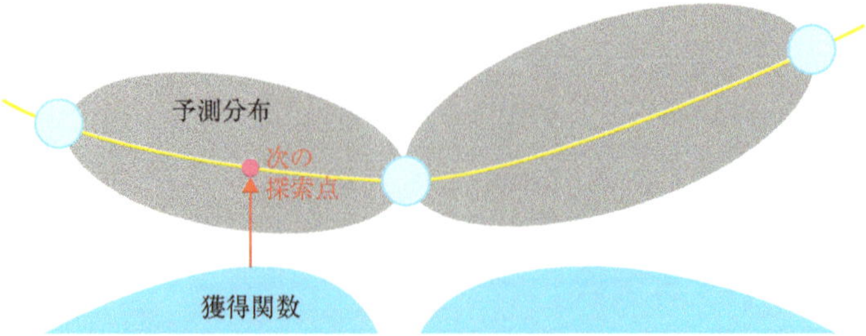

図 6.6 ベイズ的最適化の概念図．3 点（斜線の丸）観測後の予測分布と獲得関数：灰色領域が予測分布の分散を示す．

分布に基いて最適化を行います．より具体的には，ガウス過程の予測分布によって定式化される獲得関数と呼ばれる代理関数を最適化することで，応用タスクの評価結果がよい超パラメータを広い範囲から探索します．**図 6.6** の 3 点はすでに観測された超パラメータを示し，横軸が超パラメータの値，縦軸が評価結果です．評価結果は各超パラメータで学習を実施して開発データなどで評価した値です．超パラメータの評価結果がわかっている点の周辺では予測分布の分散が小さく評価結果の不確実性が低いことを示します．広い範囲からよい超パラメータを探すために，獲得関数を最大化することで予測分布に基づき評価結果の不確実性が高く（予測分布の分散が大きく）かつ評価結果もよさそう点を選ぶことができます．文献[132] では，ベイズ的最適化を使った超パラメータ選択によって，専門家による調整結果と同程度の性能が出ることを報告しています．

本節では，自動的に超パラメータを選択する手法を紹介しましたが，研究報告の多くはいまだ人手による超パラメータ選択を行っています．上述したランダム探索・ベイズ的最適化は超パラメータの組み合わせ 1 つ 1 つに対する学習結果の評価ができる前提で設計されていますが，現時点では超パラメータの組み合わせ 1 つにかかる学習時間が長く，最後まで学習するコストが大きいのが現状です．そのため，学習中の結果も確認しながら，学習率を調整する・前回の結果と比較して学習を打ち切るなどの調整を行っているため，人手による調整もよく実施されています．

Chapter 7

実装

深層学習は従来の機械学習手法に比べてモデルが複雑であり，最適化に時間がかかります．そのため，効率のよい計算方法や計算機の利用は，研究を行ううえで重要になってきます．本章では実装上の工夫や，効率のよい計算方法について解説します．

7.1 GPU と GPGPU

グラフィック処理ユニット (graphics processing unit; **GPU**) は計算機における画像処理を主に担当するプロセッサのことです．特に計算に時間のかかる 3 次元画像の描画を高速化する形で発展してきています．3 次元画像の描画計算は並列に行える計算が多いため，GPU は並列に計算を行うことに特化した形で設計されています．そのため，用途を限定すると CPU に比べてはるかに高い計算性能を発揮します．元来はプロセッサ単体のことを指しますが，一般的には GPU を搭載したグラフィックボードの形で販売されるため，グラフィックボードのことを指して GPU と呼ばれることもあります．CPU とメインメモリの関係同様，GPU も外部メモリを利用して計算を行います．GPU が利用するメモリのことをビデオメモリ (video memory; VRAM) と呼びます (図 7.1)．グラフィックボード上には GPU とビデオメモリが搭載され，CPU とは PCI Express などの拡張バスを利用してデータのやり取りを行います．

GPU の高い計算性能をうまく利用して，画像用途ではなく，一般的な計

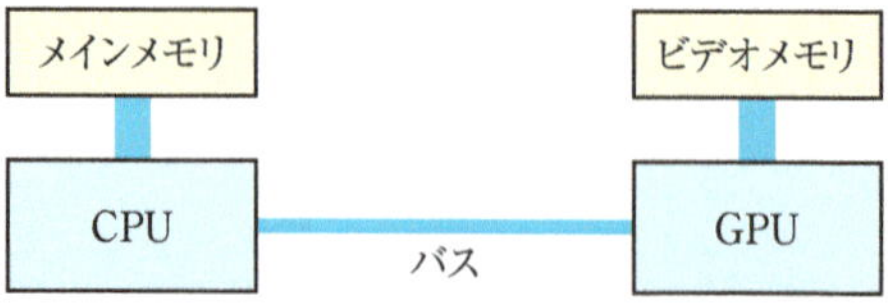

図 7.1 CPU と GPU とそれぞれのメモリの関係.

算用途に GPU を利用しようとする動きが 2000 年代に出てきました．この技術は **GPU 汎用計算** (general purpose computing on graphical processing units; **GPGPU**) と呼ばれます．GPU の高い並列性を活かした計算の例に，行列演算があります．行列の各要素に対する演算はそれぞれ独立に計算できるため，GPU との相性がよく，効率的に計算できます．

深層学習の学習には，大量のデータと，最適化のための膨大な時間が必要になります．そこで，GPGPU をはじめとしたより効率のよい計算手段が利用されることが多くなってきました．特に画像処理の場合ですと，扱う対象のデータが 2 次元の行列で表現されるため，行列演算を多用し，GPU との相性が非常によいです．自然言語処理を対象とした機械学習の場合，従来は高次元疎行列を扱うことが多かったため，メモリアクセスは連続的にならず，GPU との相性は必ずしもよいわけではありませんでした．しかし，深層学習による自然言語処理の場合，処理の最小単位は数百～数万次元の密ベクトルとなります．そのため，自然言語処理の分野でも GPU を利用して学習する研究が増えています．

7.1.1 GPU の特性

GPU は計算能力が高いといわれますが，万能ではありません．GPU は汎用的に速度を向上させるよりも，特定の用途で速度向上できるように設計されています．そのため，GPU によるプログラムの効率を上げるには，GPU の特性を理解する必要があります．

GPU は同じ処理を大量・並列に行うことに特化した設計になっていることが特徴です．GPU は CPU と比べて，はるかに多くのコアを備えています．2017 年現在，CPU は数個から多くても数十個のコアを備えるのに比べ，GPU では数百～数千のコアを搭載しています．大量のコアを使って，一度に大量に演算できるような設計になっています．この大量のコアに対して，計算対象のデータを一度に大量に供給する必要があります．そのため，外部メモリの読み込みも高速で，単位時間あたりのビデオメモリからのデータ読み込み速度であるメモリ帯域も CPU よりも高く，一度に大量のデータを処理することができます．加えて，一度に計算できるように，演算対象のデータを保持するレジスタと呼ばれる内部メモリも大量に備えています．単純に演算性能のみならず，メモリに関しても CPU と比べて高い性能をもっていることも GPU の特徴です．

ただし，GPU 上の各コアの単体の性能は CPU のそれと比べて低いことには注意してください．動作周波数は低く，加えて近代的な CPU が備えている演算を高速させるための多くの機構をもちません．例えば，CPU では依存関係のない命令列を計算効率のよい順番に並べ替えて実行する，アウト・オブ・オーダー実行などの機能を備えることが普通です．一方，こうした機能は回路規模が大きいため，GPU では通常採用されていません．そのため，コアあたりの計算能力は CPU に比べてはるかに低く，大量のコアを有効に利用できない依存関係の強い処理は苦手です．

このように，性能差があるとはいえその特性が違うので，両者を理解して使い分けることが望ましいでしょう．例えば学習済みの言語モデルを利用して単語列を生成することを考えましょう．通常，単語を 1 つずつ生成し，1 つ前に生成した単語に依存して次の単語の生成が行われます．このような依存関係のある処理は CPU が得意とします．一方で言語モデルを学習する場合は，各単語に対する損失の計算は一度に行えるうえ，大量の訓練データを利用します．このような依存関係のない大量の処理は GPU が得意とします．

GPU のコアはそれぞれ独立に制御できず，複数のコアに対して同じ命令を実行する必要があります．単一の命令に対して，異なるデータを処理させる形式のことを **SIMD**(single instruction multiple data) と呼びます．そのためなるべく同じ命令を実行するように，プログラムを組む必要があります．GPU では，分岐によってコアごとに異なる命令をを実行する必要が出た場合は，両方のコードを実行し，分岐で実行しないほうのコードは無視するというふうに振る舞います．コード中に分岐が増えると，無視するコアが増えてくるため，全体の性能は相対的に劣化します．

通常，CPU と GPU 間でのデータのやり取りは，PCI Express などのインターフェースを介して行われます．この転送帯域や遅延は，CPU とメインメモリ間の，あるいはGPU とビデオメモリのそれよりも遅くなることには注意が必要です．例えば，2017 年現在最新の GPU の 1 つである NVIDIA 社の TESLA P100 は，PCI Express 3.0 の x16 モードで動作します．PCI Express のデータ転送帯域は 32 GB/sec です．一方の，P100 のビデオメモリ帯域は 730 GB/sec です．実に両者には 10 倍以上の開きがあります．複数の GPU を使っても，データのやり取りが律速になって計算効率が上がらないことがあることには注意が必要です．もちろん異なる計算機の間で通信させる場合は，これよりもさらに効率を上げることが難しくなります．

7.1.2 実数値の計算

深層学習の計算には，実数値を使った計算が必要になります．実数値に対する計算を計算機で実行する場合，CPU にしろ GPU にしろ，通常は浮動小数点数による計算を行います．浮動小数点数とは，計算機での数値表現の 1 つで，仮数部 f と指数部 e，そして正負を表す符号部 s によって数を表現する方法です．表現したい対象の数 x を，

$$x = s \times (1 + f) \times 2^e \tag{7.1}$$

で表現し，s と f と e に固定長のビット列を割り当てます．符号部 s は 1 ビットで $s \in \{+1, -1\}$ とします．仮数部 f は $0 \leq f < 1$ で，事前に決められた精度までの小数を表現できる固定小数点数です．指数部 e は整数です．全体で 16 ビットの半精度浮動小数点数，32 ビットの単精度浮動小数点数，64 ビットの倍精度浮動小数点数などの表現が決まっています．それぞれ f と e に利用できるビット長が異なります．

仮数部の長さが表現できる精度を，指数部の長さが表現できる数の大小を決定します．機械学習の用途の場合，高い精度は要求されません．そのため，単精度浮動小数点数を使って計算されることが多くなります．一般的に倍精度の計算に比べて，単精度のほうが演算が高速です．また必要なビット数も少ないため，メモリ領域からのデータの呼び出しが軽量で，データの読み込みも高速になります．加えて，GPU の場合，グラフィックス用途では高い精度は要求されないため単精度の計算しか行えない製品も一般的です．より表現力を落とした半精度浮動小数点数を利用する場合すらあります．ただし，

プロセッサによっては低い精度の演算器を搭載していないなどの理由で，精度を落としても速度が向上しない，あるいは逆に遅くなることがあるので，仕様を確認して利用するのがよいでしょう．例えば GPU には半精度の演算器を搭載していないことがこれまでは一般的でした．一方で半精度用の演算器を搭載した GPU も出現し始めているため [*1]，今後状況は変わっていくでしょう．

精度を落とす場合に，**オーバーフロー** (overflow) が起こりやすくなることは注意してください．精度の少ない浮動小数点数の場合，精度の高い浮動小数点数に比べて，仮数部も指数部も利用するビット数が少なくなります．仮数部のビット数が小さくなると，表現の精度が落ちます．一方，指数部が小さくなると，表現できる値の絶対値の最大値と最小値が狭まくなります．表現できる最大値を超えた場合は，無限という特殊な値に置き換えられてしまいます．演算結果が浮動小数点数で表現できる範囲を超えてしまった結果，無限値になってしまうことをオーバーフローと呼びます．また，ゼロ同士の割り算など，数値で表現できない結果は非数 (not a number; NaN) という特殊な値になります．一度変数の値が無限になってしまうと，以降の計算はほとんどが無限や NaN などの値になり，学習を継続できなくなります．exp 関数など，引数よりはるかに大きな戻り値を返す可能性がある計算には注意が必要です．

例えば単精度であれば，指数部は 8 ビットしかありません．そのため，表現できる最大値は 2^{128} です．半精度の場合，指数部は 5 ビットしかありませんから，2^{16} 程度となります．これらを超える値は表現できず，無限になります．ソフトマックス関数や `tanh` 関数などを実装する場合，exp 関数を利用することになりますが，$\exp(100) > 2^{128}$ ですので容易にオーバーフローを引き起こします．

具体例を示しましょう．ソフトマックス関数の対数

$$\log\left(\texttt{softmax}(x_1, x_2)\right) = \log \frac{\exp x_1}{\exp x_1 + \exp x_2} = x_1 - \log(\exp x_1 + \exp x_2) \tag{7.2}$$

*1 NVIDIA 社の GPU の場合，2016 年に発売された Pascal 世代の製品で初めて半精度浮動小数点数専用の演算器が搭載されました．

を考えましょう．この計算は，x_1 や x_2 が十分に大きいと，$\exp x_1$ や $\exp x_2$ の計算の時点でオーバーフローを起こしてしまいます．そうすると，計算の過程上では log の引数が無限になってしまうため，$-\infty$ を返してしまいます．しかし，log をとるので，真の値は十分に表現できる値になることがほとんどです．そこで，仮に $x_1 < x_2$ と仮定して，以下のように式変形します．

$$\log(\exp x_1 + \exp x_2) = x_2 + \log(\exp(x_1 - x_2) + 1) \tag{7.3}$$

$\exp(x_1 - x_2)$ は x_2 が十分大きいときは 0 に近づきます．そのとき

$$\log(\exp(x_1 - x_2) + 1) \approx \log 1 = 0 \tag{7.4}$$

なので，$\log(\exp x_1 + \exp x_2) \approx x_2$ となります．この計算の過程で，オーバーフローは起こりません．より一般化して，ソフトマックス関数の対象となる変数がたくさんあるときは，その最大値を探すことで同様の計算が行えます．このように，大きな値による exp の計算を回避して，対象の計算を行う工夫がとられます．

7.1.3 ミニバッチ化

GPU は CPU よりもはるかに多いコアを搭載し，SIMD 型の並列計算を実行できることはさきに述べたとおりです．複数のデータに対して同時に同じ処理を行うことで並列度を上げることができます．

例えば D 要素のベクトル $\boldsymbol{x} \in \mathbb{R}^D$ と $\boldsymbol{y} \in \mathbb{R}^D$ を足して $\boldsymbol{x} + \boldsymbol{y}$ を計算することを考えます．このままですと，この計算量は $O(D)$ です．ここで B 個の D 要素のベクトル $\{\boldsymbol{x}_1, \ldots, \boldsymbol{x}_B\}$ と $\{\boldsymbol{y}_1, \ldots, \boldsymbol{y}_B\}$ があったとします．これらを組み合わせた D 行 B 列の行列 $\boldsymbol{X} \in \mathbb{R}^{D \times B}$ と $\boldsymbol{Y} \in \mathbb{R}^{D \times B}$ を一度に足し合わせると，この時間計算量は当然 $O(DB)$ になります．行う演算が何であろうが，B 個のデータに対して同じ計算を行うわけですから，単純に B 倍の並列度になります．十分に大きな数のデータを一度に計算することで，GPU の計算資源を効率的に使い切ることができます．このようにある程度の数のデータを一度に計算するように変換することを**ミニバッチ** (mini-batch) 化と呼びます．

対象のデータが値だけ異なってまったく同じ形式の場合，ミニバッチ化はそれほど難しくありません．多くの深層学習の実装では，行列演算ライブラ

りを利用して，扱う対象の次元を 1 つ増やした状態で実装されます．したがってベクトルを扱う代わりに，さきのように行列を扱います．ところが自然文を扱う場合は，文長が異なるため，データの形式がデータごとに異なってしまいます．このように，処理対象のデータに構造があり，データごとに異なる処理が必要な場合はミニバッチ化が自明に行えません．そのため特別な工夫が必要になります．

7.2 RNN におけるミニバッチ化

自然言語処理では，事例ごとに訓練データの構造が異なることがあります．例えば，文ごとに文長は異なります．構文情報を利用しようとすれば，構文の構造も文ごとに異なります．データの構造が異なると，データごとに異なる処理をする必要が発生します．そのため簡単にはミニバッチ化ができなくなってしまいます．ここでは，RNN のミニバッチ化の工夫について説明します．

7.2.1 同一文長でまとめる

文長の異なる文が大量にあったときに，同一の処理が適用できるようにミニバッチ化するもっとも簡単な方法は，同一の文長のデータをまとめることです．学習対象となるデータを文長ごとにまとめ，各文長のかたまりからミニバッチを無作為抽出する，あるいはランダムに並べ替えることで訓練データを形成します．ミニバッチ内のデータはすべて同一文長ですので，特別な工夫をせずに並列処理を行うことができるようになります．

この方法の問題は，各ミニバッチが理想的な無作為抽出にならないことです．ミニバッチ中のデータは必ず同一文長のデータのみに限られます．例えば文長が 1 単語など極めて短いときには，一言の挨拶などの偏った文しか出ないなど，各バッチに応じて文の傾向が大きく異なる可能性があります．また，系列変換モデルの学習など，2 文以上が 1 つの訓練データとなる場合では難しくなります．文長の組み合わせごとにデータをまとめる必要があるため，学習対象の 2 つの文の長さがいずれも一致するデータはさらに限定されます．ミニバッチ化するのに十分な量のデータが集まらないと，並列性を上げられなくなってしまいます．

7.2.2 パディング

長さの異なる複数の文に対する RNN をミニバッチ化する際によく使われるのが，**パディング** (padding) と呼ばれる技法です．ミニバッチ中の最大文長を L とすると，文長が L に満たないデータに対しては特殊な単語（図中の null）を埋めて処理します（**図 7.2**）．パディングに用いた部分は処理を行わないようにするか，後から計算結果を無効にするような処理をはさみます．文の終端に近づくに連れて，データの並列性は徐々に落ちるので，有効な計算の割合は徐々に落ちます．それでもバッチ数 B を落として実行するよりは高い並列度を確保することができます．

パディングを行った場合，その分だけ性能の劣化が起こることには注意するべきです．一般的に GPU は同時に同一の処理を行う SIMD であるということを述べました．そのため，分岐命令（例えば `if` 文）によって，スレッドごとに分岐するかしないかが別れたときは両方の処理を実行します．そして，分岐したほうのスレッドでは，分岐しなかったほうの命令を実行中は何もしません．逆も同じです．全体としてはすべて実行したのと同じくらいの時間がかかってしまいます．そのため，パディングして分岐によって処理を振り分けても，計算効率は著しく低下してしまいます．全体の速度はバッチ中の最大の文長に依存します．バッチ数が大きくなると，長い文がたまたまバッチ中に含まれる確率が高くなるため，パディングの量が相対的に増えやすくなり効率が極端に落ちます．

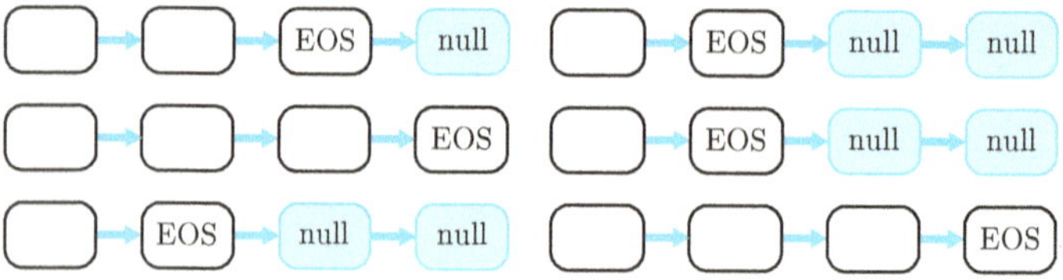

図 7.2 パディングによる RNN のミニバッチ化．

7.2.3 文長でソートする

パディングすると無駄な計算が発生するため，効率が落ちてしまいます．

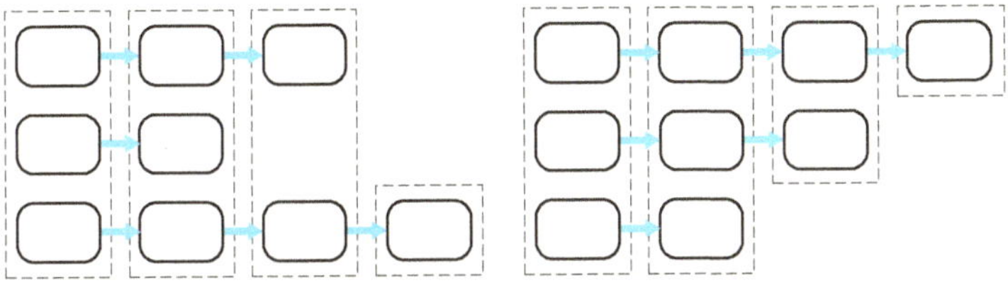

図 7.3 文長でソートした場合の RNN のミニバッチ化．ソートしていない場合（左）はデータの途中に抜けができるが，ソートした場合（右）は必ずデータが詰まっている．

もっと簡単に無駄な計算を発生させないために，文長で並び替える方法があります．バッチ中の各系列の長さは，一般的には異なります．そのため，**図 7.3**(左)のように，各時刻ごとにデータをまとめると抜けができてしまうことがあります．抜けた部分を特殊な記号で埋めるのがパディングでした．

さて，仮にこの系列が長さの降順で並んでいたとします．この場合，各時刻ごとにバッチ化すると，図 7.3(右)のように前半に必ずデータが存在し，データの抜けは後半だけとなります．降順に並んでいるおかげで，連続領域に対してのみ計算すればよいことがわかります．そのためパディングのような各データごとの振り分け処理は必要なく，各時刻でいくつの系列を処理するかの情報をもとにデータを切り出せば，容易にミニバッチ化することができます．系列の後半に進むに従って並列度は落ちますが，パディングと違って無駄な分岐がないため効率的です．追加で系列長で並び替える計算時間がかかりますが，系列長自体には依存しない時間で実行できるので，追加の計算時間はそれほど大きくはなりません．

この手法を使う場合，特に 3.4 節の系列変換モデルのように，1 つの学習事例に複数の系列が存在する場合は注意してください．入力側の系列の長さの降順で並べ替えた後に，今度は出力側の系列の長さの降順で並べ替える必要があります．このときに，符号化器の出力したベクトルも同じ順番で並べ替える必要があります．そのため，この並べ替えの計算時間が追加でかかります．

7.2.4 バケッティング

パディングによって文長を揃える処理を行った場合，全体の処理量は最大文長に依存します．そのため，仮に 1 つでも極端に長い文が存在した場合，すべての文の処理はその文長に依存した時間が必要となります．ミニバッチごとに，バッチ中で一番長い文長に合わせると，このような極端な状況を回避できます．一方で，一般的な深層学習のフレームワークの場合，特定の長さの計算グラフを構築するのは計算時間がかかります *2．この折衷案として，長さの異なる計算グラフをいくつか用意しておいて，対象のデータを処理できる最短の計算グラフを利用することで，パディングによる無駄な計算時間と，追加の計算グラフ構築時間の中間をとることができます．このような手法は，**バケッティング** (bucketing) と呼ばれます．

具体的な例を示します．入力が文で，出力がラベルの分類器を考えます．このとき，文を RNN で符号化するとします．まず，訓練データ $\{x_1, \ldots, x_N\}$ 中の最大文長を $L = \max_i |x_i|$ とします．長さ 1〜L を含むような，適当な間隔の文長向けのネットワークを構築します．例えば 5 単語おきなら，$\{5, 10, 15, \ldots, L\}$ とします．それぞれの長さごとの RNN の計算グラフを構築します．学習時は，k 個のミニバッチ $\{x_{b_1}, \ldots, x_{b_k}\}$ 中の最大文長よりも大きい計算グラフのうち，一番小さな計算グラフを利用します．ミニバッチ中の，その他の短いデータに関してはパディングを行うことで長さを揃えます．

入力データの構造が複雑になると，バケッティングも万能ではないということには注意する必要があります．系列変換モデルのように入力情報が，入力文と出力文の 2 つになる場合を考えます．両方の文長を見る必要出てくるため，両方の文長よりも長い計算グラフを利用する必要があります．全データ中の最大文長が 100 で，長さ 5 ごとに計算グラフを作ることを考えます．入力が 1 つの場合 $\{5, 10, \ldots, 100\}$ の 20 個の計算グラフで済みました．一方で，系列変換モデルのように入力が 2 つの場合，$\{(5, 5), (5, 10), \ldots, (100, 100)\}$ の 400 個の計算グラフが必要です．機械翻訳のように，入力文長と出力文長に相関がありそうな場合は，$(5, 100)$ のような計算グラフは実際にはほとんど使われないでしょうから，使われやすそうな計算グラフだけを用意することで効率を上げることはできます．一方

*2 Chainer などの動的に計算グラフを構築するフレームワークの場合，計算グラフの構築コストが低く設計されているためこのような問題は起こりません．一方，Theano や TensorFlow など静的に計算グラフを構築する場合は，最適化などの処理が入るため，ミニバッチごとに計算グラフを構築することは想定されていないことが普通です．

で，入力文が 3 つ 4 つと増えれば増えると，長さの組み合わせは指数的に増えるため，長さの組み合わせの似たデータはほとんどなくなってしまいます．仮にすべてのデータが別の計算グラフを使う場合，バケッティングの効果はなくなり，毎回計算グラフを構築しているのと同じになってしまいます．このように，データの構造が複雑になった場合に，計算グラフの構築時間とパディングによる追加計算時間のバランスをとるのが難しくなることには注意が必要です．

7.2.5 多層の RNN の高速化

多層の RNN における依存関係を考えてみましょう．時刻 t の k 番目の層の出力を $\boldsymbol{h}_t^{(\mathrm{k})}$ とします．この出力は，同一層の 1 つ前の時刻の出力 $\boldsymbol{h}_{t-1}^{(\mathrm{k})}$ を隠れ状態，同一時刻の 1 つ前の層の出力 $\boldsymbol{h}_t^{(\mathrm{k}-1)}$ を入力として RNN の演算を行います．つまり，

$$\boldsymbol{h}_t^{(\mathrm{k})} = \Psi\left(\boldsymbol{h}_t^{(\mathrm{k}-1)}, \boldsymbol{h}_{t-1}^{(\mathrm{k})}\right) \tag{7.5}$$

と計算します．つまり，同一階層内でも，同一時刻内でも依存性が存在するため同時に計算できません．

ところが $\boldsymbol{h}_t^{(\mathrm{k}-1)}$ と $\boldsymbol{h}_{t-1}^{(\mathrm{k})}$ には依存関係が存在しません．**図 7.4** のように，階層 k と時刻 t の和 $k+t$ が同じとなる変数に対する演算は，互いに依存しないため同時に計算できます．このように依存関係にない変数を同時に計算することができます．この工夫を入れることで，多層の RNN の計算を効率化できます [2]．

文献[2] では，これ以外にも RNN，特に LSTM の実装を最適化する実験を

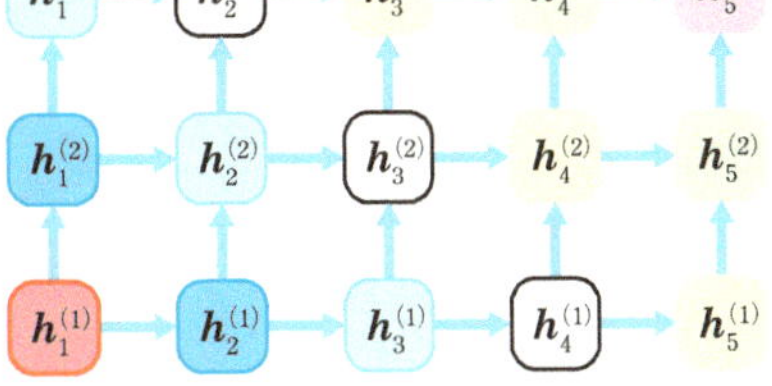

図 7.4 依存関係のないブロックごとに計算することで並列度を上げる．

行っています．LSTM の場合，式 (2.58) のように入力データ $\boldsymbol{x}$ と隠れ状態ベクトル $\boldsymbol{h}$ に対して，それぞれ 4 回，合計 8 回の行列演算を行う必要があります．この演算を別々に行うと，十分な並列性を確保できずに GPU の計算性能を使い切れないので，パラメータ行列をつなぎ合わせて 4 倍のサイズにした行列に対して一度に行列ベクトル積を計算します．加えて，$\boldsymbol{x}$ と $\boldsymbol{h}$ のベクトル行列積の計算を同時に実行することで，さらに並列度が 2 倍になります．また，1 回の前向き計算，後ろ向き計算で，同一のパラメータ行列を何度も利用することになります．そのため，計算の前にメモリ配置を最適化しても，その再配置にかかる計算時間はほとんど無視できるので，事前に転置行列を一度だけ作って使い回すことで性能を向上させることができます．以上の工夫をすべて実装することにより，全体では最大で 11 倍の速度向上を果たしたと報告しています．

7.2.6 持続性再帰ニューラルネット

RNN の計算を再度見なおしてみましょう．主に時間のかかる計算は，D 次元の隠れ状態ベクトル $\boldsymbol{h} \in \mathbb{R}^D$ と RNN の重み $\boldsymbol{W}$ の行列ベクトル積でした．バッチ数が B の場合，隠れ状態ベクトルは全体で $O(BD)$ ですから，隠れ状態ベクトルとパラメータ行列の積の計算は $O(BD^2)$ の時間計算量がかかります．通常の行列積による実装では，パラメータ行列は GPU 中のビデオメモリに保存され，演算のたびに GPU コア上のレジスタに読み込まれます．この行列は，通常の RNN であれば $D \times D$ 行列，LSTM であればその 4 倍ですが，いずれにせよ $O(D^2)$ の大きさのメモリを消費します．一般的にビデオメモリから GPU への読み込みは，GPU 中での演算に比べると遅いことに注意してください [*3]．バッチ数 B が大きくなると，演算時間が相対的に大きくなりますが，特にバッチ数が小さいときは行列読み込み時間が支配的になってしまいます．

ここで，RNN では各時刻で前の時刻と同じ行列を利用して，行列ベクトル積を計算することに注目しましょう．毎時刻この行列のデータをビデオメモリから引き出すと非常に時間がかかります．そこで毎時刻ビデオメモリか

---

*3 NVIDIA 社の TESLA P100 の場合，メモリ帯域は 730 GB/sec，単精度浮動小数点演算性能が 9.3 TFLOPS です．単精度浮動小数は 4 バイトなので，秒間 180 G 読み込めます．一方，行列計算は各要素に対してかけ算とたし算が 1 回のそれぞれ 2 回とすると，秒間最大でおよそ 5 T 計算できます．両者には 30 倍程度の開きがあります．

ら読み出さずに，計算中ずっとプロセッサ上のレジスタに行列の情報を保持することができれば，メモリからの読み込み時間を抑えることができます．時刻方向に順番に演算をせずに，一度に計算できるだけ行列情報を読み込んで計算することで，RNN の計算を高速化することができます．このような工夫を**持続性再帰ニューラルネット** (persistent recurrent neural network; 持続性 RNN) と呼びます [35].

文献[35] では，こうした工夫に加えて，処理をデータの読み込みや演算に分けて，ソフトウェアパイプライン化することでより計算効率を上げています．また，この実装が特にミニバッチ数が小さいときに高速であることを示しています．例えばミニバッチ数が 4 という条件でも，既存の実装に比べて 30 倍の性能向上を果たしたと報告しています．

7.2.7 木構造再帰ニューラルネットのミニバッチ化

RNN に比べると，複雑な構造をもった木構造再帰ニューラルネットをミニバッチ化させることは困難です．RNN の場合は構造が違うとはいえ，長さが違う程度であったため，パディングなどで単に計算を止めれば済みました．一方，木構造再帰ニューラルネットの場合，各データに対する計算順序がまったく異なるため同じ手は使えません．しかし，スタックを利用して木構造に対する計算を繰り返し計算に変換することでミニバッチ化することができます．

まず，木構造再帰ニューラルネットの再帰的な伝播計算を，スタックを用いる直列的な計算に変換します．木構造再帰ニューラルネットの対象となる木構造の各ノードに，**図 7.5** のように木の帰りがけ順に番号を振ります．帰りがけ順とは，木構造中のノードに番号をつける手順の 1 つで，すべての子ノードに親ノードよりも小さな番号をつける手順です．この手順で割当てられたノードを，番号の小さい順にたどりながら処理を行うと，必ず親ノードの前に子ノードをたどることになります．

木構造再帰ニューラルネットでは，葉ノードに対して埋め込みベクトルを計算する操作 Λ と，各ノードに対して 2 つの子ノードの隠れ状態ベクトル $\boldsymbol{h}_L$ と $\boldsymbol{h}_R$ から，親ノードの隠れ状態ベクトル $\boldsymbol{h}_P$ を計算する操作 Ψ の 2 つがあります．いま，帰りがけ順に節をたどると，葉ノードでは Λ を，それ以外のノードでは Ψ の操作を行えばよいことがわかります (**表 7.1**)．

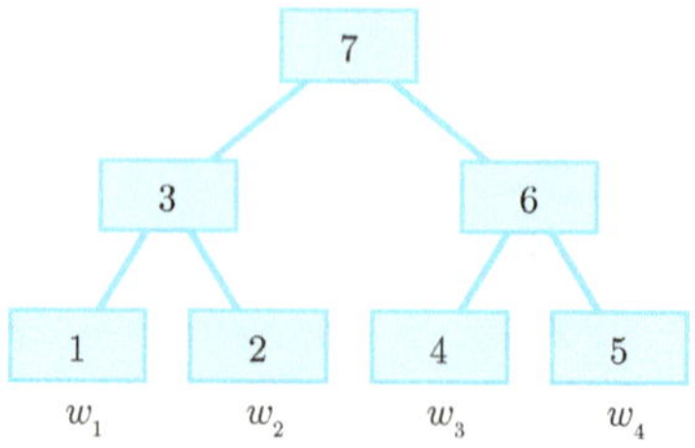

図 7.5 木構造に帰りがけ順に番号を割り当てる例.

表 7.1 直列化された木構造再帰ニューラルネットに対する操作.

1	$\boldsymbol{h}_1 = \Lambda(\boldsymbol{w}_1)$
2	$\boldsymbol{h}_2 = \Lambda(\boldsymbol{w}_2)$
3	$\boldsymbol{h}_3 = \Psi(\boldsymbol{h}_1, \boldsymbol{h}_2)$
4	$\boldsymbol{h}_4 = \Lambda(\boldsymbol{w}_3)$
5	$\boldsymbol{h}_5 = \Lambda(\boldsymbol{w}_4)$
6	$\boldsymbol{h}_6 = \Psi(\boldsymbol{h}_4, \boldsymbol{h}_5)$
7	$\boldsymbol{h}_7 = \Psi(\boldsymbol{h}_3, \boldsymbol{h}_6)$

この操作はスタックを利用して，木構造を走査していると見なすこともできます．スタックとは後入れ先出しのデータ構造で，データを追加するプッシュ操作と，最後にプッシュされたデータを取得するポップ操作の2つを行えます．いま，Λ の計算時には計算結果をスタックにプッシュする操作を行い，Ψ の計算時には2つのデータをポップ操作によって読み込み，Ψ の計算結果を再びプッシュします．

さて，以上の操作列を並列化します．各データごとに木構造は違うので，Λ か Ψ のいずれを行うかの分岐が必要です．各ステップでいずれの操作をどの変数に対して行えばよいかさえわかれば，一度に複数の木構造に対して上記の計算を行うことができるわけです．そのため，各ステップでいずれの操作を行うか，どの状態変数を引数にとるのかの情報をもってあげれば，単純な繰り返し処理で木構造再帰ニューラルネットの計算を行うことができます．この繰り返し処理は，通常のRNNと同様に並列化することができます．

以上の繰り返し操作を実現するには，スタックの情報 $\{\boldsymbol{h}_i\}$ を保持する必要があります．この大きさは文長 I に対して $2I-1$ 個です．また，各要素は

$\boldsymbol{h}_i \in \mathbb{R}^D$ ですので，$O(ID)$ の空間計算量 *4 を必要とします．各ステップでスタック中のいずれを利用するかわからないので，簡単に実装するには各ステップごとに複製を作る必要があります．そのため，前向き計算が終わった段階で $O(I^2D)$ のメモリを消費してしまいます．

ここで，単一の $(2I-1)\times D$ の行列 $\boldsymbol{S}$ を使いまわすことでメモリ領域を効率的に利用することができます．各ステップ t で計算された内容 $\boldsymbol{h}_t$ は，行列 $\boldsymbol{S}$ の t 行目に格納します．各行はそのステップでしか更新されないので，別のステップで上書きされることはありません．そのため，単一の行列を使いまわすことができます．必要な空間計算量は $O(ID)$ で済みます．このような工夫は**シンスタック** (thin stack)[19] と呼ばれます．

7.3 無作為抽出

ここでは，確率分布からの無作為抽出を考えます．無作為抽出は，4.3 節で見たとおり，単語などのように出力候補数が大きい場合や，4.1.2 節で見たとおり注意機構の対象が大きいときに，近似計算のために利用されます．ここで紹介する手法は，いずれも GPU 上でも容易に効率的に計算できる，並列度の高い手法です．

7.3.1 逆関数法

任意の確率分布から無作為抽出を行うにはどうすればよいでしょうか．累積分布関数の逆関数がわかっている場合，**逆関数法** (inverse transform sampling) を利用するのが便利です．目的の確率分布の累積分布関数を $F(\cdot)$ とします．$(0,1)$ 上の一様分布に従う確率変数を U としたときに，$F^{-1}(U)$ は目的の確率分布に従います．そのため，$(0,1)$ 上の一様分布から r を無作為抽出し，$F^{-1}(r)$ を計算すると所望の分布からの標本となります．

一般的に $(0,1)$ 上の一様乱数は，さまざまなライブラリで用意され，効率的に実装されています．そのため $F^{-1}(\cdot)$ が効率的に計算できれば，その分布からの抽出は効率的に計算できます．特に陽に計算できる場合は，GPU

---

*4 アルゴリズムの計算効率を評価するときに計算量が利用されますが，その実行時間を表すのが時間計算量，過程で利用されるメモリ使用量を表すのが空間計算量です．特に GPU のように，演算能力に比べメモリが少ない場合には後者にも気を使う必要があります．

上で並列に計算できるため，一度に効率的に抽出を行えます．

逆関数法の正しさを証明してみましょう．U は一様分布に従うので，$0 \le u \le 1$ に対して，

$$P(U \le u) = u \tag{7.6}$$

が成り立ちます．累積分布関数は単調増加関数なので，その逆関数も単調増加関数になります．したがって，

$$P(F^{-1}(U) \le F^{-1}(u)) = u \tag{7.7}$$

が成り立ちます．

ここで，$x = F^{-1}(u)$ すなわち $u = F(x)$ とおくと，

$$P(F^{-1}(U) \le x) = F(x) \tag{7.8}$$

が成り立ちます．式 (7.8) は $F^{-1}(U)$ が $F(\cdot)$ を累積分布関数とする分布に従っていることを示します．

7.3.2 ガンベル最大トリック

N 個の単語に対して $\{u_1, \ldots, u_N\}$ が与えられたときに，$p_k = \exp u_k / \sum_{i=1}^{N} \exp u_i$ の確率に従って無作為抽出するにはどうすればよいでしょうか．単純にすべての単語に対して p_k を計算してから二分探索することで求めることもできます．この場合，exp がオーバーフローを起こさないように気を使って計算をするなどの必要があります．ここではもっと簡単に実装できる，**ガンベル最大トリック** (Gumbel-max trick) と呼ばれる手法を紹介します．

まず，位置パラメータ 0，尺度パラメータ 1 のガンベル分布に従って N 個の値 $\{G_1, \ldots, G_N\}$ を独立に無作為抽出します．ガンベル分布の累積分布関数 $F(\cdot)$ と確率密度関数 $f(\cdot)$ は以下で与えられます．

$$F(x) = \exp(-\exp(-x)) \tag{7.9}$$

$$f(x) = \exp(-x)\exp(-\exp(-x)) = \exp(-x)F(x) \tag{7.10}$$

ガンベル分布からの抽出は，逆関数法を利用して，累積分布関数の逆関数 $F^{-1}(x) = -\log(-\log x)$ に，$(0,1)$ 一様分布からの乱数を入力することで

得られます．

ここで，$Z_i = u_i + G_i$ とおくと，Z_k が $\{Z_1, \ldots, Z_N\}$ の中で最大となる確率は p_k に一致します．

$$P(Z_i < Z_k, \forall i, i \neq k) = p_k \tag{7.11}$$

具体的な手順を**アルゴリズム 7.1** に書きました．この手順はすべての $i = 1, \ldots, N$ に対して z_i は独立に計算することができるため，GPU などの並列性の高い計算機で非常に効率的に計算できます．全体の時間計算量は $O(N)$ です．

アルゴリズム 7.1 ガンベル最大トリックによるサンプリングの方法

$\{u_1, \ldots, u_N\}$ が与えられる
for $i := 1, \ldots, N$ **do**
　$r_i \sim U(0, 1)$
　$g_i = -\log(-\log r_i)$
　$z_i = u_i + g_i$
end for
$k = \mathrm{argmax}_i\, z_i$
return k

以下で，この手法の正しさを証明します．Z_i が Z_k で最大になる確率を考えます．G_k を $G_k = g_k$ で固定します．これが最大になるということは，それ以外の $i (\neq k)$ に対して $Z_i < u_k + g_k$ ということになります．この確率は，

$$\begin{aligned} P(Z_i < u_k + g_k) &= P(u_i + G_i < u_k + g_k) \\ &= P(G_i < u_k - u_i + g_k) \end{aligned} \tag{7.12}$$

となります．G_i はガンベル分布に従いますから，累積分布関数を使って，

$$P(G_i < u_k - u_i + g_k) = F(u_k - u_i + g_k) \tag{7.13}$$

と書けます．G_i はそれぞれ独立に抽出しているので，すべての $i(\neq k)$ に対して，これが成り立つ確率を考えます．

$$P(k\text{ が最大 }|G_k = g_k) = \prod_{i \neq k} F(u_k - u_i + g_k) \tag{7.14}$$

となります．最後に G_k に対して周辺化します．$f(x) = \exp(-x)F(x)$ であることに注意すると，

$$\begin{aligned}
P(k\text{ が最大}) &= \int P(k\text{ が最大 }|G_k = g_k)P(G_k = g_k)\mathrm{d}g_k \\
&= \int f(g_k) \prod_{i \neq k} F(u_k - u_i + g_k)\mathrm{d}g_k \\
&= \int \exp(-g_k)F(g_k) \prod_{i \neq k} F(u_k - u_i + g_k)\mathrm{d}g_k \\
&= \int \exp(-g_k) \prod_{i} F(u_k - u_i + g_k)\mathrm{d}g_k \\
&= \int \exp(-g_k) \prod_{i} \exp(-\exp(-u_k + u_i - g_k))\mathrm{d}g_k \\
&= \int \exp\left(-g_k - \exp(-g_k)\frac{\sum_i \exp u_i}{\exp u_k}\right)\mathrm{d}g_k \\
&= \int \exp\left(-g_k - \frac{\exp(-g_k)}{p_k}\right)\mathrm{d}g_k \\
&= \left[p_k \exp\left(-\frac{\exp(-x)}{p_k}\right)\right]_{-\infty}^{\infty} \\
&= p_k
\end{aligned} \tag{7.15}$$

が成り立ちます．

7.3.3 別名法

N 個の単語に与えられた確率から，単語を 1 つ無作為抽出するには，ガンベル最大トリックを利用すると $O(N)$ 時間かかりました．しかし，同じ分布から何度も抽出する場合は，前処理をすることで 1 回 1 回の計算時間を下げることができます．**別名法** (alias method) と呼ばれる方法を使うと，前処理

に $O(N)$ の時間計算量と $O(N)$ の空間計算量を必要とするものの，1 回の抽出の時間計算量は $O(1)$ となります．負例サンプリングなどで同じ分布から何度も無作為抽出する場合に，この手法を利用すると効率的です．

N 個の各要素に対して，それぞれの確率が $\{p_1, \ldots, p_N\}$ で与えられたとします．$\sum_{i=1}^{N} p_i = 1$ となります．このとき，次の手順を考えます．天下り的ですが $\{p_1, \ldots, p_N\}$ に依存して，$\{f_1, \ldots, f_N\}$ と $\{a_1, \ldots, a_N\}$ が与えられます．$f_i \in \mathbb{R}$ は $0 \le f_i \le 1$ を，また $a_i \in \mathbb{N}$ は $1 \le a_i \le N$ を満たします．まず $\{1, \ldots, N\}$ から等確率で整数値 k を 1 つ選択します．さらに $(0, 1)$ の範囲の一様分布から実数値の乱数 r を 1 つ抽出します．ここで，$r < f_k$ なら k を，そうでなければ a_k を選択します．この方法が別名法と呼ばれる手法です．この過程で選択される変数を X とすると，X が k となる確率は

$$P(X = k) = \frac{1}{N}\left(f_k + \sum_{i \in \{i | a_i = k\}} (1 - f_i)\right) \tag{7.16}$$

と計算できます．

この手順を直感的に説明します．N 個の棒グラフが，それぞれ長さ 1 とします．k 番目の棒グラフは，下から f_k の位置で上下に別れていて，下半分に k 上半分に a_k が書かれています（図 7.6 の右端の図を参照）．別名法は，この棒グラフ全体から等確率で 1 つを選択するということを行っています．そのため，棒グラフの上下の領域のうち k が書かれている領域の割合が，k が選択される確率を表しているともいえます．

具体的な手順を，**アルゴリズム 7.2** に記します．この手法はご覧のとおり時間計算量が $O(1)$ です．ただし，$\{f_i\}$ と $\{a_i\}$ を保存するために，追加で $O(N)$ の空間計算量がかかります．

さて，いま説明したような $\{f_1, \ldots, f_N\}$ と $\{a_1, \ldots, a_N\}$ はどのように構築したらよいのでしょうか．**図 7.6** で説明します．まず，$\{q_1, \ldots, q_N\}$ を $q_i = Np_i$ とおきます．$\{q_1, \ldots, q_N\}$ を図 7.6 の一番左のように並べます．この中で $q_s < 1$ となる s と $q_t > 1$ となる t を 1 つ選択します．図中では最初に $s = 1$ と $t = 4$ を選択しています．このとき，$1 - q_s < 1 < q_t$ ですから，s の残り領域に t を割り当てます．すなわち，$a_s = t$ また $f_s = q_s$ と

アルゴリズム 7.2 別名法による無作為抽出の方法

$\{f_1, \ldots, f_N\}$ $\{a_1, \ldots, a_N\}$ が与えられる
$r \sim U(0, 1)$
$k = rN$
$p = rN - k$
if $p < f_k$ **then**
  return k
else
  return a_k
end if

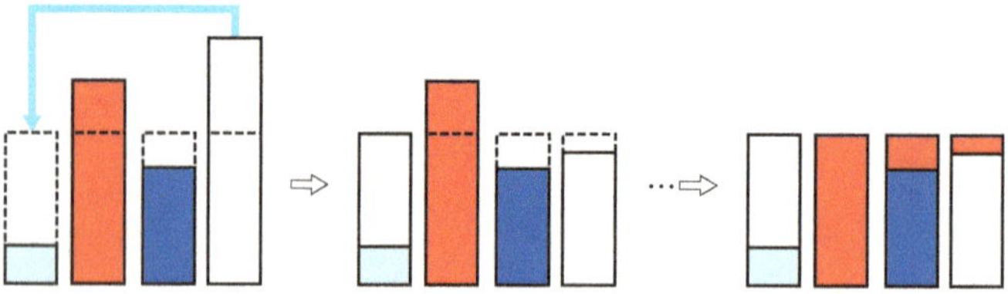

図 7.6 別名法のエイリアス値を決定する手法.

おきます．さらに q_s を 1 に，q_t を $q_t - (1 - q_s)$ に更新します．これを，更新できる q_i が存在しなくなるまで繰り返します．手順の詳細を**アルゴリズム 7.3** に記しました．

任意の確率 $\{p_1, \ldots, p_N\}$ に対して，適切な $\{f_i\}$ と $\{a_i\}$ が存在するといえるのでしょうか．$q_i < 1$ なる i の集合を U，逆に $q_i > 1$ となる i の集合を O とおきます．U の要素は最大でも $N - 1$ 個存在します．一回の操作で U の要素は必ず 1 つずつ減りますから，最大でも $N - 1$ 回の操作で U の要素は空になります．また，操作の対象となった U の要素 s は，q_s に 1 が代入されるため，以降操作の対象になりません．そのため a_s と f_s は必ず 1

アルゴリズム 7.3 別名法の表を構築する方法

```
{p_1, ..., p_N} が与えられる
{q_1, ..., q_N} を q_i = N p_i とおく
O = {i | q_i > 1}
U = {i | q_i < 1}
while |U| > 0 do
  O から 1 つ要素を選択して t とし，O から除外する
  U から 1 つ要素を選択して s とし，U から除外する
  a_s := t
  f_s := q_s
  q_t := q_t − (1 − q_s)
  if q_t > 1 then
    O に t を追加
  else
    U に t を追加
  end if
end while
return {f_1, ..., f_N}, {a_1, ..., a_N}
```

回しか更新されません．最大でも $N-1$ 回の操作で必ず更新は終了するので，2 回同じ要素が更新されることはありません．したがって，どんな $\{p_i\}$ に対しても，この操作は正しく終了します．

この計算量はどれくらいになるでしょうか．ループ中の処理は $O(1)$ で実行できます．毎回 U の要素が 1 つずつ減るため，U の個数分の回数しか繰り返しは発生しません．最大で N 個しか要素がないので，全体の時間計算量は $O(N)$ となります．

7.4 メモリ使用量の削減

深層学習の学習で重要になるのは計算時間だけではありません．深層学習の実装には，多くの場合自動微分のライブラリを使うことになります．このとき問題になるのがメモリ使用量です．特に大規模なネットワークになると，メモリ使用量が膨大になります．GPUのメモリ容量はCPUに比べても十分大きいとはいえません．そのため一度に少数のデータしかメモリに読み込めず，一度に並列計算できるデータ数が小さくなり，GPUの演算器を効率的に利用できなくなって，計算が遅くなってしまいます．本節ではメモリ使用量が大きくなる仕組みと，それを抑えるための工夫について解説します．

まず誤差逆伝播法についておさらいします．誤差逆伝播法は合成関数の微分を連鎖率で自動的に分解する手法です．例えば，微分対象の関数として3つの関数 f, g, h を順番に適用するとしましょう．計算対象の関数 $F(\cdot)$ を

$$F(x) = h(g(f(x))) \tag{7.17}$$

とします．この $F(x)$ の x による微分を考えます．これは連鎖律によって，

$$\frac{\partial F}{\partial x} = \frac{\partial h}{\partial g}\frac{\partial g}{\partial f}\frac{\partial f}{\partial x} \tag{7.18}$$

となります．計算の過程は，まず順伝播の計算が行われた後，逆にたどるように逆伝播が行われます．ここで重要なのは，逆伝播の計算時に順伝播のときの引数を再度使う必要があるということです．例えば順伝播時に最初に計算される関数 f は，逆伝播時には $\partial f/\partial x$ という風に x を利用して計算します [*5]．g も同様に $\partial g/\partial f$ というふうに，順伝播時の引数 $f(x)$ を再度利用します．この過程を表現すると，**図 7.7** のようになります．順伝播だけを行うのであれば，x や $f(x)$ の結果はただちに破棄できますが，逆伝播法を利用する場合はこれらの値を保持しておく必要が出てきます．これが誤差逆伝播法でメモリ領域を大量に消費する主要な要因です．

この問題を解消する基本的な考えは，計算時間の軽い関数の結果は削除し，

---

*5 必ずしもすべての関数の微分で，入力情報が必要なわけではありません．例えば，恒等関数の微分値は，入力に依存せずに 1 になります．

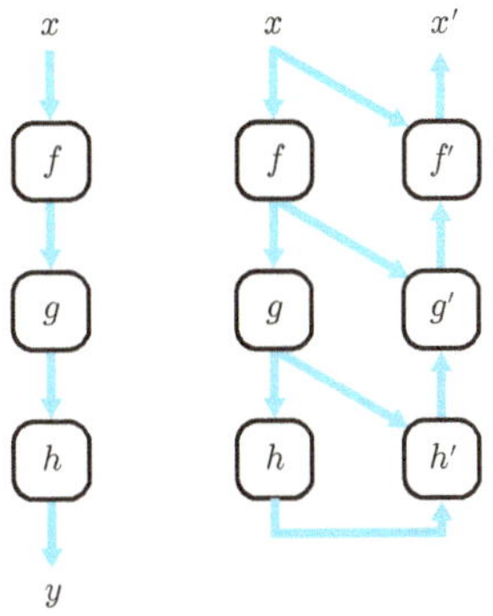

図 7.7 ネットワーク構造（左）と順伝播・逆伝播全体の計算グラフ（右）の例.

逆伝播時に再計算を行うことです [23]. 再計算される分, 計算時間はかかりますが, 一方で結果を保持する必要がないため利用するメモリ領域を減らせます.

再計算によって追加でどのくらいの計算時間がかかるか考えてみます. n 個のノードからなる計算グラフを, k 個の部分グラフに分割します. 分割された部分グラフのことをセグメントと呼ぶことにしましょう. そして, セグメント単位で順伝播と逆伝播を行うようにします. このときの全体でのメモリ領域の最大使用量を考えます. 処理中のセグメント内には $O(n/k)$ 個のノードがあるので, 最大で $O(n/k)$ のメモリ領域を消費します. 加えて, セグメント間でやり取りされる計算結果を保存しておく必要があるため, $O(k)$ のメモリ領域を消費します. したがって, 全体では最大で $O(n/k)+O(k)$ のメモリ領域を消費します. $k=\sqrt{n}$ となるような分割ができるとするなら, 全体では $O(\sqrt{n})$ の追加のメモリ容量と, 最大で 2 倍の計算時間で, 全体の計算が実行できるということになります.

k 個に分割したセグメントは, さらに再帰的に分割を繰り返して追加の計算時間をかければ, より少ないメモリ領域で計算できます. また, 実際はセグメントを均等な大きさに分ける必要もありません. 特に入力に近いセグメントは, 順伝播時にも逆伝播時にも利用できるメモリ領域が大きくなります. 順伝播時には最初の計算なのでほとんどメモリ領域を使用していませんし, 逆伝播時には最後の計算になるのでほとんどのメモリ領域は開放されていま

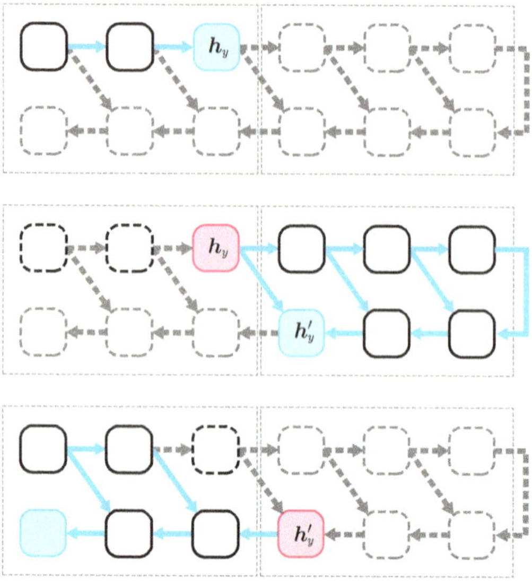

図 7.8 RNN における再計算の手順.

す．そのため，適切な粒度で再計算を行えば，より利用するメモリ領域を減らすことができます．

最適な分割の戦略はどうすればよいのでしょうか．RNN の場合を考えてみましょう．ここでは，決められたメモリ容量の上限 m が与えられ場合に，最小の計算時間で RNN の誤差逆伝播を計算することを考えます．長さ t のうち，ある時点 y まで順伝播処理を行い，この結果 $\boldsymbol{h}_y$ のみを保存して $\boldsymbol{h}_1, \ldots, \boldsymbol{h}_{y-1}$ を一度開放するとします．このとき，$\boldsymbol{h}_{y+1}$ 以降を同様に順伝播，逆伝播処理した後，再び $\boldsymbol{h}_1$ から $\boldsymbol{h}_y$ までの順伝播を行い，これを使って残りの逆伝播を行うことになります．

長さ t の RNN を m のメモリ領域で計算するのに最適な順伝搬の回数を $C(t, m)$ とおいて，これを解析してみましょう．全体の計算は 3 つの手順に分割できます．まず，時刻 $1, \ldots, y$ までの順伝播処理を行います（図 7.8 上）．これには y ステップかかります．ここで 時刻 y の計算結果 $\boldsymbol{h}_y$ のみを残して，途中の計算結果は破棄します．次に，$\boldsymbol{h}_y$ 分のメモリ領域を差し引いた，残りの $m-1$ のメモリ領域を使って $y+1, \ldots, t$ までの領域を再帰的に最適な戦略で逆伝播処理を行います（図 7.8 中）．この計算時間は $C(t-y, m-1)$ とおけます．この結果として，時刻 $y+1$ からの勾配情報を得られます．この勾配を使って，最後に m のメモリ領域を使って $1, \ldots, y$ までの順伝播を再度行い，逆伝播を実行します（図 7.8 下）．この計算も，長さ y の系列に対して最適な計算量で実行しますから，$C(y, m)$ で計算できます．つまり，

$$C(t, m) = y + C(t-y, m-1) + C(y, m) \tag{7.19}$$

とおけます．最適な計算時間となるように最初の手順を打ち切る y は，$1 \leq y \leq t$ の中で全体の計算時間が最小となる時刻となります．このようにして系列長 t とメモリ領域 m に対して，最適な y を分割統治法で求めることができます．文献[56] では，分割の戦略をより細かく比較し，長さが $t = 1000$ の条件でおよそ 33％ の追加の再計算によって，使用するメモリ容量を 95％ 削減できることを報告しています．

7.5 誤差逆伝播法の実装

2.5 節で見たとおり，合成関数の微分は連鎖律によってほぼ自動的に計算できます．このとき，関数の評価と逆向きに計算することを**誤差逆伝播法**と呼びました．誤差逆伝播法はライブラリによって実行できますが，これを実装するときに注意すべきことについて紹介します．

7.5.1 微分計算のデバッグ

合成関数の微分は誤差逆伝播によって自動的に計算されます．しかし，最小単位の計算の前向き処理と後ろ処理は自分で実装する必要があります．それでは，この微分の実装が正しいことをどのように確認すればよいでしょうか．微分計算の正しさを確認するために，**数値微分** (numerical differentiation) を利用することが一般的です．

関数 f を x のまわりでテイラー展開すると，

$$f(x+\delta) = f(x) + \frac{\partial f(x)}{\partial x}\delta + \frac{1}{2}\frac{\partial^2 f(x)}{\partial x^2}\delta^2 + O(\delta^3) \tag{7.20}$$

となります．したがって，

$$\frac{f(x+\delta)-f(x-\delta)}{2\delta}=\frac{\partial f(x)}{\partial x}+O(\delta^2) \tag{7.21}$$

となります．δ が十分小さいと，この値は f の微分 $\partial f(x)/\partial x$ のよい近似となります．

微分不可能な点のある関数の数値微分には注意が必要です．例えば，ReLU 関数を考えましょう．ReLU 関数は 0 の周辺で不連続に変化します．$\texttt{relu}(x)=\max(0,x)$ でした．そのため，0 の周辺で数値微分を計算すると，

$$\frac{\texttt{relu}(\delta)-\texttt{relu}(-\delta)}{2\delta}=\frac{1}{2} \tag{7.22}$$

となってしまいます．実際の値は

$$\frac{\partial\,\texttt{relu}(x)}{\partial x}=\begin{cases}1 & \text{if } x>0\\ 0 & \text{otherwise}\end{cases} \tag{7.23}$$

ですから，このいずれからも大きく異なります．自分で実装した微分計算の正しさを確認するテストを目的として数値微分を利用するときは，不連続な点をまたがないようにテスト対象のデータを設計する必要があります．

数値微分をする際に，微小量 δ の大きさにも注意してください．式 (7.21) 上では δ は小さければ小さいほど，実際の微分値に近づくことを示しています．一方で，δ を小さくしすぎると桁落ちが起こりやすくなります．桁落ちは，値の近い 2 つの浮動小数点数の引き算をしたときに，元の値よりも実質の精度が落ちる現象のことです．例えば，10 進小数で最大 3 桁までしか表現できないとしましょう．$x=1.0011\cdots$ という数値は $\tilde{x}=1.001$ に丸められます．同様に $y=1.0000\cdots$ は $\tilde{y}=1.000$ に丸められます．このときに，$x-y$ を得たいとします．実際の値は $x-y=0.0011\cdots=1.1\cdots\times 10^{-3}$ です．丸められた数値で計算すると $\tilde{x}-\tilde{y}=0.001=1\times 10^{-3}$ となってしまいました．1 桁しか正しい値を保持していません．近い値で引き算をすると，元の入力では有効桁数よりも小さかった情報が，有効桁数に入ってくることがあります．そのため，計算結果の実質の有効桁数が少なくなってしまいます．これが桁落ちです．

δ が小さすぎると，$f(x+\delta)-f(x-\delta)$ の値が小さくなりすぎて桁落ちを引き起こします．一方で δ が大きすぎると，数値微分の近似精度が悪くなります．そのため，両者のバランスをとる必要があります．特に，半精度浮

動小数点数などの精度の低い表現で数値微分を計算すると，桁落ちが頻繁に発生するので注意してください．

7.5.2 計算グラフの構築戦略

誤差逆伝播を行うためには，誤差逆伝播を実行する順序を示す依存関係のグラフを構築する必要があります．このグラフのことを**計算グラフ**と呼びます．実装上，計算グラフをどの段階で構築するかで実装方針が別れます．

多くの深層学習向けのライブラリでは，さきに計算過程を定義して計算グラフを構築し，できたグラフ構造を使って順伝播と逆伝播を行います．一方，順伝播を行ったときに計算過程を記録して，動的に計算グラフを構築してから逆伝播処理を行うこともできます．前者は**静的グラフ**と呼び，後者を**動的グラフ**と呼びます *6．

静的グラフの場合，さきに計算グラフを作るので，できた計算グラフに対して最適化をかけやすいです．Theano や TensorFlow をはじめとして，多くの深層学習ライブラリは前者を採用しています．一方，静的グラフの場合，データの中身を見る前に計算グラフを構築する必要があるため，データによって計算グラフが変えることが難しくなります．例えば RNN の場合，系列の長さによってできる計算グラフは異なります．そのため，繰り返しを表現する特殊な方法を用意するか，7.2.4 節で解説したバケッティングなどを利用する必要があります．このように，自然言語処理で扱うような対象のデータの構造をうまく活かしたネットワーク構造を扱うのに苦労します．

一方，動的グラフの場合，計算グラフはデータに基づいて動的に決定するため，特別な工夫は必要ありません．そのため，複雑な計算過程も直感的に記述することができます．Chainer や DyNet はこの方式を採用しています．また，動的グラフのほうがデバッグしやすくなる特徴もあります．静的グラフの場合，計算グラフの構築時にはデータがないため，特定のデータに対してのみ誤りが起こる場合は計算グラフの構築時にその誤りを検知できません．でき上がった計算グラフに，データを流すときに初めて誤りを検知します．特に計算グラフを最適化した後ですと，元の計算過程のどの部分に問題があるのかはわかりづらくなりやすく，計算過程と計算グラフの対応を十分

*6 文献[145] では前者を “define-and-run”，後者を “define-by-run” と呼んでいます．また文献[116] では前者を “static declaration”，後者を “dynamic declaration” と呼んでいます．

にとって文言を表示しなくてはなりません．一方，動的グラフの場合，通常順伝播処理の段階で誤りを検出できるため，ただちに誤りが報告されます．そのため該当する誤りの箇所はわかりやすくなります．

動的グラフは，計算グラフをデータごとに構築するため，計算グラフの構築の追加の計算時間がかかるぶん，静的グラフよりも非効率です．ただし，一般的に深層学習の計算の最小単位は多次元ベクトルであり，1つ1つの計算時間が大きくなっています．そのため，計算グラフの構築にかかる時間自体は相対的には小さく，致命的に遅くなることは少なくなります．文献[145]で，動的グラフを利用しているChainerは，静的グラフを利用しているCaffeに比べて，順伝播処理は2倍ほどの時間がかかる一方で，逆伝播処理は同等程度と報告しています．前者がより実行速度の遅いPythonで実装され，後者が実行速度の速いC++で実装であることを考えれば，性能差はそこまで大きくないでしょう．また，文献[116]では，動的グラフを採用し，かつC++で実装されているDyNetは，TheanoやTensorflowといった静的グラフを採用したライブラリよりも高速であることを示す実験結果もあります．このことからも，構築戦略自体の選択が必ずしも速度を落とすわけではないことがわかります．

Chapter 8

おわりに

本書で大きく取り上げている系列変換モデルは，2015 年に一部の先駆者により技術が急速に整備され，その成果を受けて 2016 年で研究報告が急速に増えました．2017 年では，すでに単に系列変換モデルを使った研究では新規性が乏しいと考えられる状況になっています．めまぐるしく技術が発展する状況で今後の展望を予測するのは難しいですが，現在考えられるいくつかの研究の方向性を挙げてみたいと思います．

1 つ目は言語生成モデルの発展です．例えば，**敵対的生成ネットワーク** (generative adversarial networks)[49] のような新しい学習法の適用が期待されます．2 つ目はニューラルネットのパラメータ削減・圧縮です [89,141]．例えば，文献[79] の圧縮法によってニューラル翻訳システムが携帯端末上で動くことを示しています．これらの技術は適用分野の拡大を促進すると考えられます．3 つ目はニューラルネットの**構造学習** (structure learning) です．応用タスクに合わせたニューラルネットワーク構造の探索を学習問題として捉える研究も多くあり，自動的に選ばれたネットワーク構造が言語モデルとして最高性能を示しています [165]．最後は，複数の異なる情報形式にかかわる処理の研究が増えることが予想されます．深層学習の大きな特徴の 1 つとして，言語や画像などの情報源に関わらず，情報を単一の固定長ベクトルに表現できることが挙げられます．画像の中からその中に写っているさまざまな物体や，物体の特性，物体間の関係などを認識し，言語と結びつける研究も行われています [81]．言語の壁を超えて環境を認識して発話を行う，より一般的な能力へと近づいており，こういった流れは今後加速されることが予想されます．

B i b l i o g r a p h y

参考文献

[1] E. L. Allgower and K. Georg. *Numerical continuation methods: An introduction.* Springer, 1990.

[2] J. Appleyard, T. Kočiský, and P. Blunsom. Optimizing performance of recurrent neural networks on GPUs. arXiv:1604.01946, 2016.

[3] D. Arpit *et al.*. Normalization propagation: A parametric technique for removing internal covariate shift in deep networks. In *Proceedings of ICML*, pages 1168–1176, 2016.

[4] A. S. Shen, Z. Liu, and M. Sun. Neural headline generation with minimum risk training. arXiv:1604.01904, 2016.

[5] J. L. Ba, J. R. Kiros, and G. E. Hinton. Layer normalization. arXiv:1607.06450, 2016.

[6] D. Bahdanau, K. Cho, and Y. Bengio. Neural machine translation by jointly learning to align and translate. In *Proceedings of ICLR*, 2015.

[7] P. Baldi and P. J. Sadowski. Understanding dropout. In *Proceedings of NIPS*, pages 2814–2822, 2013.

[8] L. Banarescu *et al.*. Abstract meaning representation for sembanking. In *Proceedings of the 7th Linguistic Annotation Workshop and Interoperability with Discourse*, pages 178–186, 2013.

[9] M. Banko, V. O. Mittal, and M. J. Witbrock. Headline generation based on statistical translation. In *Proceedings of ACL*, pages 318–325, 2000.

[10] Y. Bengio *et al.*. Curriculum learning. In *Proceedings of ICML*, pages 41–48, 2009.

[11] Y. Bengio *et al.*. A neural probabilistic language model. *Journal of Machine Learning Research*, 3:1137–1155, 2003.

[12] Y. Bengio and J.-S. Senécal. Quick training of probabilistic neural nets by importance sampling. In *Proceedings of AISTATS*, 2003.

[13] Y. Bengio, P. Simard, and P. Frasconi. Learning long-term dependencies with gradient descent is difficult. *IEEE Transactions on Neural Networks*, 5(2):157–166, 1994.

[14] J. Bergstra and Y. Bengio. Random search for hyper-parameter optimization. *Journal of Machine Learning Research*, 13:281–305, 2012.

[15] C. M. Bishop. Regularization and complexity control in feed-forward networks. In *Proceedings of ICANN*, pages 141–148, 1995.

[16] D. M. Blei, A. Y. Ng, and M. I. Jordan. Latent Dirichlet allocation. *Journal of Machine Learning Research*, 3:993–1022, 2003.

[17] A. Bordes *et al.*. Large-scale simple question answering with memory networks. arXiv:1506.02075, 2015.

[18] L. Bottou and O. Bousquet. The tradeoffs of large scale learning. In *Proceedings of NIPS*, pages 161–168, 2008.

[19] S. R. Bowman *et al.*. A fast unified model for parsing and sentence understanding. In *Proceedings of ACL*, pages 1466–1477, 2016.

[20] L. Breiman. Bagging predictors. *Machine Learning*, 24(2):123–140, 1996.

[21] C. Chelba *et al.*. One billion word benchmark for measuring progress in statistical language modeling. In *Proceedings of INTERSPEECH*, pages 2635–2639, 2014.

[22] D. Chen and C. D. Manning. A fast and accurate dependency parser using neural networks. In *Proceedings of EMNLP*, pages 740–750, 2014.

[23] T. Chen *et al.*. Training deep nets with sublinear memory cost. arXiv:1604.06174, 2016.

[24] W. Chen, D. Grangier, and M. Auli. Strategies for training large vocabulary neural language models. In *Proceedings of ACL (Volume 1: Long Papers)*, pages 1975–1985, 2016.

[25] K. Cho *et al.*. Learning phrase representations using RNN encoder–decoder for statistical machine translation. In *Proceedings of EMNLP*, pages 1724–1734, 2014.

[26] S. Chopra, M. Auli, and A. M. Rush. Abstractive sentence summarization with attentive recurrent neural networks. In *Proceedings of NAACL-HLT*, pages 93–98, 2016.

[27] J. Chung, S. Ahn, and Y. Bengio. Hierarchical multiscale recurrent neural networks. arXiv:1609.01704, 2016.

[28] J. Chung, K. Cho, and Y. Bengio. A character-level decoder without explicit segmentation for neural machine translation. In *Proceedings of ACL*, pages 1693–1703, 2016.

[29] J. Chung *et al.*. Empirical evaluation of gated recurrent neural networks on sequence modeling. arXiv:1412.3555, 2014.

[30] J. Chung *et al.*. Gated feedback recurrent neural networks. In *Proceedings of ICML*, pages 2067–2075, 2015.

[31] R. Collobert *et al.*. Natural language processing (almost) from scratch. *Journal of Machine Learning Research*, 12:2493–2537, 2011.

[32] P. Covington, J. Adams, and E. Sargin. Deep neural networks for youtube recommendations. In *Proceedings of RecSys*, pages 191–198, 2016.

[33] K. Crammer and Y. Singer. On the algorithmic implementation of multiclass kernel-based vector machines. *Journal of Machine*

Learning Research, 2:265–292, 2001.

[34] J. Devlin *et al.*. Fast and robust neural network joint models for statistical machine translation. In *Proceedings of ACL*, pages 1370–1380, 2014.

[35] G. Diamos *et al.*. Persistent RNNs: Stashing recurrent weights on-chip. In *Proceedings of ICML*, pages 2024–2033, 2016.

[36] J. C. Duchi, E. Hazan, and Y. Singer. Adaptive subgradient methods for online learning and stochastic optimization. In *Proceedings of COLT*, pages 257–269, 2010.

[37] S. Duffner and C. Garcia. An online backpropagation algorithm with validation error-based adaptive learning rate. In *International Conference on Artificial Neural Networks*, pages 249–258, 2007.

[38] L. Duong *et al.*. An attentional model for speech translation without transcription. In *Proceedings of NAACL-HLT*, pages 949–959, 2016.

[39] J. L. Elman. Finding structure in time. *Cognitive Science*, 14(2):179–211, 1990.

[40] S. E. Fahlman and G. E. Hinton. Connectionist architectures for artificial intelligence. *IEEE Computer (COMPUTER)*, 20(1):100–109, 1987.

[41] M. Feng *et al.*. Applying deep learning to answer selection: A study and an open task. In *IEEE Workshop on Automatic Speech Recognition and Understanding*, pages 813–820, 2015.

[42] K. Filippova *et al.*. Sentence compression by deletion with LSTMs. In *Proceedings of EMNLP*, pages 360–368, 2015.

[43] O. Firat, K. Cho, and Y. Bengio. Multi-way, multilingual neural machine translation with a shared attention mechanism. In

Proceedings of NAACL-HLT, pages 866–875, 2016.

[44] J. R. Firth. *A synopsis of linguistic theory 1930-55.*, volume 1952-59. The Philological Society, 1957.

[45] Y. Gal and Z. Ghahramani. A theoretically grounded application of dropout in recurrent neural networks. In *Proceedings of NIPS*, 2016.

[46] M. Galley *et al.*. ΔBLEU: A discriminative metric for generation tasks with intrinsically diverse targets. In *Proceedings of ACL*, pages 445–450, 2015.

[47] X. Glorot and Y. Bengio. Understanding the difficulty of training deep feedforward neural networks. In *Proceedings of AISTATS*, pages 249–256, 2010.

[48] R. Gómez-Bombarelli *et al.*. Automatic chemical design using a data-driven continuous representation of molecules. arXiv:1610.02415, 2016.

[49] I. J. Goodfellow *et al.*. Generative adversarial nets. In *Proceedings of NIPS*, pages 2672–2680, 2014.

[50] I. J. Goodfellow *et al.*. Maxout networks. In *Proceedings of ICML*, pages 1319–1327, 2013.

[51] J. Goodman. Classes for fast maximum entropy training. In *Proceedings of ICASSP*, 2001.

[52] A. Graves. Generating sequences with recurrent neural networks. arXiv:1308.0850, 2014.

[53] E. Grave *et al.*. Efficient softmax approximation for GPUs. arXiv:1609.04309, 2016.

[54] K. Gregor *et al.*. DRAW: A recurrent neural network for image generation. In *Proceedings of ICML*, pages 1462–1471, 2015.

[55] A. Griewank and A. Walther. *Evaluating derivatives: Principles*

and techniques of algorithmic differentiation (2nd ed.). Society for Industrial and Applied Mathematics, 2008.

[56] A. Gruslys *et al.*. Memory-efficient backpropagation through time. In *Proceedings of NIPS*, pages 4125–4133, 2016.

[57] J. Gu *et al.*. Incorporating copying mechanism in sequence-to-sequence learning. In *Proceedings of ACL*, pages 1631–1640, 2016.

[58] C. Gulcehre *et al.*. Pointing the unknown words. In *Proceedings of ACL*, pages 140–149, 2016.

[59] J. Guo *et al.*. Revisiting embedding features for simple semi-supervised learning. In *Proceedings of EMNLP*, pages 110–120, 2014.

[60] M. U. Gutmann and A. Hyvärinen. Noise-contrastive estimation of unnormalized statistical models, with applications to natural image statistics. *Journal of Machine Learning Research*, 13:307–361, 2012.

[61] Z. Harris. Distributional structure. *Word*, 10(2–3):146–162, 1954.

[62] H. He, K. Gimpel, and J. Lin. Multi-perspective sentence similarity modeling with convolutional neural networks. In *Proceedings of EMNLP*, pages 1576–1586, 2015.

[63] K. He *et al.*. Delving deep into rectifiers: Surpassing human-level performance on ImageNet classification. In *Proceedings of ICCV*, pages 1026–1034, 2015.

[64] K. He *et al.*. Identity mappings in deep residual networks. In *Proceedings of ECCV*, pages 630–645, 2016.

[65] F. Hill, K. Cho, and A. Korhonen. Learning distributed representations of sentences from unlabelled data. In *Proceedings of NAACL-HLT*, pages 1367–1377, 2016.

[66] G. E. Hinton. Learning distributed representations of concepts.

In *Proceedings of the eighth annual conference of the cognitive science society*, pages 1–12, 1986.

[67] S. Hochreiter and J. Schmidhuber. Long short-term memory. *Neural Computation*, 9(8):1735–1780, 1997.

[68] A. E. Hoerl and R. W. Kennard. Ridge regression: Biased estimation for nonorthogonal problems. *Technometrics*, 12(1):55–67, 1970.

[69] H. Inan, K. Khosravi, and R. Socher. Tying word vectors and word classifiers: A loss framework for language modeling. arXiv:1611.01462, 2016.

[70] S. Ioffe and C. Szegedy. Batch normalization: Accelerating deep network training by reducing internal covariate shift. In *Proceedings of ICML*, pages 448–456, 2015.

[71] O. İrsoy and C. Cardie. Deep recursive neural networks for compositionality in language. In *Proceedings of NIPS*, pages 2096–2104, 2014.

[72] M. Iyyer *et al.*. A neural network for factoid question answering over paragraphs. In *Proceedings of EMNLP*, pages 633–644, 2014.

[73] S. Ji *et al.*. Blackout: Speeding up recurrent neural network language models with very large vocabularies. In *Proceedings of ICLR*, 2016.

[74] J. Jiang. *Domain adaptation in natural language processing*. PhD thesis, University of Illinois at Urbana-Champaign, 2008.

[75] M. Johnson *et al.*. Google's multilingual neural machine translation system: Enabling zero-shot translation. arXiv:1611.04558, 2016.

[76] M. I. Jordan. Serial order: A parallel distributed processing approach. Technical report, University of California, 1986.

[77] R. Jozefowicz, W. Zaremba, and I. Sutskever. An empirical exploration of recurrent network architectures. In *Proceedings of ICML*, pages 2342–2350, 2015.

[78] Y. Kikuchi *et al.*. Controlling output length in neural encoder-decoders. In *Proceedings of EMNLP*, pages 1328–1338, 2016.

[79] Y. Kim and A. M. Rush. Sequence-level knowledge distillation. In *Proceedings of EMNLP*, pages 1317–1327, 2016.

[80] D. P. Kingma and J. L. Ba. Adam: A method for stochastic optimization. arXiv:1412.6980, 2014.

[81] R. Krishna *et al.*. Visual genome: Connecting language and vision using crowdsourced dense image annotations. arXiv:1602.07332, 2016.

[82] A. Kumar *et al.*. Ask me anything: Dynamic memory networks for natural language processing. In *Proceedings of ICML*, pages 1378–1387, 2016.

[83] H. J. Kushner. A new method of locating the maximum point of an arbitrary multipeak curve in the presence of noise. *Journal of Fluids Engineering*, 86(1):97–106, 1964.

[84] Q. V. Le, N. Jaitly, and G. E. Hinton. A simple way to initialize recurrent networks of rectified linear units. arXiv:1504.00941, 2015.

[85] Q. V. Le and T. Mikolov. Distributed representations of sentences and documents. In *Proceedings of ICML*, pages 1188–1196, 2014.

[86] J. Li *et al.*. A diversity-promoting objective function for neural conversation models. In *Proceedings of NAACL-HLT*, pages 110–119, 2016.

[87] J. Li *et al.*. A persona-based neural conversation model. In *Proceedings of ACL*, pages 994–1003, 2016.

[88] J. Li *et al.*. Deep reinforcement learning for dialogue generation. In *Proceedings of EMNLP*, pages 1192–1202, 2016.

[89] X. Li *et al.*. LightRNN: Memory and computation-efficient recurrent neural networks. In *Proceedings of NIPS*, pages 4385–4393. 2016.

[90] C.-Y. Lin. ROUGE: A package for automatic evaluation of summaries. In *Proceedings of the ACL-04 Workshop on Text Summarization Branches Out*, pages 74–81, 2004.

[91] C.-W. Liu *et al.*. How NOT to evaluate your dialogue system: An empirical study of unsupervised evaluation metrics for dialogue response generation. In *Proceedings of EMNLP*, pages 2122–2132, 2016.

[92] S. Liu *et al.*. A recursive recurrent neural network for statistical machine translation. In *Proceedings of ACL*, pages 1491–1500, 2014.

[93] R. Lowe *et al.*. The ubuntu dialogue corpus: A large dataset for research in unstructured multi-turn dialogue systems. In *Proceedings of SIGDIAL*, pages 285–294, 2015.

[94] R. Lowe *et al.*. On the evaluation of dialogue systems with next utterance classification. In *Proceedings of SIGDIAL*, pages 264–269, 2016.

[95] M.-T. Luong and C. D. Manning. Achieving open vocabulary neural machine translation with hybrid word-character models. In *Proceedings of ACL*, pages 1054–1063, 2016.

[96] T. Luong, H. Pham, and C. D. Manning. Effective approaches to attention-based neural machine translation. In *Proceedings of EMNLP*, pages 1412–1421, 2015.

[97] T. Luong *et al.*. Addressing the rare word problem in neural machine translation. arXiv:1410.8206, 2014.

[98] C. D. Manning and H. Schütze. *Foundations of statistical natural language processing, chapter 4 Corpus-based work*. MIT Press, pages 117–147, 1999.

[99] M. P. Marcus, B. Santorini, and M. A. Marcinkiewicz. Building a large annotated corpus of english: The Penn treebank. *Computational Linguistics*, 19(2):313–330, 1993.

[100] J. Martens and I. Sutskever. Learning recurrent neural networks with hessian-free optimization. In *Proceedings of ICML*, pages 1033–1040, 2011.

[101] H. Mi *et al.*. Coverage embedding models for neural machine translation. In *Proceedings of EMNLP*, pages 955–960, 2016.

[102] T. Mikolov *et al.*. Efficient estimation of word representations in vector space. arXiv:1301.3781, 2013.

[103] T. Mikolov *et al.*. Recurrent neural network based language model. In *Proceedings of INTERSPEECH*, pages 1045–1048, 2010.

[104] T. Mikolov *et al.*. Extensions of recurrent neural network language model. In *Proceedings of ICASSP*, 2011.

[105] T. Mikolov *et al.*. Distributed representations of words and phrases and their compositionality. In *Proceedings of NIPS*, pages 3111–3119, 2013.

[106] T. Mikolov, W. Yih, and G. Zweig. Linguistic regularities in continuous space word representations. In *Proceedings of NAACL-HLT*, pages 746–751, 2013.

[107] A. Mnih and G. E. Hinton. Three new graphical models for statistical language modelling. In *Proceedings of ICML*, pages 641–648, 2007.

[108] A. Mnih and K. Kavukcuoglu. Learning word embeddings efficiently with noise-contrastive estimation. In *Proceedings of NIPS*,

pages 2265–2273, 2013.

[109] A. Mnih and Y. W. Teh. A fast and simple algorithm for training neural probabilistic language models. In *Proceedings of ICML*, pages 1751–1758, 2012.

[110] V. Mnih *et al.*. Recurrent models of visual attention. In *Proceedings of NIPS*, pages 2204–2212, 2014.

[111] G. Montúfar *et al.*. On the number of linear regions of deep neural networks. In *Proceedings of NIPS*, pages 2924–2932, 2014.

[112] F. Morin and Y. Bengio. Hierarchical probabilistic neural network language model. In *Proceedings of AISTATS*, pages 246–252, 2005.

[113] V. Nair and G. E. Hinton. Rectified linear units improve restricted Boltzmann machines. In *Proceedings of ICML*, pages 807–814, 2010.

[114] R. Nallapati, B. Xiang, and B. Zhou. Sequence-to-sequence RNNs for text summarization. arXiv:1602.06023, 2016.

[115] R. Nallapati *et al.*. Abstractive text summarization using sequence-to-sequence RNNs and beyond. In *Proceedings of CoNLL*, pages 280–290, 2016.

[116] G. Neubig *et al.*. DyNet: The dynamic neural network toolkit. arXiv:1701.03980, 2017.

[117] H. Ouchi and Y. Tsuboi. Addressee and response selection for multi-party conversation. In *Proceedings of EMNLP*, pages 2133–2143, 2016.

[118] P. Over, H. Dang, and D. Harman. DUC in context. *Information Processing and Management*, 43(6):1506–1520, 2007.

[119] R. Pascanu, T. Mikolov, and Y. Bengio. On the difficulty of training recurrent neural networks. In *Proceedings of ICML*, pages 1310–1318, 2013.

[120] J. B. Pollack. Recursive distributed representations. *Artificial Intelligence*, 46(1-2):77–105, 1990.

[121] L. Prechelt. *Neural networks: Trick of the trade, chapter2 Early stopping — but when?*. pages 53–67, Springer, 2012.

[122] O. Press and L. Wolf. Using the output embedding to improve language models. arXiv:1608.05859, 2016.

[123] S. J. Reddi *et al.*. Stochastic variance reduction for nonconvex optimization. In *Proceedings of ICML*, pages 314–323, 2016.

[124] A. Ritter, C. Cherry, and W. B. Dolan. Data-driven response generation in social media. In *Proceedings of EMNLP*, pages 583–593, 2011.

[125] A. M. Rush, S. Chopra, and J. Weston. A neural attention model for abstractive sentence summarization. In *Proceedings of EMNLP*, pages 379–389, 2015.

[126] M. Sachan and E. Xing. Easy questions first? a case study on curriculum learning for question answering. In *Proceedings of ACL*, pages 453–463, 2016.

[127] R. R Salakhutdinov and G. E. Hinton. A better way to pretrain deep Boltzmann machines. In *Proceedings of NIPS*, pages 2447–2455, 2012.

[128] M. H.S. Segler *et al.*. Generating focussed molecule libraries for drug discovery with recurrent neural networks. arXiv:1701.01329, 2017.

[129] R. Sennrich, B. Haddow, and A. Birch. Neural machine translation of rare words with subword units. In *Proceedings of ACL*, pages 1715–1725, 2016.

[130] I. V. Serban *et al.*. Building end-to-end dialogue systems using generative hierarchical neural network models. In *Proceedings of*

AAAI, pages 3776–3783, 2016.

[131] L. Shang, Z. Lu, and H. Li. Neural responding machine for short-text conversation. In *Proceedings of ACL-IJCNLP*, pages 1577–1586, 2015.

[132] J. Snoek, H. Larochelle, and R. P. Adams. Practical Bayesian optimization of machine learning algorithms. In *Proceedings of NIPS*, pages 2960–2968, 2012.

[133] R. Socher *et al.*. Parsing natural scenes and natural language with recursive neural networks. In *Proceedings of ICML*, pages 129–136, 2011.

[134] R. Socher *et al.*. Recursive deep models for semantic compositionality over a sentiment treebank. In *Proceedings of EMNLP*, pages 1631–1642, 2013.

[135] A. Sordoni *et al.*. A neural network approach to context-sensitive generation of conversational responses. In *Proceedings of NAACL-HLT*, pages 196–205, 2015.

[136] V. I. Spitkovsky, H. Alshawi, and D. Jurafsky. From baby steps to leapfrog: How "less is more" in unsupervised dependency parsing. In *Proceedings of NAACL-HLT*, pages 751–759, 2010.

[137] N. Srivastava *et al.*. Dropout: A simple way to prevent neural networks from overfitting. *Journal of Machine Learning Research*, 15:1929–1958, 2014.

[138] S. Sukhbaatar *et al.*. End-to-end memory networks. In *Proceedings of NIPS*, pages 2440–2448, 2015.

[139] I. Sutskever *et al.*. On the importance of initialization and momentum in deep learning. In *Proceedings of ICML*, pages 1139–1147, 2013.

[140] I. Sutskever, O. Vinyals, and Q. V. Le. Sequence to sequence

learning with neural networks. In *Proceedings of NIPS*, pages 3104–3112, 2014.

[141] J. Suzuki and M. Nagata. Learning compact neural word embeddings by parameter space sharing. In *Proceedings of IJCAI*, pages 2046–2052, 2016.

[142] K. S. Tai, R. Socher, and C. D. Manning. Improved semantic representations from tree-structured long short-term memory networks. In *Proceedings of ACL-IJCNLP*, pages 1556–1566, 2015.

[143] S. Takase *et al.*. Neural headline generation on abstract meaning representation. In *Proceedings of EMNLP*, pages 1054–1059, 2016.

[144] M. Tan *et al.*. LSTM-based deep learning models for non-factoid answer selection. In *Proceedings of ICLR*, 2016.

[145] S. Tokui *et al.*. Chainer: A next-generation open source framework for deep learning. In *Proceedings of Workshop on Machine Learning Systems (LearningSys) in NIPS*, 2015.

[146] Y. Tsuboi. Neural networks leverage corpus-wide information for part-of-speech tagging. In *Proceedings of EMNLP*, pages 938–950, 2014.

[147] Y. Tsvetkov *et al.*. Learning the curriculum with Bayesian optimization for task-specific word representation learning. In *Proceedings of ACL*, pages 130–139, 2016.

[148] Z. Tu *et al.*. Modeling coverage for neural machine translation. In *Proceedings of ACL*, pages 76–85, 2016.

[149] J. Turian, L. Ratinov, and Y. Bengio. Word representations: A simple and general method for semi-supervised learning. In *Proceedings of ACL*, pages 384–394, 2010.

[150] O. Vinyals *et al.*. Grammar as a foreign language. In *Proceedings of NIPS*, pages 2773–2781, 2015.

[151] O. Vinyals and Q. Le. A neural conversational model. In *Proceedings of Deep Learning Workshop (ICML 2015)*, 2015.

[152] O. Vinyals *et al.*. Show and tell: A neural image caption generator. In *Proceedings of CVPR*, pages 3156–3164, 2015.

[153] D. Wang and E. Nyberg. A long short-term memory model for answer sentence selection in question answering. In *Proceedings of ACL-IJCNLP*, pages 707–712, 2015.

[154] M. Wang, N. A. Smith, and T. Mitamura. What is the Jeopardy model? A quasi-synchronous grammar for QA. In *Proceedings of EMNLP-CoNLL*, pages 22–32, 2007.

[155] J. Weston, S. Bengio, and N. Usunier. WSABIE: Scaling up to large vocabulary image annotation. In *Proceedings of IJCAI*, pages 2764–2770, 2011.

[156] J. Weston *et al.*. Towards AI-complete question answering: A set of prerequisite toy tasks. In *Proceedings of ICLR*, 2016.

[157] J. Weston, S. Chopra, and K. Adams. #TAGSPACE: Semantic embeddings from hashtags. In *Proceedings of EMNLP*, pages 1822–1827, 2014.

[158] J. Weston, S. Chopra, and A. Bordes. Memory networks. In *Proceedings of ICLR*, 2015.

[159] L. Yang *et al.*. aNMM: Ranking short answer texts with attention-based neural matching model. In *Proceedings of CIKM*, pages 287–296, 2016.

[160] D. Yogatama. *et al.*. Learning to compose words into sentences with reinforcement learning. arXiv:1611.09100, 2016.

[161] L. Yu *et al.*. Deep learning for answer sentence selection. In *Proceedings of NIPS Deep Learning Workshop*, 2014.

[162] D. Zajic, B. Dorr, and R. Schwartz. Automatic headline genera-

tion for newspaper stories. In *Proceedings of ACL Workshop On Automatic Summarization/Document Understanding Conference (DUC)*, pages 78–85, 2002.

[163] D. Zajic, B. Dorr, and R. Schwartz. BBN/UMD at DUC-2004: Topiary. In *Proceedings of NAACL-HLT Document Understanding Workshop*, pages 112–119, 2004.

[164] T. Zaslavsky. *Facing up to arrangements: Face-count formulas for partitions of space by hyperplanes.* Memoirs of the American Mathematical Society, 1975.

[165] B. Zoph and Q. V. Le. Neural architecture search with reinforcement learning. In *Proceedings of ICLR*, 2017.

索 引

著者紹介

坪井祐太　博士（工学）

2009 年　奈良先端科学技術大学院大学情報科学研究科博士後期課程修了

現　在　日本 IBM ソフトウェア & システム開発研究所
ソフトウェアエンジニア

著　書　（共著）『これからの強化学習』森北出版（2016）

海野裕也

2008 年　東京大学大学院情報理工学系研究科修士課程修了

現　在　Preferred Networks 知的情報処理事業部 事業部長

著　書　（共著）『オンライン機械学習』講談社（2015）

鈴木　潤　博士（工学）

2005 年　奈良先端科学技術大学院大学情報科学研究科博士後期課程修了

現　在　NTT コミュニケーション科学基礎研究所 主任研究員（特別研究員）

NDC007　239p　21cm

機械学習プロフェッショナルシリーズ

深層学習による自然言語処理

2017 年 5 月 24 日　第 1 刷発行

著　者　坪井祐太・海野裕也・鈴木　潤

発行者　鈴木　哲

発行所　株式会社　講談社
〒 112-8001　東京都文京区音羽 2-12-21
販売　(03)5395-4415
業務　(03)5395-3615

編　集　株式会社　講談社サイエンティフィク
代表　矢吹俊吉
〒 162-0825　東京都新宿区神楽坂 2-14　ノービィビル
編集　(03)3235-3701

本文データ制作　藤原印刷株式会社

カバー・表紙印刷　豊国印刷株式会社

本文印刷・製本　株式会社　講談社

落丁本・乱丁本は，購入書店名を明記のうえ，講談社業務宛にお送りください．送料小社負担にてお取替えします．なお，この本の内容についてのお問い合わせは，講談社サイエンティフィク宛にお願いいたします．定価はカバーに表示してあります．

Printed in Japan

ISBN 978-4-06-152924-3